Wolfgang Hartmann/Ralf T. Kreutzer/Holger Kuhfuß

Kundenclubs & More

Wolfgang Hartmann
Ralf T. Kreutzer
Holger Kuhfuß

Kundenclubs & More

Innovative Konzepte zur Kundenbindung

GABLER

Bibliografische Information Der Deutschen Bibliothek
Die Deutsche Bibliothek verzeichnet diese Publikation in der Deutschen Nationalbibliografie; detaillierte bibliografische Daten sind im Internet über <http://dnb.ddb.de> abrufbar.

1. Auflage November 2004

Lektorat: Barbara Jaster

Der Gabler Verlag ist ein Unternehmen von Springer Science+Business Media.
www.gabler.de

Umschlaggestaltung: Nina Faber de.sign, Wiesbaden
Satz: FROMM MediaDesign GmbH, Selters/Ts.
Druck und buchbinderische Verarbeitung: Wilhelm & Adam, Heusenstamm
Gedruckt auf säurefreiem und chlorfrei gebleichtem Papier
Printed in Germany

ISBN 3-409-12591-4

Vorwort

Kundenclubs stellen ein wichtiges Instrument im Rahmen des Kundenbeziehungsmanagements dar. Richtig eingesetzt, können Kundenclubs einen bedeutenden Beitrag zur optimierten Ausgestaltung von Marketingaktivitäten leisten.

Das vorliegende Buch umfasst eine systematische Darstellung von Kundenclubs. Den Autoren ist es durch ihr strukturiertes Vorgehen gelungen, ein Buch zu erstellen, welches einen umfangreichen Überblick über das Themengebiet vermittelt. Dabei widmen sich die Autoren sowohl den übergeordneten, strategischen Aspekten im Rahmen von Kundenbindungsprogrammen als auch der operativen Umsetzung in der Praxis. Durch die gelungene Verzahnung mit verwandten Themengebieten gelingt es den Autoren, dem Leser einen praxisorientierten Leitfaden an die Hand zu geben. So reicht das Spektrum der behandelten Inhalte von der Identifikation von Erfolgsfaktoren über das Club-Controlling und die IT-Unterstützung bis hin zum rechtlichen Bezugsrahmen von Kundenclubs.

Der besondere Wert dieses Buches ist in der umfangreichen Sammlung relevanter Fallbeispiele aus dem Bereich Kundenclubs zu sehen. Dem Leser werden Kundenclubs aus unterschiedlichen Branchen detailliert vorgestellt und beschrieben. Dabei wird insbesondere auf die Zielgruppe des jeweiligen Clubs, die Leistungen der Unternehmen an die Mitglieder, die von Mitgliedern zu erbringenden Leistungen sowie auf die Organisation des Clubs selbst eingegangen. Die Betrachtung der Integration des Kundenclubs in die CRM-Maßnahmen der jeweils beschriebenen Unternehmen rundet die praxisorientierte Darstellung ab.

Das vorliegende Buch stellt somit eine wertvolle Sammlung für alle Leser dar, die sich mit der praxisnahen Ausgestaltung von Kundenclubs näher auseinander setzen möchten.

Professor Dr. Christian Homburg
Direktor des Instituts für marktorientierte Unternehmensführung (IMU)
Universität Mannheim

Geleitwort

Der Wettbewerb wird härter, die Klagen lauter. Der Kunde von heute ist wählerischer und anspruchsvoller denn je. Er will von einem Produkt nicht nur einmal überzeugt werden. Er will mehr. Er will Aufmerksamkeit, und er hat Aufmerksamkeit verdient, denn sonst sucht er sich ein anderes Produkt, kauft bei einem anderen Unternehmen.

Damit tritt der Dialog mit dem Kunden in den Mittelpunkt. Es geht um Verständnis für die Bedürfnisse des Kunden, somit um Kundenzufriedenheit und schließlich: um Vertrauen, die Grundlage jeder langfristigen Beziehung. Im Beziehungsmarketing rückt damit schnell ein bewährtes Instrument wieder in den Fokus: der Kundenclub. Ob über das Internetportal, den Newsletter oder die Kundenzeitschriften, ob über das Service Center, spezielle Events, Bonusprogramme oder aber mittels klassischer Instrumente des Direkt- und Dialogmarketings – der Kundenclub ist das ideale Instrument, um mit dem Kunden in Kontakt zu treten – und im Dialog zu bleiben.

Doch der Kundenclub ist mehr als das. Er ist zugleich ein wirkungsvolles Marketinginstrument: von der verkaufsfördernden Promotionsmaßnahme bis hin zur Generierung von Daten für die Knowledge Database. Vom „Pulsmesser" des Marktes bis zum Kundenbindungsinstrument der Extraklasse. Das Interesse von Unternehmen an der Einführung von Kundenclubs ist entsprechend hoch, die Direktmarketing-Budgets wachsen eindrucksvoll und stetig.

Doch will ein Kundenclub dauerhaft Erfolg verzeichnen, muss er attraktiv sein. Er muss Kunden zu Vertrauten machen und den Dialog ermöglichen. Vor der Einführung sind deswegen zahlreiche Fragen zu klären: Der Adressatenkreis ist festzulegen, Ziel und Positionierung sind zu definieren, die Form des Clubs ist zu wählen, Finanzierung und Refinanzierungsmöglichkeiten sind sicherzustellen und die Erfolgskontrolle im Voraus zu definieren.

Mit diesem Buch erhalten Sie nicht nur Antworten auf Ihre Fragen. Die Anregungen, die Sie hier erhalten, können den Grundstein für eine dauerhafte Beziehung legen: einer zu Ihren Kunden. Dabei wünsche ich Ihnen viel Spannung und Erfolg.

Herzlichst,

Kerstin Plehwe
Präsidentin Deutscher Direktmarketing Verband e.V. (DDV)

Inhaltsverzeichnis

Vorwort der Verfasser

Ende des Jahres 2003 zeichnete sich in unseren Gesprächen im Branchenkreis sowie im Austausch mit Kunden und Geschäftspartnern immer deutlicher ab, dass eine *Renaissance der Kundenbindungssysteme* – insbesondere in Gestalt der Kundenclubs – für das Jahr 2004 bevorstand. Neben der „schreibenden Zunft" sahen auch die großen Beratungsgesellschaften den anfahrenden Zug und sprangen mit groß angelegten Studien auf.

Und je tiefer wir in der Folgezeit in die Materie Kundenbindung eintauchten und uns austauschten, desto mehr wurden wir in der anfänglichen Einschätzung bestätigt, dass der große Trend in den Jahren 2004 und folgenden *„Hightouch Marketing"* heißen würde, oder wie die Presse es nannte: *„Marketing aus Liebe zum Kunden"*. Nach der Zeit der Kostenreduktionen auch im Marketing vieler Unternehmen und der Fokussierung auf den Kundenwert im Rahmen intensiver Customer-Relationship-Management-Strategien (CRM) galt es nun, das gesammelte Wissen einzusetzen, um eine marktgerechte Alleinstellung zu erzielen.

Und da kommt die *Wiederentdeckung des Kundenclubs* gerade zur rechten Zeit, denn das Marketing braucht nicht nur einzigartige Verkaufsvorteile, sondern muss stärker noch als früher in einer zunehmend fragmentierten Umgebung zu den „Herzen" der Menschen durchdringen, um echte Begeisterung für ein Produkt oder eine Dienstleistung zu entzünden. Und das auch und gerade mit dem kaufmännisch begründeten Ziel, den Kunden so lange wie möglich an das Unternehmen zu binden.

Und ein weiteres Schlüsselerlebnis spornte uns an. Über viele Jahre haben wir in Veranstaltungen das Thema Kundenclub immer wieder besetzt und viele hundert Teilnehmer dafür begeistert. Aber seit dem Jahr 2001 ruhte das Thema in der öffentlichen Wahrnehmung, weil der Blick vieler Unternehmen auf CRM gerichtet war. Als wir dann Ende 2003 erstmals wieder das Thema Kundenclubs mit einem großen Veranstalter aufgriffen, kamen innerhalb kürzester Zeit so viele Teilnehmer zusammen, dass wir einigen absagen mussten, um den interaktiven Charakter der Veranstaltung gewährleisten zu können. Und es waren auf einmal Menschen in der Veranstaltung, die wir vorher nur sporadisch beim Thema Kundenbindung und Kundenclubs wahrgenommen hatten: Entscheider aus den Bereichen Pharma, Medizin, Steuerberatung, Anwaltssozietäten, Hausverwaltung und aus Verbänden. Für uns *das* Indiz, dass Kundenbindung und insbesondere die Kundenclubs einen Reiz auf das Marketing ausüben müssen, den konservative Kundenbindungsmaßnahmen offensichtlich nicht haben: *die Fähigkeit, Menschen langfristig zu begeistern.*

Und diese Begeisterung sprang auf uns über. So sehr, dass wir nach dem „Handbuch Couponing" ein zweites Mal innerhalb eines Jahres beschlossen, über ein spannendes Thema ein Buch zu schreiben. Dabei haben wir uns schwerpunktmäßig auf den BtC-Bereich (Business-to-Consumer) konzentriert, allerdings immer wieder auch die Übertragbarkeit beziehungsweise die Besonderheiten bei der Ausgestaltung eines BtB-Clubs (Business-to-Business) berücksichtigt.

Ein solches Werk – insbesondere, wenn es einen hohen Praxisbezug aufweisen soll – gelingt nur durch die Unterstützung der Unternehmen, die selbst Bahnbrechendes bei Kundenbindungskonzepten geleistet haben. Wir freuen uns deshalb ganz besonders, dass wir neun führende Unternehmen zu einer Mitarbeit gewinnen konnten. Die Ergebnisse der ausführlichen Gespräche sowie die Auswertung der uns hier zur Verfügung gestellten Unterlagen sind in die Fallstudien in Kapitel 7 eingeflossen.

Unser Dank gilt hier Angela Holder, Direktorin der Marketingabteilung der Sparkasse Bonn, und Michael Kranz, Vorstandsvorsitzender der Sparkasse Bonn, und Vorsitzender der Gesellschaftsversammlung der *S-points* Servicegesellschaft für Kundenbindung mbH, Bonn, die uns in guten Gesprächen mit Informationen zum neuen Kundenbindungsprogramm der Sparkassen versorgt haben. Alexander Rittweger, geschäftsführender Gesellschafter von Loyalty Partner, sowie Tobias Hartmann, Mitglied der Geschäftsleitung, und Nina Purtscher, Head of Corporate Communication, haben spannende Unterlagen über *Payback* bereitgestellt. Mit Klaus Chojnacki, Geschäftsführer der Kunden Club GmbH, Wolfsburg, haben wir uns intensiv über den *Volkswagen Club* austauschen können. Mit Barbara Stein, Marketing Programs Manager, und Beate Rosenthal-Meseck, Brand Manager Baby Care, haben wir über den *Pampers Eltern Service* diskutiert. Michael Jacobs, Bereichsleiter Marketing & Kommunikation von *Görtz,* hat wichtige Informationen über die spannende Entwicklung von einem eigenen Programm hin zur Zusammenarbeit mit *Payback* bereitgestellt. Für das Kundenbindungsprogramm vom *BSW* haben Gerhard Rudolf, Geschäftsführer VVS-Holding, Martin Steinlein, Geschäftsführer AVS, und Gerhard Tröger, Projektmanager der VVS Holding, aussagekräftige Beiträge zugesteuert.

Yvonne Achermann, Head of Customer Relations Management der Daniel *Swarovski* Corporation AG aus der Schweiz, war auch länderübergreifend bereit, uns Informationen über einen der größten Clubs weltweit zu liefern. Lars Hinrichs, Gründer und Geschäftsführer der Internetplattform *openBC*, hat uns nicht nur gezeigt, wie sensationell einfach ein BtB-Club funktionieren kann, sondern darüber hinaus auch erklärt, welche Potenziale das Internet für das Club-Geschäft bietet. Und bezüglich des *Maggi Kochclubs* gilt unser Dank Reza Ghalamkarizadeh, der als Projektleiter der arvato direct services den Dialog zwischen dem Kunden *Maggi* und uns gestaltet hat.

Allein die unterschiedlichen Facetten an Club-Ausprägungen innerhalb der hier aufgearbeiteten Fallbeispiele zeigen: Es gibt nicht mehr nur *eine instrumentalisierte Form* der Kundenbindung im Bereich der Clubs. Der Begriff Kundenclub hat in den letzten Jahren vielmehr eine erhebliche Aufwertung erfahren, da neue Marketing-Ideen wie Permission-, Viral- oder Online-Marketing wesentlich das Erscheinungsbild des Clubs verändert haben. Auch diese Vielfalt und die damit einhergehenden neuen Ansätze wollen wir mit dem vorliegenden Werk aufgreifen und diskutieren.

Ein weiteres Dankeschön gilt Sonja Kapfelsberger, die unermüdlich und mit viel Elan zum Gelingen des Gesamtwerkes beigetragen hat und alle Inhalte aus der Sicht eines kritischen Lesers beäugt hat.

Wir hoffen, mit diesem Werk einen Beitrag zur langfristigen und erfolgreichen Weiterentwicklung bestehender Kundenbindungsprogramme sowie Ideen für die Schaffung neuer Kundenclubs gegeben zu haben. Über eine kritische Rückmeldung würden wir uns sehr freuen.

Im September 2004

Wolfgang Hartmann wolfgang.hartmann@genion.de
Dr. Ralf T. Kreutzer kreutzer.r@t-online.de
Holger Kuhfuß holger.kuhfuss@rbc-gruppe.de

1. Vorbemerkung – Warum Kundenclubs heute so wichtig sind!

Die Orientierung hin zu innovativen und leistungsstarken Kundenbindungssystemen erfolgte in Deutschland in verschiedenen Stufen. Ab 1985 wurde in der Kundenansprache zum ersten Mal auf breiterer Basis der Schwerpunkt auf den *Aufbau von Kundenzufriedenheit* gelegt. Über erste Kundenbefragungen und Fokusgruppen wurde der Dialog mit den Kunden aufgenommen, um die Angebote der Unternehmen stärker auf die Interessen der Zielgruppe auszurichten (vgl. Abbildung 1).

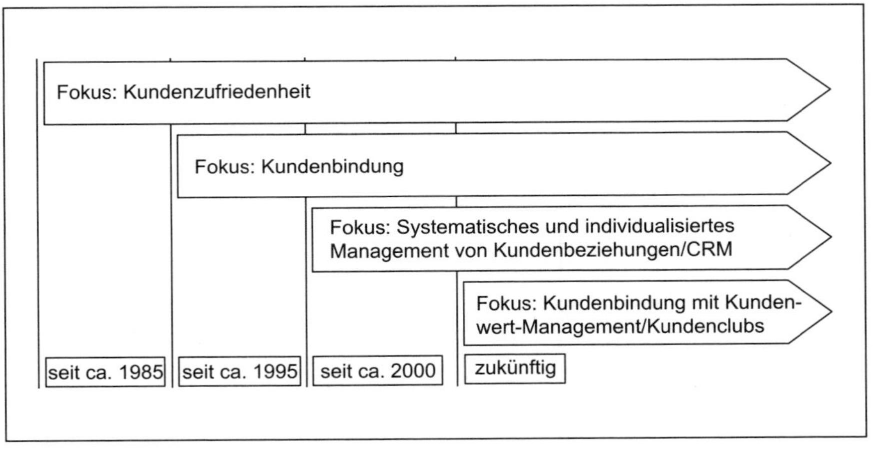

Abbildung 1: Die zunehmende Bedeutung von Kundenclubs
Quelle: Vgl. Homburg/Bruhn, 2003, S. 1; Stauss, 2000, S. 17

Dieser Fokus wurde seit circa 1995 um konzeptionelle Ansätze zur *Schaffung von Kundenbindung* ergänzt. In diesem Zeitraum wurden die ersten innovativen Club-Konzepte entwickelt und gelauncht. Der Hintergrund für die Entwicklung von Kundenclubs in Deutschland waren die restriktiven gesetzlichen Rahmenbedingungen, insbesondere in Gestalt von Rabattgesetz und Zugabeverordnung. Die Schaffung von monetären Anreizen war durch diese gesetzlichen Regelungen relativ stark eingeschränkt, so dass sich die Unternehmen gezwungen sahen, alternative Konzepte zur Gewährung nicht-monetärer Anreize zu entwickeln. Und im Kontext dieser Entwicklung konnte auch festgestellt werden, dass es gerade die über Preisvorteile hinausgehenden Anreize waren, die am ehesten geeignet erschienen, langfristige Kundenbindung zu erzielen (vgl. auch Butscher, 1998, S. 20).

Ab dem Jahr 2000 wurden diese Ideen und Konzepte unter dem Begriff *Customer Relationship Management* (CRM) weitergeführt. Unter CRM ist dabei eine *kundenorientierte Unternehmensstrategie* zu verstehen, die den *Aufbau eines systematischen, langfristigen, profitablen und individualisierten Managements von Kundenbeziehungen* zum Ziel hat. Gleichzeitig ist es dieser CRM-Diskussion erstmalig auf breiter Front gelungen, dieses Gedankengut aus dem Marketing-, Service- und Vertriebsbereich hervorgehend auch auf Geschäftsführer- und Vorstandsebene zu thematisieren; und von hier aus „infizierte“ es große Teile der Unternehmensorganisation, führte zu einer stärkeren Hinwendung zu einer kundenorientierten und -bindenden Unternehmenskultur. Damit wurde auch der *Paradigmawechsel vom Direkt- zum Dialogmarketing* eingeleitet.

In diesem Zusammenhang tauchte auch der Begriff des *Permission-Marketing* im Sinne eines „Erlaubnis-Marketing“ auf, um – ausgehend von der E-Mail-Werbeflut – seitens des Kunden erstmalig eine deutliche Grenze setzen zu können, von welchem Unternehmen der Kunde werbliche Botschaften erhalten möchte. Hierdurch wurden die Unternehmen in zunehmendem Maße gezwungen, sich an den erteilten oder nicht erteilten Permissions im Sinne von „Erlaubnissen zur Kontaktaufnahme“ auszurichten (vgl. Godin, 1999; Schwarz, 2000). Das heißt, der Kunde darf entscheiden, ob und wie er angesprochen werden möchte, er definiert, ob er Angebote, etwa in Form von Newslettern und Coupons, auf dem postalischen Weg, per E-Mail oder sogar per SMS aufs Handy gesendet sehen möchte. Und er hat auch jederzeit das Recht, diese erteilten Permissions zurückzuziehen oder zu ändern.

Hierauf basiert die sich jetzt abzeichnende Entwicklung, die eine zunehmende Bedeutung des *Kundenwert-Managements* für die Ausrichtung der Unternehmensaktivitäten postuliert hat. Die dabei gewonnenen Erkenntnisse über die eigenen Kundenstrukturen und deren ganz unterschiedlichen Leistungsbeitrag für das Unternehmensergebnis haben den Stellenwert von Kundenbindungsprogrammen massiv erhöht und gleichsam zu einer *Renaissance der Kundenclubs* auf breiter Front geführt. Denn insbesondere ein Kundenclub kann die für den Aufbau langfristiger Beziehungen notwendigen emotionalen Bindungsanteile in geradezu perfekter Form bereitstellen.

Dabei zeigt Abbildung 2, dass sich die hohe Bedeutung der Kundenbindung bei den durch Marketinginstrumente beeinflussbaren Faktoren (91 Prozent der Nennungen) nicht deckt mit der Bedeutung, die den korrespondierenden „Kundenbindungsinstrumenten" innerhalb des Marketing-Mix zugeordnet wird (nur Rang 4). So werden lediglich zwölf Prozent des Marketingbudgets für Kundenbindungsprogramme eingesetzt (vgl. Roland Berger, 2003, S. 25).

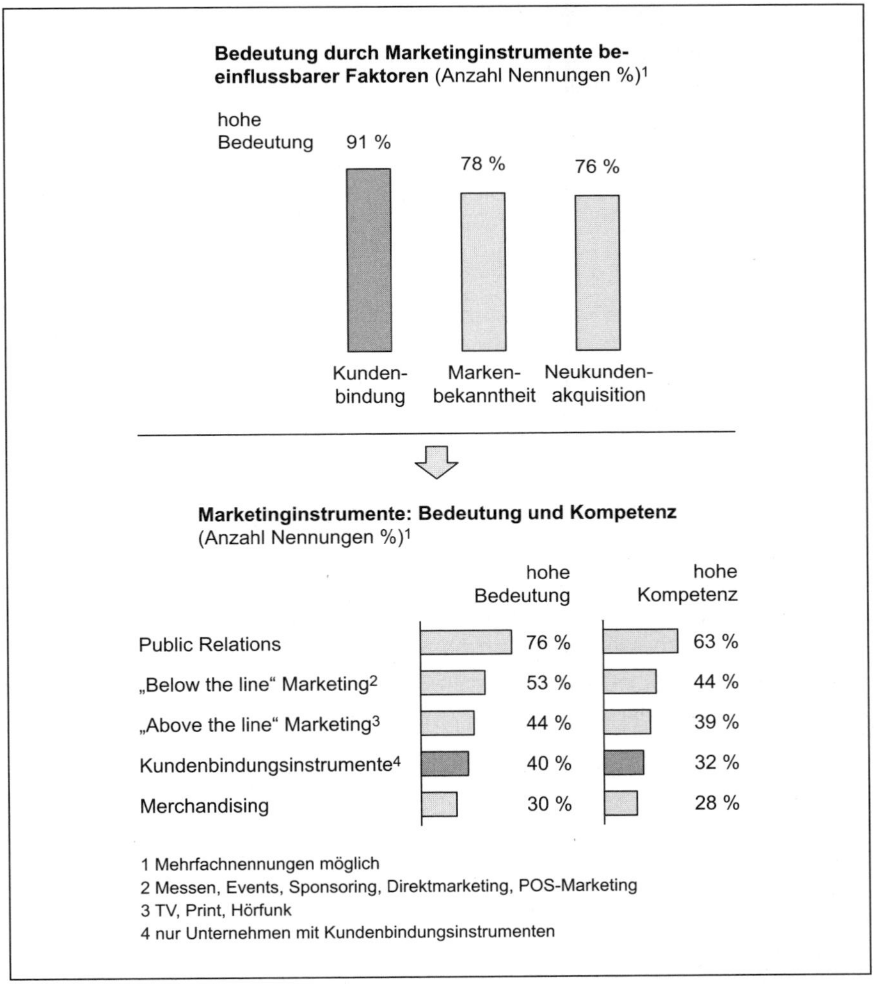

Abbildung 2: Stellenwert der Kundenbindung bei Ziel und Umsetzung im Marketing
Quelle: Roland Berger, 2003, S. 26

Hier wird eine Diskrepanz deutlich, die innerhalb der nächsten Zeit zu einer nachhaltigen Umorientierung der Schwerpunkte im Marketing führen und den Kundenclubs dabei einen besonderen Stellenwert zuwachsen lassen wird.

Und da die im Zuge der aufkommenden Bindungssysteme der neunziger Jahre installierten Kundenclubs nur teilweise einen langfristigen Erfolg aufwiesen, ist es jetzt geboten, sich intensiv mit den *Konzepten und Erfolgsfaktoren gerade der Kundenclubs* als spezieller Ausprägung eines Kundenbindungssystems zu beschäftigen. Damit soll erreicht werden, dass den jetzt in der Konzeption befindlichen oder vor einem Relaunch stehenden Kundenclubs zentrale Leitideen und konkrete Handlungsempfehlungen an die Hand gegeben werden, um erfolgreicher als in der Vergangenheit agieren zu können.

Um hier eine Abgrenzung gegenüber anderen Kundenbindungsprogrammen vorzunehmen, wird ein Kundenclub in diesem Buch wie folgt definiert (vgl. auch Holz, 1997, S. 19):

Ein *Kundenclub* ist ein *Leistungsangebot*,

- *von einem Unternehmen initiiert und organisiert*,
- das einen *Teil der bestehenden und potenziellen Kunden umfasst*, denen *exklusive Leistungen angeboten* werden,
- dessen *Beitritt eine Kundenaktivität voraussetzt* und
- das eine *kontinuierliche, dialogorientierte Kommunikation aufweist.*

Ein Kundenclub unterscheidet sich deutlich von der bloßen Herausgabe einer *Kundenkarte* und grenzt sich damit auch von reinen Dialogprogrammen ab, die ohne weitere kundenbindende Elemente arbeiten. Aufgrund der Vielzahl heutiger Ausprägungen von Kundenbindungsprogrammen ist eine Klassifizierung nicht immer einfach zu leisten. Denn zum Teil liegen regelrechte Club-Konzepte vor, auch wenn diese Programme das Wort „Club" in der Namensführung gar nicht verwenden und beispielsweise *„Douglas Card"*, *„Audi-A-plus-Programm"* oder *„S-points"* genannt werden.

Dass es gerade zum jetzigen Zeitpunkt so wichtig ist, sich mit Kundenclubs zu beschäftigen, ergibt sich vor allem daraus, dass die Vielfalt der an Kunden herangetragenen Angebote, ob über das Internet, über „Coupon-Schlachten" oder umfassende Rabattaktionen, immer unübersichtlicher wird. Gerade hier kann ein Kundenclub wichtige Orientierung geben, nach der die Kunden zunehmend suchen. Und da der Kundenclub immer auch eine Aktivität des Kunden voraussetzt, werden hier auch erstmalig die oben genannten Grundregeln des *Permission-Marketing* für die Konzeption eines Kundenclubs umfassend aufgegriffen: Der Kunde wird im Zuge der Club-Mitgliedschaft zum Souverän, der darüber entscheidet, ob und wie mit ihm kommuniziert werden darf. Hierdurch sind zentrale Elemente des Ende der neunziger Jahre auftauchenden Permission-Marketing in die Club-Konzepte eingeflossen.

Und das Permission-Marketing hat noch einen weiteren Vorteil für das Clubgeschäft hervorgebracht: Prozesse, die bisher beim Unternehmen angesiedelt waren und in die Etatberechnung eingeflossen sind, wie zum Beispiel die Dialogführung oder administrative Aufgaben, können im Rahmen von E-Prozessen auf den Kunden verlagert werden und kosten nur noch einen Bruchteil dessen, was sie sonst an Aufwand verursacht haben.

Die Gründe dafür, dass es in Deutschland bisher nur eine beschränkte Zahl von Kundenclubs gibt, sind vielfältig, denn ein Kundenclub stellt den *„Königsweg der Kundenbindung"* dar. Und ganz wie es einem König gebührt, ist der Aufbau und der Betrieb eines Kundenclubs mit den höchsten Investitionen aller vorstellbaren Kundenbindungskonzepte verbunden. Durch die Etablierung einer eigenen Organisation, beispielsweise mit Club-Karte, Club-Magazin, Club-Events etc., die zu ihrer Abwicklung neben einer perfekten Datenbank auch ein gut ausgestattetes Club-Center zur telefonischen und/oder schriftlichen Kontaktaufnahme durch den Kunden benötigt, sind hier beträchtliche Vorlaufinvestitionen zu tätigen.

Darüber hinaus – und hier bleiben wir dem Bild des „Königs" treu – weist dieser, wie auch der Club, eine hohe Sichtbarkeit auf. Das heißt, hier geht das Unternehmen in der Regel auch einen für die breitere Öffentlichkeit sichtbaren Weg und zeigt damit sein Commitment für die Sache der Kundenbindung. Insbesondere diese Öffentlichkeitswirkung erschwert ein Abweichen vom einmal eingeschlagenen „Königsweg", weil man dann gegenüber seinen besten Kunden und auch gegenüber der Öffentlichkeit erklären muss, warum das Konzept wieder eingestellt oder verändert wird. Folglich ist der Schritt zum „Aufbau einer Monarchie" sorgsam abzuwägen.

Und dabei ist zu berücksichtigen, dass heute kaum noch ein Kunde darauf wartet, dass ihm sein Händler oder seine Marke die Mitgliedschaft in einem Kundenclub anbieten. Zu groß ist die Inflation von Kundenkarten, sei es vom lokalen Energieversorger, von der Klassenlotterie oder der Versicherungsgruppe; und auch clubähnliche Konzepte werden immer wieder an die Kunden herangetragen. Und wenn jetzt auch die *Molkerei Müller* die Aufnahme in die „Müller Partei" per flächendeckender Anzeigenwerbung promotet, wird die Intensität des Kampfes um den „Share of Mind" des Kunden im Sinne der Bekanntheit und der Vertrautheit der eigenen Bindungsangebote bei der Zielgruppe sichtbar.

Deshalb ist es für den erfolgreichen Aufbau eines Kundenbindungssystems unverzichtbar, möglichst viel über die Wirkungsmechanismen von Kundenclubs zu wissen, um diese zielorientiert ausgestalten zu können. Eines ist aber bereits an dieser Stelle offensichtlich: Der Club lebt mit zahlreichen neuen Formen der Emotionalisierung, der Begeisterung für den Kunden. Da ist es nicht immer notwendig, dass der Club in eine mächtige Organisation eingebunden wird, wie zum Beispiel zahlreiche virtuelle Clubs zeigen, die ihr Dasein ausschließlich im Internet führen. Und genau das will dieses Buch zeigen: Ideen, Anregungen, im besten Sinne Tipps und Tricks für ein neues Verständnis von Kundenclubs und deren Umsetzung im Marketing.

Eine Unterscheidung in BtC- und BtB-Clubs wird an den entscheidenden Stellen vorgenommen, wenn auch die Unterschiede fast nur in der kritischen Masse, den daraus resultierenden finanziellen Konsequenzen und den branchentypischen Ausprägungen liegen. Grundsätzlich gilt aber: In beiden Clubvarianten (BtC und BtB) sind die Zielpersonen Menschen, die auf die gleichen Vorteile reagieren. Entsprechend sind viele Grundlagen in der Ansprache ähnlich bis identisch.

Um den hier genannten Herausforderungen gerecht zu werden, stehen im 2. Kapitel die *Ziele und strategischen Handlungskonzepte bei Kundenbindungsprogrammen* im Mittelpunkt. Dem schließt sich im 3. Kapitel die *Erarbeitung der zentralen Erfolgsfaktoren für den Aufbau eines Kundenclubs* an. Im 4. Kapitel wird die Bandbreite der *Ausgestaltung der Kundenclub-Konzepte* hinsichtlich der zentralen Felder Programm, Preisstellung, Kommunikation und Vertriebskonzept vorgestellt.

Für den Erfolg von Kundenbindungsprogrammen und insbesondere von Kundenclubs ist der Aufbau einer leistungsfähigen IT-Infrastruktur sowie die Bereitstellung der notwendigen Logistikprozesse entscheidend. Hierbei sind die relevanten rechtlichen Rahmenbedingungen zu berücksichtigen. Diese *Prozesse und Systeme zur Servicedurchführung* werden im 5. Kapitel vertieft. Im 6. Kapitel wird der *Status quo der Kundenclubs* im Sinne eines Marktüberblicks in Deutschland dargestellt, der im 7. Kapitel mit konkreten *Fallbeispielen ausgewählter Club-Konzepte* vertieft wird. Im 8. Kapitel erfolgt ein *Ausblick auf die weitere Entwicklung von Kundenbindungsprogrammen und Kundenclubs* vor dem Hintergrund der sich abzeichnenden Veränderungen im Marketing.

2. Ziele und strategische Handlungskonzepte bei Kundenbindungsprogrammen

2.1 Hintergrund für den Stellenwert der Kundenbindung im Marketing

Gemäß einer immer wieder gern im Marketing zitierten Faustregel gilt: *„Es ist sieben- bis neunmal kostengünstiger, einem einmal gewonnenen Kunden mehr zu verkaufen, als einen neuen Kunden zu gewinnen."* Die Ursachen hierfür sind vielfältig. Zunächst gilt, dass mit steigender Kundentreue auch der Grenzgewinn zunimmt. Dies basiert nicht nur auf einer tendenziell steigenden Kauffrequenz (zum Teil mit höheren Beträgen), sondern auch auf den niedrigeren „Halteinvestitionen", da die Gewinnungskosten bereits eingespielt sind. Gleichzeitig können aufgrund von Weiterempfehlungen zusätzliche Gewinne mit diesen Kunden erzielt werden. Außerdem sind loyale Kunden häufig weniger preiskritische Käufer und können deshalb auch für weitere und/oder höherwertige Produkte gewonnen werden oder akzeptieren Preisaufschläge einfacher (vgl. Abbildung 3; vgl. auch Homburg/Faßnacht, 2001, S. 452).

Neben dieser zentralen Grundregel gibt es eine Vielzahl weiterer Entwicklungen, die zu der bereits eingangs erwähnten Renaissance der Kundenbindungsprogramme und insbesondere auch der Kundenclubs geführt haben. So wurde die Notwendigkeit zur Rückbesinnung auf die „Kunst der Kundenbindung" durch die kritische *gesamtwirtschaftliche „Großwetterlage"* im Deutschland der letzten Jahre gefördert. Bei teilweise sinkenden Realeinkommen breiter Bevölkerungsschichten war in vielen Branchen eine nachhaltige *Kaufzurückhaltung* festzustellen; und bei den Konsumenten, die noch über eine ausreichende Kaufkraft verfügten, musste ein regelrechter *Käuferstreik* diagnostiziert werden, was zu einer deutlichen Zurückhaltung bei Investitionen im BtC-Markt geführt hat.

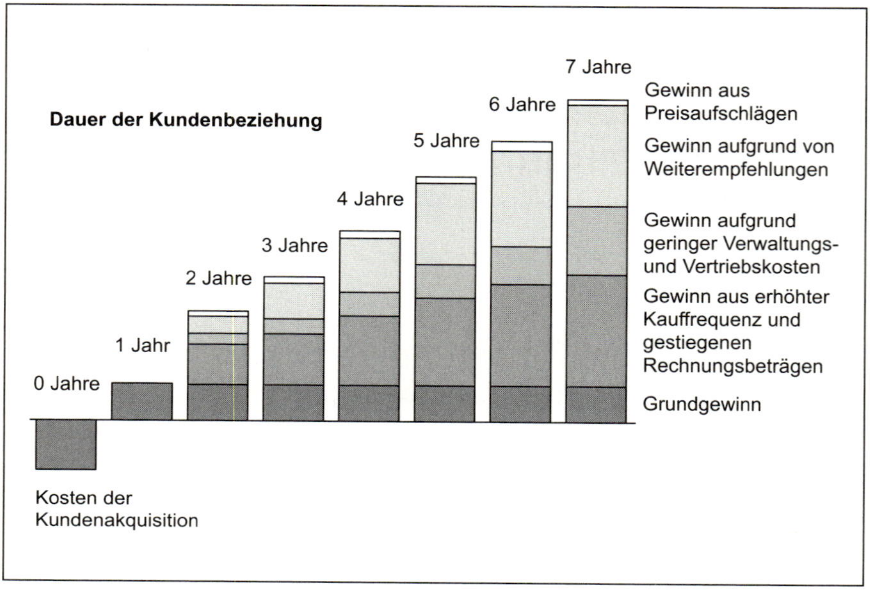

Abbildung 3: Gewinnpotenziale durch Stammkundenbeziehungen
Quelle: Meyer/Dornach, 1995, S. 41

Diese Kaufzurückhaltung ging einher mit einer sich bereits über mehrere Jahre abzeichnenden *Abnahme der Werbeeffizienz der klassischen Medien*. Der auf breiter Basis festzustellende „Information Overload“ der Zielpersonen im Sinne einer Überschüttung der Konsumenten mit einer Vielzahl zum Großteil irrelevanter Informationen hat dazu geführt, dass Werbebotschaften – gleich über welche Medien sie ihre Zielgruppe erreichten – immer weniger Durchschlagskraft aufwiesen. Auch die Erhöhung des Mediadrucks durch eine Parallelisierung von TV- und Print-Kampagnen erhöhte häufig nur die Kosten, nicht aber im gleichen Ausmaß die beabsichtigte Wirkung auf das Informations- und Kaufverhalten der Zielgruppe. Und dies geschah auch unabhängig davon, ob Privatpersonen oder Entscheidungsträger angesprochen wurden. Damit wurde es für die Unternehmen immer kostenintensiver, neue Kunden für die eigenen Leistungen zu gewinnen. Größenordnungen von über 200 Euro für die Gewinnung neuer Kunden im Telekommunikationsbereich und von über 500 Euro im Finanzdienstleistungssektor werden zunehmend auch in anderen Branchen erreicht. Eine der Hauptursachen hierfür ist die *Marktsättigung vieler Branchen*, so dass es zwangsläufig zu einem kostenintensiven Verdrängungswettbewerb kommt. Folglich verstärken sich hier die negativen

Tendenzen: Aufgrund der Informationsüberlastung muss der Kunde bei den auf ihn einstürmenden Botschaften immer stärker selektieren, um nicht im „Informationsrausch" unterzugehen. Gleichzeitig ist die werbetreibende Wirtschaft gezwungen, den Druck kontinuierlich zu erhöhen, um trotzdem noch Gehör zu finden. Eine Negativspirale, die die Suche nach Alternativen erzwingt.

Gleichzeitig zeigen aktuelle Studien zum Kauf- und Informationsverhalten der Konsumenten, dass breite Konsumentenschichten unter anderem aufgrund der *Medien- und Angebotsvielfalt* in einer zunehmend komplexeren Welt eine Sehnsucht spüren nach (vgl. hierzu und nachfolgend die aktuellen Rheingold-Studien bei Grünewald, 2003; auch Diekhof/Wieking, 2003, S. 25):

- Überschaubarkeit,
- Orientierung,
- Geborgenheit und
- Berechenbarkeit.

Überschaubarkeit und Orientierung sind aufgrund der nach wie vor steigenden Anzahl von Marken, aber auch durch die zunehmenden Angebote im Informationsbereich auf breiter Front verloren gegangen. Grünewald (2003) spricht hier von einem regelrechten *„Produkt-Flimmern"*, weil die einzelne Marke und damit das dahinter stehende Angebot aufgrund des permanenten Information Overload nicht mehr deutlich wahrgenommen werden kann. Vergleicht man den Wortschatz eines durchschnittlichen Deutschen von 1 900 Worten mit der Anzahl von 4 479 Marken mit einem Werbebudget von über 0,5 Millionen Euro und einer Gesamtzahl von 50 000 allein in Deutschland angebotenen Marken (vgl. Michael, 2003), dann wird die Überforderung der Konsumenten nachvollziehbar.

Gleichzeitig ist eine *Marken-Erosion* festzustellen, weil die Tragfähigkeit der Marken durch deren immer stärkere Spreizung überfordert wurde und zu einem *„Marken-Flimmern"* (Grünewald, 2003) im Sinne einer unscharfen Positionierung führt. In diesem Falle kann von einer Krise der Marke gesprochen werden, weil in zu vielen Fällen Innovation durch Variation ersetzt wurde und dies die Überforderung der Konsumenten weiter beschleunigt hat. Aber dennoch kann gerade die Marke prägende Bedeutung für den Kundenclub haben, wie in Kapitel 4 nachgewiesen wird.

Auch die seitens der Verbraucher gesuchte *Geborgenheit* ging zunehmend verloren, nicht nur weil im Handel die Produktplatzierungen (insbesondere im Lebensmitteleinzelhandel) immer wieder verändert werden, sondern auch, weil die Tonality und die Ausrichtung der Ansprachen zu schnell variieren.

Und dadurch ist die *Berechenbarkeit* für viele Konsumenten abhanden gekommen. Hierzu hat – neben dem Verlust der Orientierungsfunktion von Marke einerseits und Preis aufgrund der Euro-Umstellung andererseits – auch die preisaggressive Akquisitionsstrategie der Händler beigetragen. Denn auch wenn der *„generelle Teuerungs-Argwohn"* (Grünewald, 2003) statistisch nicht nachweisbar ist, so hält eine preisliche Verunsicherung der Konsumenten nach wie vor auf breiter Basis an. Und die Händler haben mit überzogenen Rabattschlachten, bei denen 20, 30, ja bis zu 60 Prozent Rabatt gewährt wurden – und nicht nur auf Teppiche –, eine zusätzliche Verunsicherung erzeugt. Denn die immer wieder neuen Sonderangebote destabilisieren etablierte Kundenbeziehungen, weil gelernte Orientierungspunkte verloren gehen.

Dies hat zur Konsequenz, dass *die Formate im Handel gewinnen,* die dem Kunden bei der Komplexitätsreduktion durch ein überschaubares Produktangebot, durch eine Kontinuität im Auftritt, durch eine Berechenbarkeit des Preis-Leistungs-Verhältnisses die gewünschte Geborgenheit aufgrund einer länger gültigen Orientierung geben; namentlich sind dies *Aldi*, *IKEA*, aber auch *H&M* und *Tchibo*. Denn diese Anbieter ersparen den Kunden nicht nur ökonomische, sondern durch die Reduktion aufs Wesentliche auch „emotionale" Kosten. Damit gewinnt ein alter Leitspruch an neuer Relevanz: „Weniger ist mehr!", denn „man will beim Konsum die Unübersichtlichkeit der Welt besiegen" (Diekhof/Wieking, 2003, S. 26).

Und genau für die hier aufgezeigten Sehnsüchte des Kunden kann ein Kundenbindungsprogramm, insbesondere wenn es in Gestalt eines Kundenclubs aufgemacht ist, wesentliche Antworten liefern. Durch ein Ernstnehmen des Mitglieds, eine individualisierte Betreuung und eine Kontinuität in der Form und Tonalität der Kundenansprache kann hier ein Stück „Geborgenheit" geschaffen werden, das sich der Kunde schon länger wünscht.

Dabei bedarf es insbesondere einer verstärkten Individualisierung der Kundenansprache, um im Dialog aus der *Beliebigkeit der Ansprache* auszusteigen und dem Kunden die Informationen beziehungsweise die Angebote zu präsentieren, die für ihn besonders interessant sind und die ihn begeistern. Hierdurch wird dem Kunden gegenüber gleichzeitig eine ganz andere Wertschätzung durch das anbietende Unternehmen zum Ausdruck gebracht. Denn die seit Jahren sich verstärkende *Fragmentierung der Märkte* ist nicht nur auf den Kommunikationsbereich beschränkt, sondern nimmt auch immer stärkeren Einfluss auf die geforderten Produkte und Dienstleistungen. Der Kunde konsumiert und kommuniziert zunehmend fragmentiert – und auf diese Entwicklung müssen die Unternehmen mit einer *„individualisierten Massenkommuni-*

kation" antworten, wenn sie heute und morgen bei ihrer Zielgruppe Gehör finden wollen.

Die *Wechselbereitschaft* der Kunden wird zusätzlich erleichtert und verstärkt durch die zunehmende *Austauschbarkeit vieler Produkte und Dienstleistungen.* Differenzierungen über die Kernfunktionen von Produkten greifen immer weniger, so dass differenzierende, Zusatznutzen stiftende Serviceaspekte immer mehr an Bedeutung gewinnen (vgl. Abbildung 4). Damit rücken *produkt- oder dienstleistungsbegleitende Angebote* der Unternehmen in den Mittelpunkt, weil teilweise erst derartige Nebenleistungen die notwendigen Unterschiede im Wettbewerbsumfeld schaffen. Und genau hier leisten Kundenbindungsprogramme ihren entscheidenden Beitrag.

Hauptgründe für den Wechsel zum Wettbewerb	
Veränderungen im Sortiment	3 %
Konkurrenzangebot	5 %
Preis zu hoch	9 %
Unzufriedenheit mit Qualität/Produkten	14 %
Fehlende Aufmerksamkeit/mangelnder Service	69 %

Abbildung 4: Hauptgründe für den Wechsel zum Wettbewerb
Quelle: Veenema, 2003, S. 12

Nach dem *Wegfall des Rabattgesetzes sowie der Zugabeverordnung* im Jahre 2001 wurde allerdings zunächst verstärkt ab 2003 versucht, über breit angelegte Rabattaktionen wie auch über den Einsatz des Couponing direkte Kaufimpulse zu geben. Aufgrund der vielfach ausschließlich auf den Preis fokussierten Vorgehensweise waren diese Ansätze nur teilweise von Erfolg gekrönt (vgl. vertiefend Hartmann/Kreutzer/Kuhfuß, 2003). Gerade solche Aktionen, soweit sie nicht informationsgestützt durchgeführt wurden, haben den Trend zum *Marken- und Anbieter-Wechsel* nochmals verstärkt. So ist die durchschnittliche Abwanderungsquote der „Endkunden" in den letzten Jahren über alle Branchen auf durchschnittlich 15 bis 30 Prozent per anno gestiegen (vgl. Reichheld, 1996). Hierbei ist auch festzustellen, dass die Bereitschaft zum Marken- oder Anbieterwechsel auch dann gegeben ist, wenn der Kunde mit der Leistung in Summe zufrieden ist, womit deutlich wird, dass Kundenzufriedenheit allein heute keine Gewähr mehr für Kundentreue ist (vgl. hierzu die Abbildungen 5 und 24).

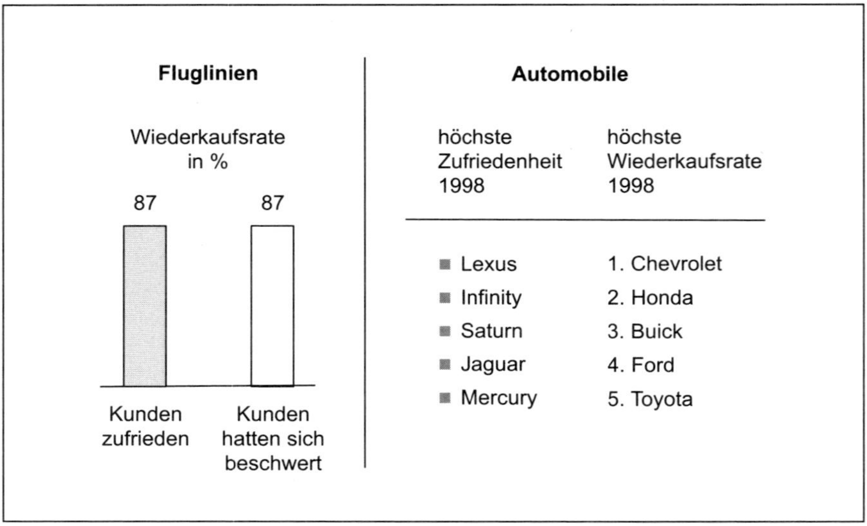

Abbildung 5: Beziehung zwischen Kundenzufriedenheit und Wiederkaufrate
Quelle: Merbecks, 1999, S. 97

Dies hat in Summe zur Konsequenz, dass ein Siebtel bis ein Drittel der Neukundengewinnung eines Jahres nur dazu dient, die Kundenverluste des Vorjahres auszugleichen. Die gleiche Untersuchung zeigt, dass bei einer Abwanderungsquote von nur fünf Prozent per anno die Gewinnsteigerungsrate beachtlich wäre. Sie betrüge bei Autohäusern 30 Prozent, bei Softwareanbietern 35 Prozent, bei Versicherungsunternehmen 50 Prozent und sogar 75 Prozent bei Kreditkarten-Unternehmen (vgl. Reichheld, 1996). Der Leidensdruck war und ist somit groß, alternative Konzepte zu entwickeln, die die gewünschte *Lenkfunktion von Kaufkraftströmen* auf bestimmte Unternehmen, Outlets, Services oder Marken sicherstellen und die Anbieter zumindest partiell von der Aufgabe entlasten, permanent neue Kunden für die eigenen Leistungsangebote zu gewinnen.

Die Gesamtheit dieser Entwicklungen hat in den letzten Jahren nicht nur dazu geführt, dass sich der Fokus vom „Einmalgeschäft" auf eine „langfristig angelegte Pflege von Kundenbeziehungen" verschoben und unter dem Begriff *Customer Relationship Management* (CRM) in die Unternehmen Einzug gehalten hat. Sondern auch die „Wiederentdeckung" intelligenter Kundenbindungsprogramme und insbesondere der Kundenclubs wurde durch diese Entwicklungen forciert. Kundenbindung wurde damit zum ersten Mal als zentraler strategischer Erfolgsfaktor auf breiter Front anerkannt, und dies noch vor der Produktqualität und dem Kostenmanagement (vgl. Abbildung 6). Angesichts dieser Prioritätensetzung wird nachvollziehbar, dass die Zahl der Kundenkarten in Deutschland bis zum Jahr 2007 auf 85 bis 100 Millionen steigen wird. Gleichzeitig planen auch 64 Prozent der befragten 82 BtC-Unternehmen, ihre Kundenbindungsaktivitäten innerhalb der nächsten zwölf Monate zu intensivieren, wofür mehr als 60 Prozent von einer Aufstockung der Kundenbindungsbudgets ausgehen (vgl. hierzu Roland Berger, 2003, S. 5, 10–12).

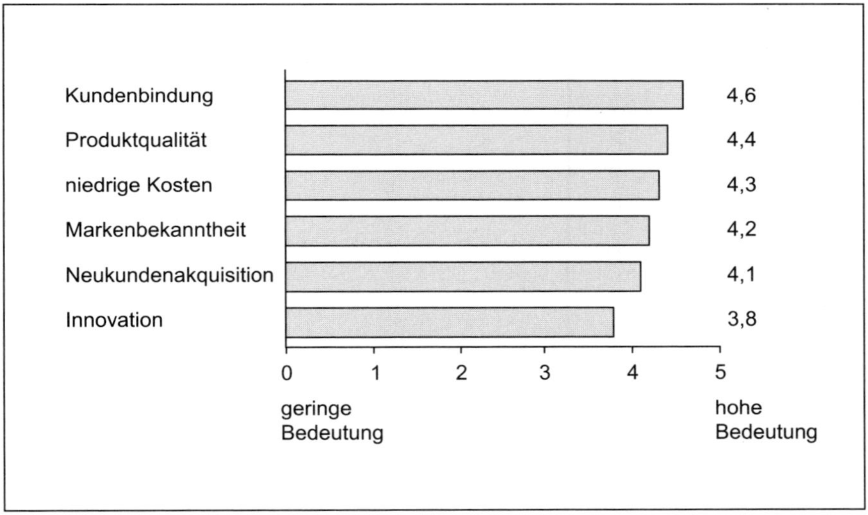

Abbildung 6: Bedeutung von Erfolgsfaktoren für Unternehmen im Marketing-Mix (arithmetisches Mittel)
Quelle: Roland Berger, 2003, S. 6

Bei den geplanten Aktivitäten muss zwischen solchen Unternehmen unterschieden werden, die bereits über ein Kundenbindungsprogramm verfügen, und solchen, die erst eines aufbauen wollen. Bei den Unternehmen mit bereits existierendem Programm steht insbesondere der Ausbau zum Multipartnerprogramm mit 49 Prozent noch vor dem Einsatz der Kundenclubs mit immerhin 29 Prozent an erster Stelle.

Das Couponing schließt sich mit 27 Prozent der Nennungen an, ist allerdings unseres Erachtens ohne konzeptionellen Unterbau nicht als Kundenbindungsinstrument geeignet (vgl. vertiefend Kreutzer, 2003); Kundenkarten (ohne Bonus) folgen mit 24 Prozent. Bei den Unternehmen, die noch kein eigenes Kundenbindungsprogramm besitzen, wird mit 76 Prozent schwerpunktmäßig ein Partnerprogramm angestrebt, gefolgt von Couponing-Maßnahmen mit 24 Prozent und Kundenkarten (ohne Bonus) mit 19 Prozent. Erst an vierter Stelle steht hier der Aufbau eines Kundenclubs, was die Vermutung nahelegt, dass die Unternehmen erst Erfahrungen im Handling von anderen Arten von Kundenbindungsprogrammen sammeln möchten, bevor möglicherweise der „Königsweg zum Kundenclub“ beschritten wird (vgl. Abbildung 7).

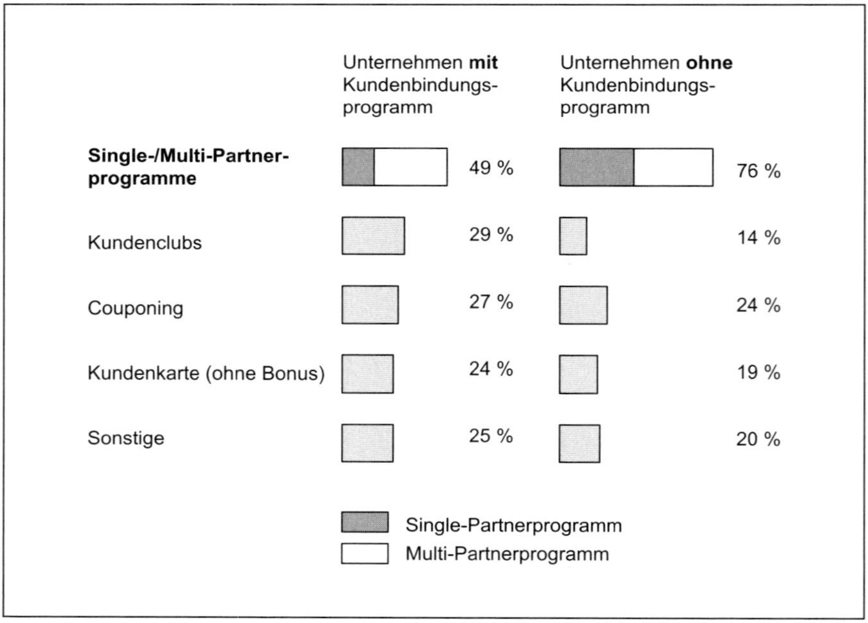

Abbildung 7: Art der geplanten Kundenbindungsaktivitäten
Quelle: Roland Berger, 2003, S. 11

2.2 Zielsystem und Steuerungsgrößen für Kundenbindungsprogramme

2.2.1 Zentrale Zielleitlinien aus Unternehmenssicht

Die *schriftliche Fixierung von Zielen*, die durch den Aufbau von Kundenbindungsprogrammen angestrebt werden, stellt einen zentralen Erfolgsfaktor für das Gelingen dieses Unterfangens dar. Denn bei einer kritischen Analyse der Misserfolgsfaktoren entsprechender Programme steht das Fehlen einer klaren Zielkonzeption mit an erster Stelle (Holz, 1997, S. 43). Deshalb wird den weiteren Ausführungen die *Ableitung zentraler Zielleitlinien aus Unternehmenssicht* vorangestellt, die vor dem jeweiligen unternehmensspezifischen Hintergrund zu präzisieren und schriftlich zu fixieren sind.

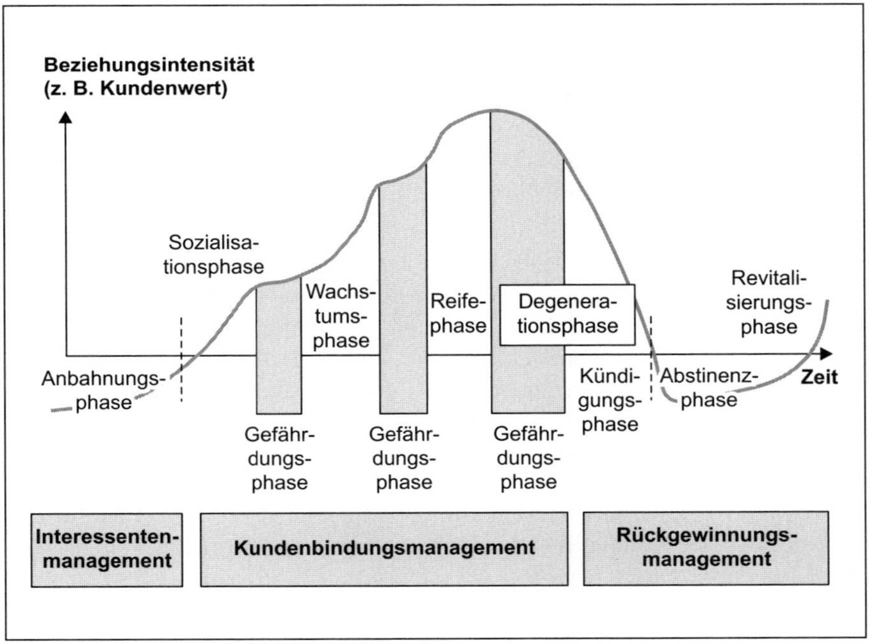

Abbildung 8: Kundenlebenszyklus als Orientierungsrahmen
Quelle: Vgl. Stauss, 2000, S. 16

Diese unternehmensbezogenen Ziele, von denen sich die des eigentlichen Kundenbindungsprogramms ableiten, lassen sich am besten anhand des *Kundenlebenszyklus* verdeutlichen. Dieser teilt sich klassisch in drei große Abschnitte, die wiederum in mehrere Phasen zerfallen. Auch wenn die mittlere Phase explizit mit „Kundenbindungsmanagement“ bezeichnet wird, gehören die vor- und nachgelagerten Phasen zu einem umfassenden Konzept der Kundenbindung zwingend dazu (vgl. Abbildung 8).

Dabei zeigen die Kundenbindungsziele über verschiedene Branchen hinweg und auch im Vergleich von BtB- und BtC-Anbietern eine große Vergleichbarkeit. Innerhalb der einzelnen Phasen lassen sich die unterschiedlichen Ziele wie folgt darstellen:

- **Interessentenmanagement**

In der *Anbahnungsphase* dominiert das Ziel, möglichst angebotsaffine Interessenten aus der „anonymen“ Masse herauszulösen und für das eigene Angebot zu interessieren. Dabei spielen nicht nur die Kosten für die Neukundengewinnung eine Rolle, sondern auch die Bonität des neu gewonnenen Kunden, seine vermutliche Verweildauer und seine Bereitschaft, einen möglichst großen Teil seines Bedarfes beim werbenden Unternehmen zu befriedigen. Dabei gilt es auch herauszuarbeiten, welcher Gewinnungsweg zu besonders loyalen Kunden führt, welcher nur „Schnäppchenjäger“ anzieht und auf welchem Weg eher ungewünscht zahlungsschwache Interessenten angelockt werden.

Hier wird bereits deutlich, dass ein gut funktionierendes Interessentenmanagement einerseits eine Vielzahl von Informationen voraussetzt, um die „richtigen“ Zielpersonen anzusprechen. Andererseits wird aber auch nachvollziehbar, dass bereits in dieser Phase wichtige Informationen zur Kundenbeziehungsweise Interessentenadresse zu erfassen und zu speichern sind, weil nur dann erfolgversprechende Analysen durchgeführt werden können (vgl. vertiefend Kreutzer/Magedanz/Krüger, 2003). An dieser Stelle dominieren damit neben der möglichst kostengünstigen *Gewinnung „potenzieller Stammkunden“* auch wichtige *Informations- und Erkenntnisziele* als Grundlage einer erfolgreichen Kundenbindung. Im Idealfall gelingt es bereits hier, für den zu gewinnenden Kunden die als relevant erachteten Informationen zu sammeln und damit schon in der Pre-Sales-Phase eine informatorisches Plattform zu schaffen, auf der zukünftige Services kundenorientiert bereitgestellt werden können.

Gleichzeitig können die über ein Kundenbindungsprogamm fest mit einem Unternehmen „verheirateten Kunden“ die besten „Verkäufer“ zur Gewinnung von neuen Kunden werden. Folglich steht bei einem solchen Bindungssystem nicht allein die direkte Neukundengewinnung über die Attraktivität des Bindungsprogramms im Mittelpunkt, sondern auch die indirekte Neukundengewinnung über gut gestaltete *Member-get-Member(MGM)-* beziehungsweise *Freundschaftswerber-Aktionen*.

- **Kundenbindungsmanagement**

Während der *Sozialisations-*, *Wachstums-* und *Reifephase* des Kunden dominiert das Ziel, eine möglichst langfristig ausgerichtete Kundenbeziehung aufzubauen. Dabei können gewährte Zahlungsvorteile (etwa längere Zahlungsziele, Rabatte), Transaktionsvorteile (im Automobilbereich etwa ein Hol- und Bringservice) oder Serviceangebote (etwa individualisierte Informationsdienste) wichtige, die Kundenbeziehung stabilisierende Beiträge leisten (vgl. auch Thieme, 2003, S. 147 f.).

Flankierend hierzu sollten möglichst viele Maßnahmen im Sinne eines *Kundendialogs* ausgestaltet werden, um die Zielpersonen möglichst schnell aus ihrer Anonymität herauszuführen. Über den Gesamtzeitraum gilt es immer wieder, weitere Informationen über die Interessenlage der Kunden zu erheben, um die Betreuung möglichst individualisiert zu gestalten. Dann können *Gefährdungsphasen* nicht nur schnell identifiziert, sondern auch kundenindividuelle Gegenmaßnahmen gestartet werden. Eine solche kann darin bestehen, dass man besonders wichtige Kunden etwa in Marktforschungs- oder Produktentwicklungsprojekte einbindet und jenen damit gleichzeitig deren Wichtigkeit aus Sicht des Unternehmens dokumentiert. Hier finden wir bereits ein erstes Indiz dafür, wie das Unternehmen bewusst Prozesse auf den Kunden verlagern kann, um eine höhere Bindung an das Unternehmen zu erzielen.

Dies alles setzt wiederum voraus, möglichst sprechende und aktuelle Informationen über den Kunden und seine Bedürfnisse vorliegen zu haben. Deshalb existiert über den gesamten Zeitraum das Ziel, marketing- und damit betreuungsrelevante Informationen in jedem Dialogschritt mit dem Kunden zu erfassen und bereits vorliegende Daten zu aktualisieren. Im Kern handelt es sich dabei um Informationen, die

- die *Erreichbarkeit der Kunden* über verschiedene Kanäle, idealerweise mit entsprechenden *Permissions*, sicherstellen,
- etwas aussagen über das *Potenzial der Person* (etwa Familienstand und Lebensalter bei Privatpersonen) oder *des Unternehmens* (beispielsweise zur Größe des Fuhrparks oder des Mailaufkommens),
- *Anhaltspunkte für eine Differenzierung der Ansprache* liefern,
- Aufschluss über die zu *erwartende Kundenhaltbarkeit* geben,
- *Bedarfsfelder beim Kunden* zu identifizieren helfen.

Nur wenn derartige Informationen vorliegen, kann die Kundenbindung auf *die* Segmente fokussiert werden, die für die Unternehmen die höchste Bedeutung besitzen. Denn „alle Kunden zu halten" kann und darf nicht die geforderte Stoßrichtung sein, wenn das Kundenbindungsprogramm effizient arbeiten soll. Und gerade dem Kundenclub mit seinen hohen Marketinginvestitionen muss eine sauber abgeleitete Kundenfokussierung zugrunde liegen (vgl. Abbildung 9).

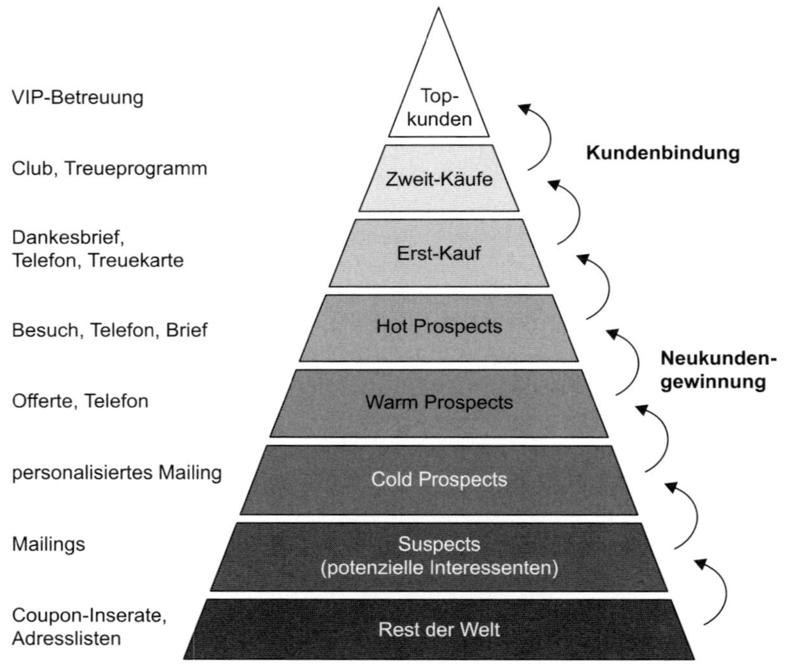

Abbildung 9: Positionierung des Clubs in der Kundenpyramide
Quelle: Vgl. Huldi/Kuhfuß, 2000, S. 27

Durch besondere Betreuungsmaßnahmen kann das Ziel angestrebt werden, die *Abnahmemengen zu erhöhen*. Dabei können durch eine Bevorratung beim Kunden Wechselbarrieren aufgebaut werden, da „bei vollem Regal im eigenen Haushalt oder im Unternehmen" die Bereitschaft, den „Verlockungen" eines

Wettbewerbsproduktes Folge zu leisten, deutlich reduziert wird. Hier treten damit die Ziele der *Umsatz- und Marktanteilssteigerung* in den Mittelpunkt, die sich in Form von Up-Selling oder Cross-Selling konkretisieren können.

Das *Up-Selling* im Sinne eines Wechsels von einem Produkt zu einem höherwertigen wird sich im Laufe des Kundenlebenszyklus immer nur mit einem gewissen Zeitversatz einstellen; beispielsweise wenn seitens *Volkswagen* versucht wird, einen Polo-Fahrer im Zeitablauf zum Golf-, Passat- oder Phaeton-Kauf zu motivieren. Beim *Cross-Selling* im Sinne des Kaufs komplementärer oder unabhängiger Produkte und Dienstleistungen ist dagegen zwischen einem simultanen und einem sukzessiven Vorgehen zu unterscheiden (vgl. Homburg/Schäfer, 2002, S. 8). So kann über den gesamten Kundenzyklus hinweg versucht werden, diesem Polo-Fahrer eine Finanzierung oder eine Kraftfahrzeugversicherung aus dem Hause Volkswagen, eine Kreditkarte oder ein PLUS-Konto der *Volkswagenbank* nahezubringen. Dies gelingt besonders dann gut, wenn neben dem Neu- oder Wiederkaufszeitpunkt eines Fahrzeugs weitere Informationen über die Reaktion auf solche Angebote in der Datenbank hinterlegt und für differenzierte Ansprachen genutzt werden können.

Durch spezifische, die Grundleistung ergänzende oder weiterführende Leistungen wird dabei über den gesamten Betreuungszyklus hinweg versucht, eine *Verlängerung der Kundenbeziehung* durch den systematischen *Aufbau von Wechselbarrieren* zu erreichen. Dazu zählt neben der reinen Verlängerung der Kundentreue – definiert in Zeitdauer – auch die Intensivierung des Umsatzes beziehungsweise der Produktnutzung im oben genannten Sinne. Hierbei ist zu berücksichtigen, dass durch Wettbewerbsaktivitäten, etwa Neuproduktlancierungen, aggressive Akquisitionsmaßnahmen sowie durch die Einführung neuer Technologien oder Vertriebsformen, immer wieder *Gefährdungsphasen* bei einer bestehenden Kundenbeziehung zu bewältigen sind, in denen das Risiko einer Kundenabwanderung besteht. Diese gilt es möglichst zeitnah zu erkennen, um dann gezielte Bindungsmaßnahmen einleiten zu können. Nach erfolgten Käufen kann im Zuge der After-Sales-Betreuung der Wertigkeit des Kunden durch Zufriedenheitsbefragungen, durch aktionsdifferenzierte Anschreiben etc. entsprochen werden. Auf diese Weise können auch mögliche Nachkauf-Dissonanzen, also Unsicherheiten darüber, ob tatsächlich das Richtige erworben wurde, reduziert werden.

Im Sinne eines *Kommunikationsmotors des gesamten Unternehmens* kann in dieser gesamten Phase das Kundenbindungsprogramm, insbesondere wenn es als Kundenclub ausgestaltet ist, die kommunikative Präsenz auf die wichtigen Kunden ausrichten. Hierbei gilt es, für die attraktive Zielgruppe der besten

Kunden die oben genannten *künstlichen Wechselbarrieren* aufzubauen, um ein Abwandern zu vermeiden. Dies kann durch die Bereitstellung unterschiedlichster Dienstleistungen oder durch besondere Vergünstigungen erreicht werden.

Dabei besteht eine große Chance darin, die so betreuten Kunden auch systematisch in die *Neukundengewinnung* einzubeziehen. Denn wenn den besten Kunden nicht nur rational erlebbare Vorteile angeboten werden, sondern jene auch durch emotionale Elemente an das Unternehmen gebunden werden, entsteht das beste Weiterempfehler-Potenzial (zum Faktor Begeisterung vgl. Kapitel 4; vgl. auch Meffert, 2003, S. 139).

- **Rückgewinnungsmanagement**

Und wenn das Unternehmen seine „Hausaufgaben" im Sinne der kontinuierlichen Informationsgewinnung gemacht hat, dann kann jetzt die Rückgewinnung verlorener Kunden auf einer viel breiteren Informationsbasis erfolgen als die Interessentengewinnung. Denn durch den Einsatz von *individualisierten und personalisierten Ansprachekonzepten* kann die Rückgewinnung deutlich verbessert werden. Und im Idealfall kann der Abwanderung bereits dadurch vorgebeugt werden, dass „gefährdete Kunden" aufgrund ihres Verhaltens frühzeitig identifiziert und vor dem „letzten Schritt" zurückgehalten werden.

2.2.2 Kundenwert als zentrale Steuerungsgröße

Welche Investitionen dabei in einen einzelnen Kunden getätigt werden können, hängt entscheidend vom jeweiligen *Kundenwert* beziehungsweise dem *Customer Lifetime Value* (CLV) ab. Hierbei handelt es sich um den Barwert der kumulierten Deckungsbeiträge, die ein Unternehmen mit einem Kunden erzielen kann, wenn dieser über seinen gesamten Lebenszyklus hinweg einem entsprechenden Anbieter die Treue hält.

Hilfsweise können auch die erwarteten Umsätze zur Ermittlung des CLV herangezogen werden. Wichtig ist hierbei, dass die gesamte relevante „Lebensperiode" eines Kunden berücksichtigt wird (vgl. Abbildung 10). Welche Umsatzgrößenordnungen dabei erreicht werden, zeigt die nachfolgende Abbildung 11.

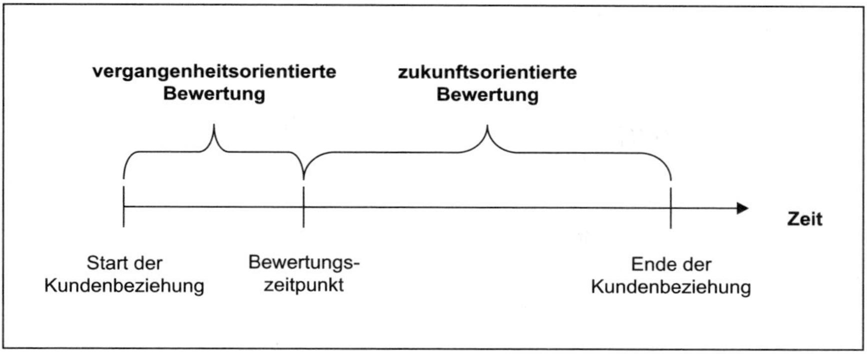

Abbildung 10: Zeitliche Dimension des Kundenwerts
Quelle: Vgl. Leber, 2003

Kategorie	Potenzieller Lebensumsatz pro Kunde (in Euro)	Durchschnittliche Dauer der Kundenbeziehung (in Jahren)
Supermärkte	220 000	25
Kraftfahrzeuge	120 000	21
Telekommunikation	65 000	18
Haushaltselektronik	8 000	18
Zeitung	2 500	8

Abbildung 11: Beispiele des Customer Lifetime Value (umsatzorientiert)
Quelle: Eigene Darstellung

Bei dieser Betrachtung wird deutlich, dass hier zunächst ein enger Kundenwert-Begriff zugrunde gelegt wird. Bei einer Kundenwert-Bestimmung im weiteren Sinn ergeben sich sowohl im BtC- wie auch im BtB-Bereich zusätzliche Kriterien, die die Wertigkeit eines Kunden nachhaltig beeinflussen (vgl. Abbildung 12).

Monetäre Bestimmungsfaktoren
■ Umsatz (Ist, Potenzial) ■ Deckungsbeitrag (Ist, Potenzial) ■ Preissensibilität/Preisbewusstsein ■ Kosten der Kundengewinnung und Kundenbindung ■ Serviceansprüche ■ Dauer der vertraglichen Bindung
Nicht-monetäre Bestimmungsfaktoren
■ Weiterempfehler-Potenzial ■ Meinungsführer-Potenzial ■ Referenz-Potenzial ■ Reklamationsverhalten ■ Psychologisches Bindungspotenzial (Erreichbarkeit von Vertrauen, Glaubwürdigkeit, Zufriedenheit, Commitment)
Zusätzliche nicht-monetäre Bestimmungsfaktoren im BtB-Bereich
■ Marktstellung/Marktpotenzial ■ Referenz-Potenzial (unter anderem Image, Bekanntheitsgrad des Unternehmens) ■ Innovationspotenzial ■ Synergiepotenzial (etwa zur IT- oder Logistik-Integration oder in der Produktentwicklung)

Abbildung 12: Bestimmungsfaktoren des BtC- und BtB-Kundenwerts im weiteren Sinne
Quelle: Vgl. auch Leber, 2003

2.2.3 Ziele des Kundenbindungsprogramms

Die *Ziele des Kundenbindungsprogramms* selbst sind relativ einfach auszumachen (vgl. Holz, 1997, S. 43). Es geht im Kern darum,

- die *richtigen Kunden für das Programm zu gewinnen*,
- diese möglichst *lange zu binden* und
- eine *intensive Nutzung der angebotenen Programminhalte sicherzustellen*.

Es wird deutlich, dass dies nur durch eine intensive *dialogische Kommunikation* und ein ausgefeiltes *Tracking der Kundenaktivitäten* gelingen kann. Mit der Ausrichtung des Angebots, durch spezielle Filter (beispielsweise *nur Kunden* über zwölf Jahre der teilnehmenden *Sparkassen* können am Kundenbindungsprogramm *S-points* teilnehmen) sowie durch die Erhebung einer Mitgliedsgebühr (so muss für die Teilnahme beim *BSW* eine jährliche Mitgliedsgebühr von 25 Euro entrichtet werden) kann zwar eine gewisse Homogenität der Teilnehmer erreicht werden. Allerdings hat ein Kunde am Anfang seines Lebenszyklus ganz andere Betreuungs- und Informationsbedürfnisse als später. Deshalb muss die Informationsgewinnung über den gesamten Betreuungsprozess gelegt werden, um eine *dynamische Segmentierung* der Kunden einerseits *mit einer bedarfsorientierten Differenzierung der Betreuungselemente* andererseits sicherzustellen. Denn eine weitgehend undifferenzierte Gleichbehandlung aller Kunden über den gesamten Betreuungszeitraum würde der Erreichung eines möglichst hohen Bindungseffektes zuwiderlaufen. Die zentralen Ziele eines Kundenbindungsprogramms sind in Abbildung 13 nochmals zusammengefasst.

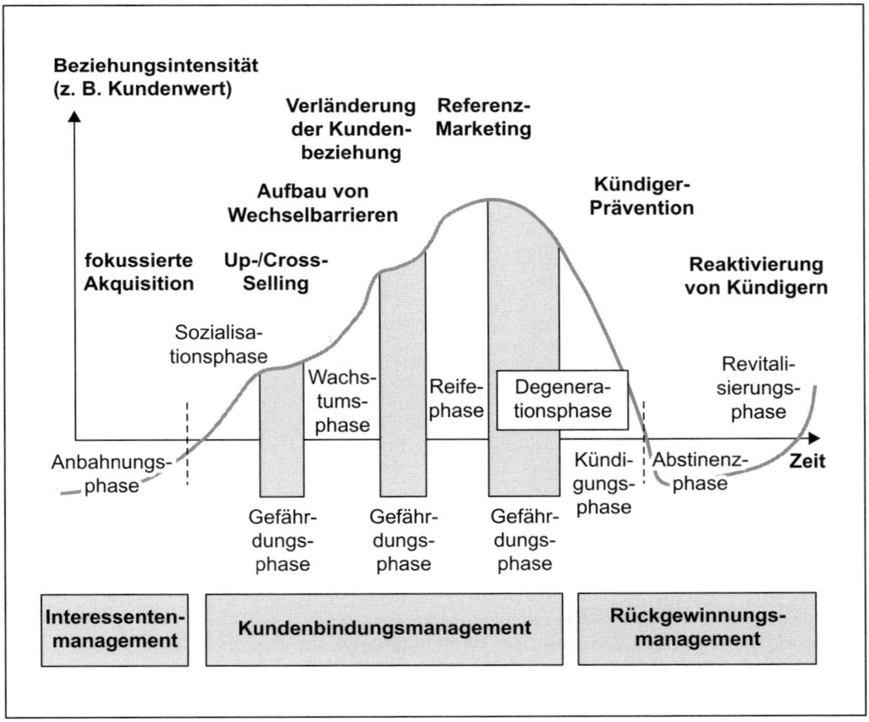

Abbildung 13: Ziele von Kundenbindungsprogrammen im Kundenlebenszyklus
Quelle: Adaption des Ansatzes von Stauss, 2000, S. 16

Wichtig ist, dass ein Kundenbindungsprogramm, beispielsweise ein Kundenclub, hinsichtlich der erwarteten Ziele nicht überfordert wird. Ein Kundenclub ist ein sehr wirksames Instrument, aber keine „Wunderwaffe". Deshalb sollte eine Fokussierung auf wenige relevante Ziele erfolgen, deren Erreichung konsequent überprüft wird. Ein Beispiel für die Diskrepanz zwischen Ziel und Zielerreichung bei den Betreibern von Kundenbindungsprogrammen liefert die Abbildung 14. In dieser Studie von Roland Berger (2003) wird deutlich, dass bei den Betreibern von Kundenbindungsprogrammen zum Teil falsche Erwartungen bezüglich der erreichbaren Effekte vorlagen beziehungsweise ein Scheitern bei der Umsetzung eintrat.

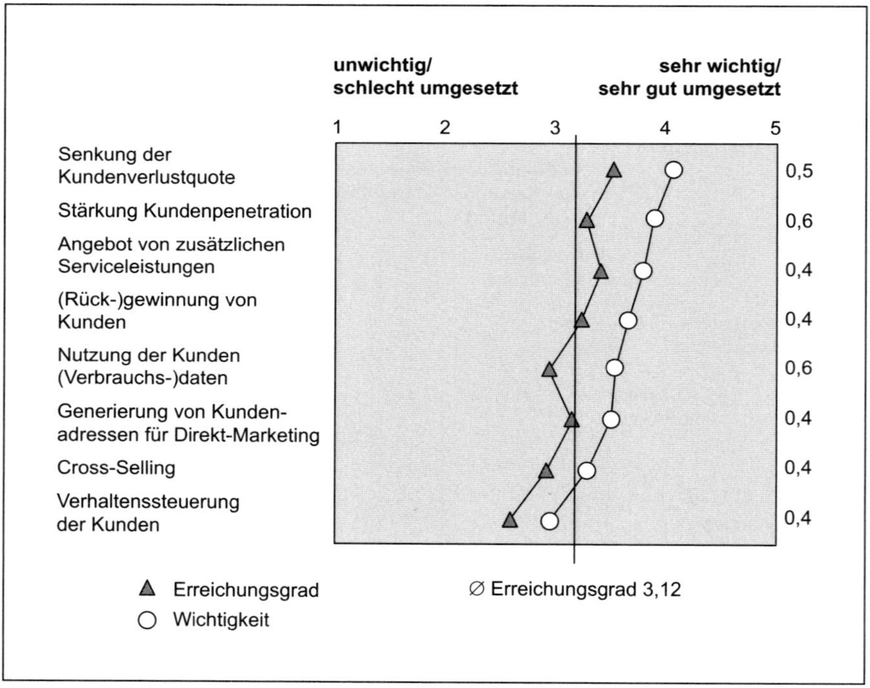

Abbildung 14: Vergleich zwischen der Wichtigkeit und der Erreichung der Ziele bei der Einführung von Kundenbindungsprogrammen
Quelle: Roland Berger, 2003, S. 13

2.3 Strategische Handlungskonzepte für den Aufbau von Kundenbindungsprogrammen

Hinsichtlich des Aufbaus von Kundenbindungsprogrammen existieren für jedes Unternehmen eine *Vielzahl von Handlungsoptionen*, die bei der Ausgestaltung im Hinblick auf die unter 2.2 definierten Bindungsziele kritisch bewertet werden müssen. Insbesondere folgende Optionen sollen hier beleuchtet werden:

- Zielgruppe des Programms,
- Eintrittsvoraussetzungen,
- Wege zur Gewinnung der Teilnehmer,
- Leistungsangebot des Kundenbindungsprogramms,
- Ausmaß der Integration der Händler in das Club-Leben,
- Ausgestaltung als Cost- oder Profit-Center,
- Make-or-Buy der Leistungserbringung.

2.3.1 Zielgruppe des Programms

Eine der bedeutendsten Fragen bei der Konzeption eines Kundenbindungsprogramms ist die nach der angestrebten Zielgruppe. Sollen beispielsweise alle bestehenden und/oder alle potenziellen Kunden in das Programm eingebunden werden? Oder sollen nur ganz bestimmte Teilzielgruppen angesprochen werden, die beispielsweise ein spezifisches Produkt nutzen, besondere Umsätze oder Deckungsbeiträge erreicht haben oder sich durch ein anderes Merkmal (beispielsweise als Meinungsführer) qualifizieren. Im Kern können damit folgende Zielgruppen unterschieden werden:

- **Gegenwärtige Kunden,** differenziert nach
  - Dauer der Kundenbeziehung
  - getätigten Umsätzen/erzielten Deckungsbeiträgen
  - zukünftigen Umsätzen/Deckungsbeiträgen
  - präferiertem Kommunikationskanal

- **Potenzielle Kunden,** differenziert nach
  - erwarteter Dauer der Kundenbeziehung
  - erwarteten Umsätzen/Deckungsbeiträgen
  - kommunikativer Erreichbarkeit

- **Spezialzielgruppen**
  - Meinungsführer
  - Innovatoren
  - Personengruppen (bestimmte Altersstufen, Lebensphasen etc.)
  - Unternehmen ausgewählter Branchen (mit/ohne eigenen Fuhrpark usw.)

Auch wenn die *Stammkunden* bereits durch ihre Loyalität bewiesen haben, dass sie dem Unternehmen auch ohne zusätzliche Bindungsprogramme die Treue halten, sollten diese in jedem Falle ein *Kernsegment* für den Aufbau eines Kundenbindungsprogramms darstellen (vgl. Abbildung 9). Gerade diese Zielgruppe wird häufig auch die höchsten Umsätze, und – aufgrund der bereits lange eingespielten Akquisitionskosten – besonders hohe Deckungsbeiträge erwirtschaften. Darüber hinaus gilt es, die *sporadischen Kunden mit „Stammkundenpotenzial"* zu identifizieren, um diese möglichst lange an das Unternehmen zu binden. Hierzu können Analysen, die sich auch externer Daten aus dem Bereich der Mikrogeographie bedienen, spannende Erklärungsbeiträge leisten (vgl. Kreutzer/Magedanz/Krüger, 2003).

Das „Eroberungspotenzial" eines Kundenclubs hinsichtlich neuer Kunden ist dagegen eher eingeschränkt, da auch ein attraktives Club-Programm wohl nur wenige (Stamm-)Kunden anderer Anbieter zu einem Wechsel bewegen wird. Ausnahmen hiervon sind selten, wie beispielsweise die des Vielfliegerprogramms einer Airline, die Kunden der konkurrenzierenden Airline abwerben wollte. Dabei wurde angeboten, bei Vorlage des letzten Meilenkontoauszugs des Wettbewerbers den gleichen Status zu erhalten, ohne dafür auch nur eine Meile bei der neuen Airline geflogen zu sein. Meistens ist es aber so, dass ein „Anfüttern" solcher Zielgruppen, beispielsweise durch die zeitweise Zuleitung eines Club-Magazins, einen interessanten Weg darstellt, um langsam in Wettbewerberbastionen einzubrechen. Eine Eroberung neuer Kunden kann hier eher indirekt über sehr zufriedene Kunden laufen, die in ihrem Freundes- und Bekanntenkreis als „Botschafter der Marke" unterwegs sind. Der kommunikative Nutzeffekt eines Clubs durch diese „Mund-zu-Mund-Propaganda" ist nicht zu unterschätzen.

Zur Definition der Zielgruppe gehört es auch, eine *Soll-Mitgliederzahl* für das Bindungsprogramm festzulegen. Ohne eine solche Festlegung existiert – in Abhängigkeit von Leistungsumfang und Einnahmesituation des Clubs – das Risiko, dass das Programm aus der Finanzierbarkeit herausläuft und gegebenenfalls am eigenen Erfolg scheitert. Ebenso kann die Nichterreichung einer kritischen Masse zu betreuender Kunden innerhalb eines bestimmten Zeitfensters als Ausstiegsbedingung definiert werden. Folglich ist die Zielgruppe qualitativ und quantitativ genau zu beschreiben. Denn auch alle weiteren Schritte, sowohl was die Gewinnungsformen, mögliche Beiträge, aber auch das Leistungsangebot selbst betrifft, werden durch die Basisentscheidung „Zielgruppe" nachhaltig beeinflusst.

2.3.2 Eintrittsvoraussetzungen

Wird das Kundenbindungsprogramm in Gestalt eines *Kundenclubs* umgesetzt, kann hier zwischen „offenen" und „geschlossenen" Konzepten unterschieden werden. Bei *offenen Konzepten* werden keinerlei Eintrittsvoraussetzungen definiert, so dass die Teilnahme am Programm letztlich allen interessierten Personen oder Unternehmen offen steht. Dies ist beispielsweise bei der von der *Molkerei Müller* ins Leben gerufenen „Müller Partei" der Fall, der man durch das Ausfüllen eines Responseelements ohne „Prüfung weiterer Voraussetzungen" beitreten kann (vgl. Abbildung 15).

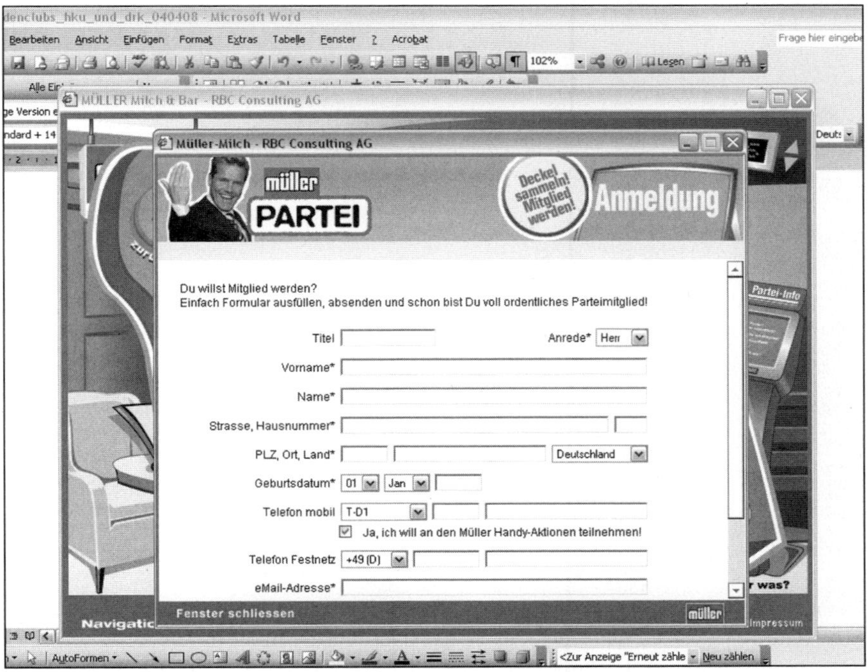

Abbildung 15: Müller Partei als Beispiel für ein offenes Clubkonzept
Quelle: Vgl. www.mueller-partei.de

Bei den *geschlossenen Konzepten* ist die Mitgliedschaft dagegen an bestimmte Voraussetzungen gebunden, wie etwa an die Entrichtung eines bestimmten Beitrags oder an das Vorliegen anderer Voraussetzungen, beispielsweise eine bereits bestehende aktive Kundenbeziehung (etwa in Gestalt eines Zeitschriftenabonnements) oder – etwa auch im BtB-Bereich – an die Überschreitung bestimmter Umsatzgrößen. Insbesondere bezüglich einer möglichen *Kostenbeteiligung* der Kunden stellt sich die Frage, ob die definierten Kundenbindungsziele erreicht werden können, wenn man von den Zielpersonen einen finanziellen Beitrag erhebt.

Eine solche Mitgliedsgebühr ist der stärkste Filter, den man bei einer Kundenbetreuung einsetzen kann. Durch ihn wird man nur jene Kunden für das Programm begeistern können, die bereits heute die größte Loyalität zum Unternehmen oder zu dessen Produkten aufweisen. Eine breite Durchdringung der Zielgruppe ist auf diese Weise jedenfalls nicht erreichbar. Auch eine Eroberung neuer Kunden wird auf diese Weise nochmals erschwert.

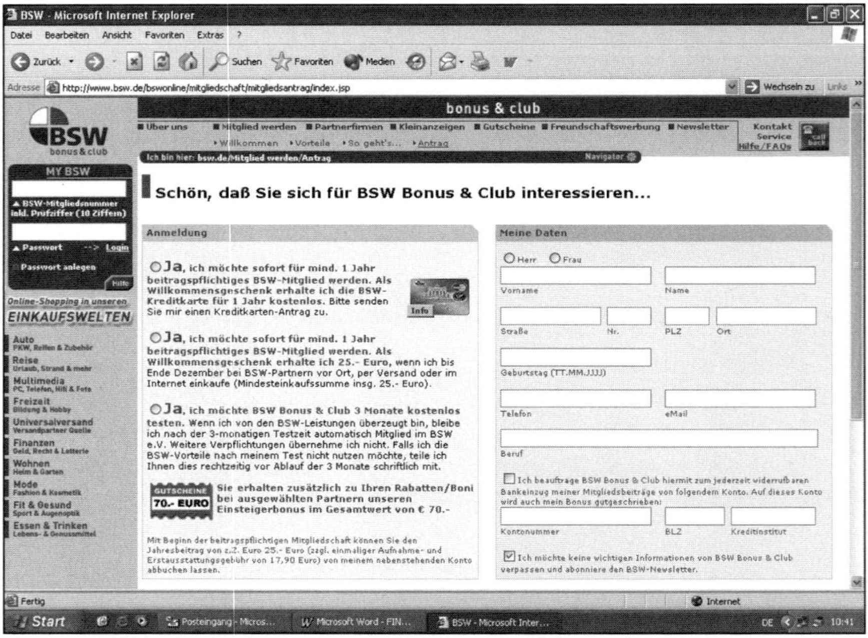

Abbildung 16: BSW als Beispiel für einen geschlossenen Club
Quelle: Vgl. www.bsw.de

Allerdings können solche Eintrittsvoraussetzungen beim Aufbau eines Clubs eine ganz wichtige Rolle spielen, wenn man eine genau definierbare Teilzielgruppe gewinnen möchte. Die eingesetzten Filter sind dabei aus Kundensicht in Verbindung zur Attraktivität der erbrachten Leistungen zu sehen, um die Gesamtattraktivität des Angebots zu bewerten. In jedem Falle können durch Filter leichter Trittbrettfahrer von den angebotenen Leistungen ausgeschlossen werden (vgl. Abbildung 16).

Bei allen Maßnahmen, die man testweise auf die – mit oder ohne Filter gewonnene – Zielgruppe ausrichtet, muss man sich immer vor Augen führen, dass man es mit einer „schiefen" Zielgruppe zu tun hat, die aufgrund der getätigten Selbstselektion und/oder aufgrund der genutzten Filter gerade *kein repräsentatives Abbild der eigenen Kunden* darstellt.

2.3.3 Wege zur Gewinnung der Teilnehmer

Um Mitglied in einem Kundenbindungsprogramm zu werden, können durch den Anbieter verschiedene Wege angeboten werden. Das Programm kann breit in die Zielgruppe hinein kommuniziert werden, um durch einen *„Selbstselektionsprozess"* diejenigen für das Programm zu gewinnen, für die es sich besonders attraktiv darstellt. Dies ist die klassische Gewinnungsvariante, bei der ein *Antrag* oder ein *Aufnahmeformular* vor der Integration in das Betreuungsprogramm auszufüllen ist. Hier muss also in jedem Falle zunächst der Kunde aktiv werden, wie beispielsweise beim *BSW* oder bei *Payback* (vgl. hierzu Kapitel 7.9 und 7.6).

Um eine möglichst schnelle und umfassende Durchdringung der Zielgruppe zu erreichen, können auch unaufgeforderte *Schnuppermitgliedschaften* angeboten werden. Diese wandeln sich dann zu echten Mitgliedschaften, wenn das Schnuppermitglied eine Leistung in Anspruch nimmt, also beispielsweise eine Mitgliedskarte erstmalig einsetzt, wie dies bei der *American Express Blue Card* der Fall ist, die mit einem attraktiven Membership Reward-Programm arbeitet und bei der die Karte im ersten Jahr kostenlos ist (vgl. Abbildung 17).

Eine besonders „edle" Variante, die insbesondere im BtB-Bereich eingesetzt wird, ist die *Verleihung einer Mitgliedschaft*. Hier kann, beispielsweise orientiert an realisierten oder erwarteten Umsätzen, dasjenige Unternehmen oder diejenige Person eine Mitgliedschaft verliehen bekommen, die für das Unternehmen besonders wichtig ist. Auch Ehrenmitgliedschaften von Prominenten in der Zielgruppe werden auf diese Weise verliehen und können dann gut in die Mitgliederkommunikation einbezogen werden. Aber auch im BtC-Markt kommt diese Variante vor, etwa beim *Volkswagen Club*, bei dem die Mitgliedschaft durch den teilnehmenden Volkswagen-Händler verliehen wird (vgl. Kapitel 7.4).

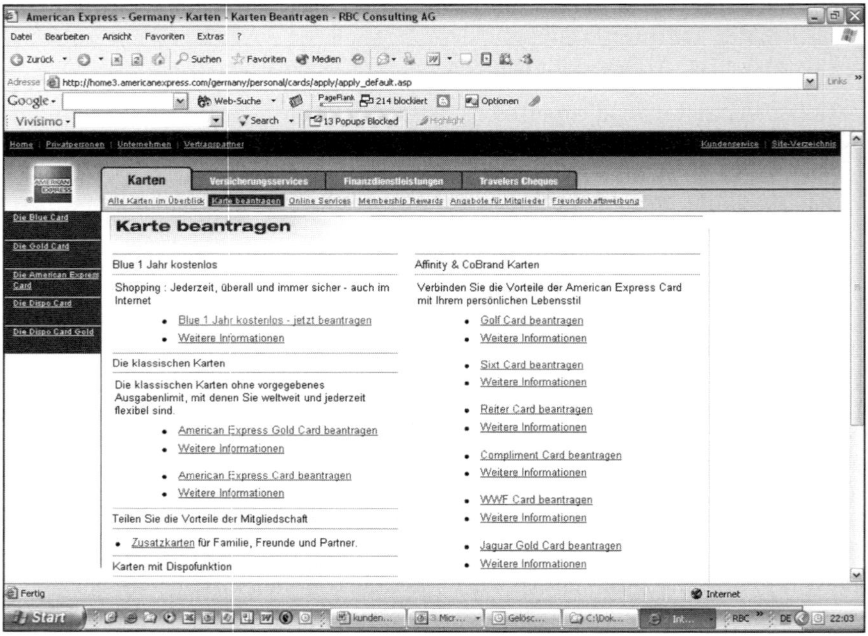

Abbildung 17: Schnuppermitgliedschaft der American Express Blue Card
Quelle: Vgl. www.americanexpress.com

Sowohl im BtB- wie auch im BtC-Bereich ist die höchste Stufe der Veredelung eines Kundenclubs seine *Demokratisierung*. Darunter versteht man das Mitbestimmungsrecht der Mitglieder, das sich in Form eines Präsidiums mit Senatorenposten zeigen kann. Eine solche Position kann grundsätzlich jedes Club-Mitglied einnehmen, wenn es die Mehrzahl der Stimmen aller zur Abstimmung berechtigen Mitglieder hinter sich vereinigen kann. Dazu bedarf es gewisser Organisationsformen, wie etwa von Club-Treffen mit Wahlen oder Abstimmungen im Internet. Gerade in der Demokratisierung eines Kundenclubs liegt ein hohes Maß an Authentizität und Identifikation für die Mitglieder. Die Marke wird besonders anfassbar, wie beispielsweise durch den Kinderpräsidenten beim Junior-Club von *McDonald's*. Im BtB-Sektor ist die Demokratisierung überdies ein weiteres wichtiges Merkmal für den Erfolg des

Clubs, denn auf diese Weise können Meinungsführer bestimmter Branchen (beispielsweise Handelskammern) besonders gut in die Clubs eingebunden werden, etwa bei *GIRA*, „dem Club für den erfolgreichen Elektromeister" (www.gira-aktiv-partner.com).

2.3.4 Leistungsangebot des Kundenbindungsprogramms

Bei der Gestaltung des Leistungsprogramms ist ein „Spagat" zwischen drei divergierenden Zielsystemen zu leisten. Aus *anbieterorientierter Perspektive* sind die Inhalte für die Kunden so zu gestalten, dass eine langfristige Ertragssteigerung, einhergehend mit einer Substanzsicherung des Unternehmens, erreicht wird (vgl. Abbildung 18).

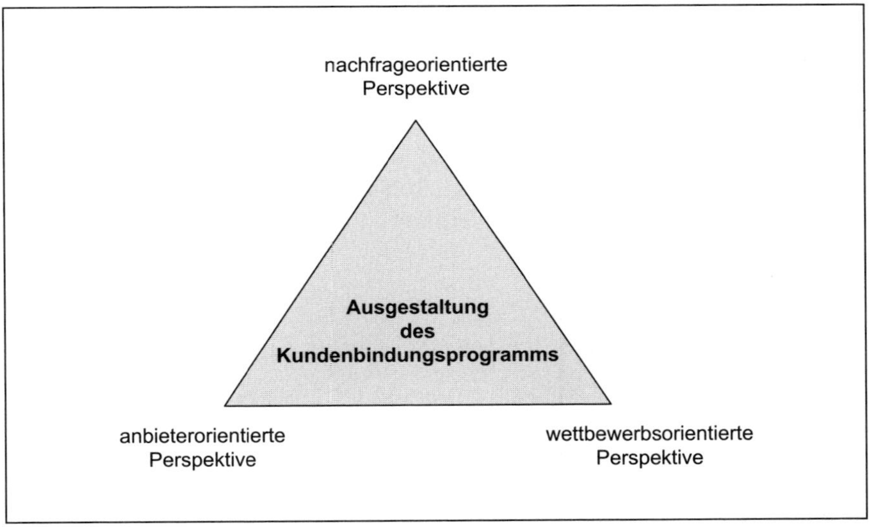

Abbildung 18: Relevante Perspektiven für den Aufbau eines Kundenbindungsprogramms
Quelle: Eigene Darstellung

Gleichzeitig kann nur eine *nachfrageorientierte Perspektive* der Gestaltung des Programms einen langfristigen Erfolg ermöglichen (vgl. hierzu auch Wittmann, 2003, S. 15, 20). Denn aus Kundensicht stellt sich nur eine – unausgesprochene – Kernfrage: „*What's in it for me?*". Und diese zielt auf den durch die Inhalte transportierten Mehrwert des Leistungsprogramms. Da der Kunde heutzutage mit einer Vielzahl von Bindungskonzepten angesprochen wird und in vielen Bereichen, trotz der immer wieder gern beklagten „Servicewüste Deutschland“, bereits sehr fruchtbare Oasen entstanden sind, ist seine Erwartungshaltung sehr hoch. Neben den heute unter dem Modetrend „Geiz ist geil“ unseres Erachtens fälschlicherweise überbetonten ökonomischen Vorteilen sollte insbesondere der unausgesprochene Wunsch nach relevanter, frühzeitiger Information quasi „aus erster Hand“ sowie nach Angeboten, die das Selbstwertgefühl steigern (beispielsweise durch Gewährung eines VIP-Status), beachtet werden.

Aber auch das Thema Zugehörigkeit sowie die Möglichkeit, mit „seiner Marke“, „seinem Unternehmen“ beziehungsweise mit „Gleichgesinnten“ in Kontakt zu treten, ist für viele sehr erstrebenswert. Interessant ist dabei die Erkenntnis, dass eine bessere Nutzbarkeit der Grundleistung selbst für die Teilnahme an einem Club häufig nur wenig relevant ist (vgl. Holz, 1997, S. 60). Hierbei muss allerdings berücksichtigt werden, dass die dominierenden Ziele des Kunden beim Eintritt einerseits und bezüglich des Verbleibs im Club andererseits deutlich variieren und deshalb ein feines Nachjustieren der Angebote im Zeitablauf erforderlich machen.

Nur wenn der Kunde kontinuierlich den Eindruck hat, dass ihm etwas Wichtiges angeboten wird, ist er bereit, Zeit zu investieren, um gegebenenfalls einen Mitgliedsantrag auszufüllen, sich mit AGBs oder Club-Regeln zu beschäftigen, Leistungsverzeichnisse, Club-Mailings und Ähnliches zu studieren. Und die Messlatte des Kunden liegt hier sehr hoch, weil er an vielen Stellen schon verwöhnt wird und wurde. Und nur wenn das Angebot wirklich spannend ist und bleibt, wandert eine Mitgliedskarte auch tatsächlich ins Portemonnaie und wird dann zum „Dauer-Werbeimpuls-Geber“.

Neben der anbieter- und nachfragerorientierten Sichtweise muss bei der Zusammenstellung der Leistungspalette auch eine *wettbewerbsorientierte Perspektive* eingenommen werden. Nur durch eine ausgefeilte Wettbewerbsbeobachtung kann ein Fehler vieler Kundenclubs vermieden werden, der sich in einem reinen *„Me-too-Produkt“* niederschlägt. Wenn es den Kunden nicht auf den ersten Blick gelingt, eindeutige Leistungsvorteile, insbesondere in den Markenkern-nahen Leistungen zu erkennen, ist ein solches Konzept zum Scheitern verurteilt.

Unter Berücksichtigung der drei Perspektiven muss ein inhaltliches Angebot erstellt werden, bei dem der Kunde den Eindruck gewinnt, dass ihm das Verlassen seines Anbieters *„Wechselkosten“* verursacht. Ohne solche *„Switching Costs“* bleiben die notwendigen Wechselbarrieren aus und das Kundenbindungsprogramm verursacht Kosten, ohne die gewünschten Bindungseffekte zu erzielen. Und da in der Kernleistung des Produkts selbst oder der vermarkteten Dienstleistung aufgrund einer zunehmenden Austauschbarkeit solche Wechselbarrieren kaum mehr zu finden sind, müssen diese jetzt durch attraktive Nebenleistungen eines Clubs gleichsam neu erschaffen werden.

Hinsichtlich der *Inhalte eines Bindungsprogramms* können im Kern folgende Komponenten unterschieden werden (vgl. vertiefend Kapitel 4.3):

- Dialog-/Werbebriefprogramm,
- Service-Center,
- spezielle Dienstleistungen – grundleistungsnah,
- spezielle Dienstleistungen – grundleistungsfern,
- Kundenkarte,
- Treuebelohnungsprogramm im Sinne einer Bonifizierung getätigter Umsätze,
- Vorteilsprogramm (eigen),
- Vorteilsprogramm (mit Kooperationspartnern),
- Magazin,
- Shop,
- Events.

Der Einsatz eines *Dialog- beziehungsweise Werbebriefprogramms* stellt unseres Erachtens eine unverzichtbare Voraussetzung für die Erreichung von Kundenbindungseffekten dar. Ähnlich verhält es sich mit einem *Service-Center* als Anlaufstelle für Kundenreaktionen, da mit der erstmaligen Nennung einer Response-Adresse zwangsläufig ein Kommunikationsstrom in Gang gesetzt wird. Um den hier geschaffenen Erwartungen der Kunden Rechnung zu tragen, muss eine solche Anlaufstelle zwingend eingerichtet werden. Zur Abrundung des Programms empfiehlt sich dann noch die Bereitstellung von *speziellen Dienstleistungen beziehungsweise Angeboten*, die je nach Unternehmen und Branche differieren. So stellen beispielsweise die Angebote Routenplanung oder Lotsenservice des *Volkswagen Clubs* ideale Antworten auf die mobilen Wünsche des Kunden dar (vgl. vertiefend Kapitel 7.4).

Eine zentrale Frage ist die nach dem Einsatz einer *Kundenkarte*. Für eine solche Karte sprechen unter anderem die folgenden Aspekte:

- Schaffung einer *Ausweisfunktion* bei der Inanspruchnahme von Leistungen,
- eindeutige *Zuordenbarkeit von Leistungsempfänger und genutzter Leistung* für Erfolgskontrollen und ein „Customer Tracking“,

- *Verstärkung der emotionalen Bindung* an das Unternehmen und dessen Leistungsprogramm (beispielsweise auch durch die Profilierung des Kunden in seinem privaten Umfeld über die Zugehörigkeit zu einem wertigen Club),
- *Dauer-Werbekontakt* mit Erinnerungsfunktion an die ausgelobten Leistungen,
- nur bei Kreditkarte: *kontinuierlicher Karteneinsatz* verstärkt den Dauer-Werbekontakt.

Bei einem *Treuebelohnungsprogramm* werden umsatz- und/oder kauffrequenzabhängige Boni oder Rabatte gewährt. Sie stellen damit eine interessante Ergänzung im Rahmen von Kundenbindungskonzepten dar, weil hier das gewünschte Verhalten im Sinne von Kauf oder Mehrkauf unmittelbar belohnt wird (etwa bei *S-points* der Sparkassen oder beim *Volkswagen Club*; vgl. Kapitel 7.5 und 7.4). Nach motivatorischen Kriterien beleuchtet, können solche Programme eher extrinsisch, das heißt von außen motivieren, während andere Elemente (beispielsweise die Schaffung eines VIP-Status, etwa durch eine bevorzugte Informationsbereitstellung) eher die intrinsische Motivation über besonders wertschätzende Konzeptelemente unterstützen.

Bei dem optionalen Aufbau eines weiterführenden *Vorteilsprogramms* stellt sich die Frage, ob dies angesichts der Vollständigkeit oder Attraktivität des eigenen Angebots allein durch Leistungen aus dem eigenen Haus erfolgen kann, oder ob eine Ergänzung durch solche von Kooperationspartnern sinnvoll ist. Zielsetzung sollte es in jedem Falle sein, dem Kunden einen bunten „Strauß" anzubieten, der eine intensive Beschäftigung mit den Angeboten über einen längeren Zeitraum attraktiv macht. Ist das Leistungsprogramm zu eingeschränkt beziehungsweise nur zu wenigen Zeitpunkten in einem Jahr relevant (beispielsweise eine Umsatzbonifizierung bei nur durchschnittlich 1,6 Händlerkontakten pro Jahr im Automobilsektor), so gerät das gesamte Programm leicht in Vergessenheit und kann dann seinen bindenden Aufgaben nicht gerecht werden. Hier ist eine Ergänzung durch umsatzunabhängige Angebote sowie durch solche von anderen Partnern notwendig, um eine durchgängige Attraktivität sicherzustellen. Für die eingebundenen Partner ist es dabei von Interesse, dass diese zu einer für sie relevanten Zielgruppe kommunikativen Zugang erhalten und sich in einem attraktiven Rahmen selbst darstellen können.

Bei der Auswahl der eigenen Leistungen ist es wichtig, dass eine große Nähe zum eigenen „Markenkern" existiert, damit die Angebote nicht als beliebig wahrgenommen werden. Wenn ein Automobilunternehmen Angebote rund um das Auto anbietet (von Factory Tours und Fahrtraining über Auto-Accessoires bis hin zu Postern und Kalendern mit Fahrzeugmotiven), dann trifft dieses Angebot die Interessen der Zielpersonen viel besser als ein Ticketservice oder das Angebot einer Pauschalreise nach Portugal.

Im „Leben eines Kundenbindungsprogramms" muss das Leistungsangebot immer wieder aktualisiert und ergänzt werden, um in den Augen der Zielgruppe attraktiv und aktuell zu bleiben. Das Festschreiben eines einmal definierten Leistungsumfangs ohne innovative Anreicherungen kann schnell zu Desinteresse und damit zu einer mangelnden Beachtung der Kommunikationsanstöße führen. Vor diesem Hintergrund verzichtet beispielsweise der *Pampers Eltern Service* unter anderem ganz darauf, seine Leistungen im Sinne eines konkreten Programms im Vorfeld an die Kunden zu kommunizieren (vgl. Kapitel 7.1). Die größte Gefahr besteht in einer *Programm- oder Club-Müdigkeit*, die zum „Verpuffen" der kommunikativen und damit auch der bindenden Effekte in der Zielgruppe führt, ohne dass dies mit einer deutlichen Entlastung auf der Kostenseite einherginge.

2.3.5 Ausmaß der Integration der Händler in das Club-Leben

Eine weitere wichtige Frage ist die nach der Intensität der Integration des Handels, soweit man den Markt über einen mehrstufigen Vertrieb bedient. Da der Handel für viele Produkte und Dienstleistungen die unmittelbare „Erlebnisplattform" bietet, stellt hier eine Einbindung der Vertriebspartner und von deren Mitarbeitern eine ganz entscheidende Voraussetzung für eine breite Akzeptanz dar (zu einem sehr gelungenen Konzept der Mitarbeiterintegration der Sparkassenorganisation bei *S-points* vgl. Kapitel 7.5). Gegen den Willen der Vertriebspartner beziehungsweise gegen deren Widerstand lässt sich ein Kundenbindungsprogramm schwerlich durchsetzen. Denn Kunden werden immer wieder „ihren" Händler fragen, was er denn von dem Konzept halte – und jeder nicht teilnehmende Händler wird eine Vielzahl „treffender" Argumente für die nachfragenden Kunden parat haben, warum er eine Einbindung in ein solches Kundenbindungsprogramm nicht mit trägt.

Wenn die Vertriebsschiene in ein Programm mit eingebunden werden soll, dann ist deren frühzeitige Integration schon in der Konzeptphase ratsam; sonst zeigen sich bestehende Konflikte im Absatzkanal dann auf besonders deutliche Weise. Dies bezieht sich nicht allein auf eine mögliche Kostenbeteiligung des Handels, sondern beispielsweise auch auf die Frage, wer denn in welchem Ausmaß über die Adressen verfügen darf und wem sie gehören. Solange der Händler bisher die einzige Instanz war, die über qualifizierte Kundenadressen verfügt, und jetzt ein Hersteller über den „Umweg“ eines Kundenbindungsprogramms eine eigene Adressbasis aufbauen möchte, sind Konflikte vorprogrammiert.

Ein Lösungsansatz kann hier darin bestehen, dass beispielsweise eine Kundenkommunikation nur im Co-Branding von Hersteller und Handel erfolgt, wie es beispielsweise bei Kundenbindungsprogrammen im Automobilbereich der Fall ist (vgl. Kapitel 7.4). Auch eine weiterführende inhaltliche und zeitliche Abstimmung der Endkundenkommunikation wird hier weitere Brücken für die Zusammenarbeit zwischen Hersteller und Handel schaffen.

2.3.6 Ausgestaltung als Cost- oder Profit-Center

Eine viel diskutierte Frage bei der Entwicklung eines Kundenbindungsprogramms ist die, ob ein solches Programm für das Unternehmen Profit erwirtschaften kann, soll oder muss. Je enger und kleiner die Zielgruppe für die Kundenbindung definiert wird (beispielsweise auch durch die Erhebung eines Mitgliedsbeitrags), desto eher besteht unseres Erachtens die Möglichkeit, kostendeckend zu arbeiten oder sogar einen Gewinn zu erzielen. Das gleiche gilt, wenn das Unternehmen über ein sehr breites Produkt- oder Dienstleistungsangebot verfügt, um ein hohes Cross- oder Up-Selling-Potenzial bei den betreuten Kunden auszuschöpfen. Voraussetzung ist dabei allerdings, dass Umsätze auch den Club-Aktivitäten mittel- oder unmittelbar zugerechnet werden können, was sich häufig als sehr schwierig oder gar als unmöglich erweist.

Wird dagegen eine umfassende Einbindung möglichst breiter Kundenschichten in ein Bindungsprogramm angestrebt, dann stellt dieses Programm „lediglich“ ein besonders intelligentes und inhaltsreiches Konzept der Kundenkommunikation dar. Hier können *Werbebudgets*, die bisher für die Massenkommunikation eingesetzt wurden (beispielsweise für nationale TV- oder Print-Kampagnen), *für direkt wirkende Medien umgewidmet* werden. Denn sowohl der Aufbau einer Kundendatenbank als zentrale Grundlage für ein erfolgreiches Kundenbindungsprogramm, als auch die Einrichtung eines Service-Centers, die Herausgabe von Mitgliedskarten und gegebenenfalls eines Magazins wie auch die begleitende Dialog-Kommunikation können die Qualität und „Durchschlagskraft“ der Unternehmenskommunikation dramatisch verbessern. Hier muss die Frage gestellt werden, ob es sich dabei zwingend um Zusatzbudgets handeln muss. Zielführend ist häufig eine partielle Verlagerung eines Teils der Budgets der eher undifferenzierten auf eine gezieltere Kommunikation.

Ein Aspekt, der die Führung eines Kundenbindungsprogramms als Profit-Center erschwert, ist auch die bereits oben genannte *Zurechenbarkeit von Umsätzen auf Einzelmaßnahmen des Programms*. Ist etwa der gebuchte Flug „München – Dresden“ auf die Promotion von Sondermeilen zurückzuführen oder der Kauf eines neuen Volkswagen Golf auf die Teilnahme an einer Factory Tour fünf Monate vorher? Solche Fragen können in der Regel nur auf Basis sehr umfassender Kundendaten beantwortet werden, die häufig erst nach mehreren Jahren der Durchführung eines entsprechenden Programms vorliegen.

Nichtsdestotrotz sollte jedes Programm auf die *Möglichkeit zur Erzielung zusätzlicher Erträge* hin abgeklopft werden. Neben der Erhebung einer Mitgliedsgebühr, die dominant über die Intensität der Zielgruppendurchdringung entscheidet, bietet sich in jedem Falle die Prüfung an, ob bereits bestimmte Basisleistungen oder nur darüber hinaus gehende Zusatzleistungen bepreist werden können. Neben bereits fast obligatorischen Ticketservices können Reise- und weitere Freizeitangebote, Club-Shops, Seminare oder spezifische Recherchedienste für Zusatzeinnahmen sorgen – insbesondere dann, wenn sie über Partnerunternehmen realisiert und damit nicht mit eigenen Fixkosten belastet erbracht werden können.

Auch die fallweise *Einbindung von Kooperationspartnern*, die nicht zum Kreis der Dauerpartner eines Programms gehören, kann zusätzliche Einnahmen generieren. Dies gelingt etwa dadurch, dass Angebote solcher Partner im Zuge eines Co-Branding in die reguläre Kommunikation eingebunden werden und damit die Standardkommunikation über einen Dritten ganz oder teilweise finanziert wird. Bei einer weiterführenden Vermarktung der gewonnenen Daten, beispielsweise über die Adressvermietung, ist allerdings besondere Vorsicht geboten, da die häufig auf einem besonderen Vertrauensverhältnis basierende Mitgliedschaft unseres Erachtens nicht durch eine unkritische Weitergabe von Adressen gefährdet werden sollte.

Eine interessante Erlösquelle ist der *Verkauf von Anzeigen* in einem an die Teilnehmer verteilten Magazin, soweit es sich um eine attraktive Zielgruppe handelt und eine „kritische Masse“ von Lesern erreicht wird. Voraussetzung für den erfolgreichen Anzeigenvertrieb ist dabei, dass das Magazin IVW-geprüft ist, das heißt, dass es ein unabhängige Prüfung der verteilten Auflage durch einen Dritten gegeben hat (vgl. www.ivw.de). Eine weitere Ertragsquelle kann die *Einschaltung von Coupons im Magazin* sein, wie es beispielsweise der *Volkswagen Club* erfolgreich praktiziert (etwa mit Kino-Coupons).

2.3.7 Make-or-Buy der Leistungserbringung

Hinsichtlich der für die Kundenbetreuung notwendigen Systeme stellt sich die Frage, ob jeweils *Eigenentwicklungen* erfolgen und eine *eigene Dienstleistungseinheit* aufgebaut wird oder ob die entsprechenden *Leistungsfelder zugekauft* werden sollen. Die Frage nach der Zweckmäßigkeit des einen oder anderen kann nur vor dem Hintergrund der strategischen Zielsetzung des Kundenbindungsprogramms beantwortet werden.

Generell lassen sich folgende Guidelines ableiten: während etwa Dienstleistungen (beispielsweise Call-Center-Betrieb, Club-Shop-Abwicklung) eher fremdvergeben werden können, sollte beispielsweise die Führung der Kundendatenbank im eigenen Haus oder durch einen kompetenten Dienstleister in enger Führung durch das beauftragende Unternehmen realisiert werden, wie zum Beispiel bei *Pampers* und *Volkswagen*. Für Auswertungen und Analysen von Kundenwert und -haltbarkeit sowie zur Potenzialausschöpfung können dann sinnvollerweise externe Partner mit eigenen Daten und hohem Analyse-Know-how hinzugezogen werden.

Wenn ein Unternehmen aus eigener Kraft kein Kooperationspartner-Netz aufbauen kann oder will, kann es auf externe Substanzpartner wie zum Beispiel das *BSW* (vgl. Kapitel 7.9) zugreifen, bei dem in Deutschland circa 27 000 Partner unter Vertrag sind, die bei Vorlage einer entsprechend gebrandeten Karte Vorteile gewähren.

Ein Beispiel hierfür ist etwa die Zeitung *Nordbayerischer Kurier*, die für ihre Leser zusammen mit dem *BSW* ein attraktives Kundenbindungsprogramm aufgebaut hat. Ein solcher Co-Branding-Club ist häufig schneller umzusetzen als ein komplett eigenständig aufgebautes Konzept. Allerdings ist – aufgrund der zu erwartenden größeren Ferne zu den eigenen Grundleistungen – darauf zu achten, dass der Absender der Leistungen nicht „beliebig" wird, weil der Nutzer keine sinnvolle Verbindung zwischen dem Leistungsvermittler (im Sinne des Programm-Betreibers) und den gewährten Vorteilen mehr herstellen kann.

Key Points

- Eine gut gepflegte Kundendatei ist Grundvoraussetzung für einen Kundenclub.
- Kundenbindung ist nur dann erfolgreich, wenn sie auf genau definierte Kundensegmente fokussiert.
- Die Ziele von Kundenbindungsprogrammen lassen sich am besten am Kundenlebenszyklus ableiten. Zentrales Element in jeder Phase des Lebenszyklus ist die Informationsgewinnung mit dem Ziel der dynamischen Kundensegmentierung einerseits und der bedarfsorientierten Differenzierung der Betreuungselemente andererseits.
- Die Ermittlung des Customer Lifetime Value (CLV) sollte als Steuerungsgröße der Zieldefinition vorangehen.
- Fragen, die auf jeden Fall für Kundenbindungsprogramme zu diskutieren sind:
  - Wie ist die Zielgruppe definiert und wie viele Mitglieder soll das Programm einmal betreuen?
  - Ist das Programm für jedermann zugänglich oder ist der Zugang an bestimmte Voraussetzungen geknüpft? Können die Kunden frei entscheiden, an dem Programm teilzunehmen, oder wird die Teilnahme durch das Unternehmen geregelt?
  - Wurde das Angebot unter Abwägung der anbieter-, nachfrager- und wettbewerbsorientierten Gesichtspunkte so attraktiv zusammengestellt, dass die „Wechselkosten" für den Kunden möglichst hoch sind und der Kunde deshalb „seinem" Unternehmen treu bleibt?
  - Können (zusätzliche) Erträge beispielsweise durch Mitgliedsbeiträge oder Kooperationspartner erzielt werden oder erfordert das Programm primär eine Finanzierung aus bestehenden Budgets?
  - Müssen Leistungen, wie Pflege der Kundendatenbank oder Call-Center-Betrieb selbst erbracht werden, oder können diese fremdvergeben werden?
- Soll das Kundenbindungsprogramm Gewinn erwirtschaften?

3. Erfolgsfaktoren von Kundenbindungsprogrammen am Beispiel des Kundenclubs

Der Siegeszug der Kundenclubs wird flankiert von vielen, durchaus euphorisch zu nennenden Club-Gründungen, die zum Teil bereits nach wenigen Monaten, zum Teil nach wenigen Jahren wieder eingestellt worden sind. Hier soll deshalb die Frage beantwortet werden, welche übergreifenden Faktoren für das langfristige Überleben eines Kundenclubs entscheidend sind, damit diese bei Neugründungen, aber auch beim Relaunch bestehender Konzepte berücksichtigt werden können.

3.1 Integration des Kundenclubs ins CRM

Für den erfolgreichen Aufbau eines Kundenclubs ist es von zentraler Bedeutung, dass der Club nicht als inhaltlicher oder organisatorischer Fremdkörper angesehen und entsprechend behandelt wird, sondern als zentraler Baustein eines *Customer Relationship Managements* betrachtet und interpretiert wird. CRM zielt dabei auf die Steigerung des Unternehmenswerts durch zwei zentrale Ansatzpunkte:

- *Reduzierung kundenbezogener Kosten* (insbesondere durch die Optimierung der Geschäftsprozesse)
- *Steigerung des Kundenwerts* über die Bereiche
  - Kundengewinnung
  - Kundenbindung
  - Kundenrückgewinnung

Und auch die Umsetzung des CRM selbst darf im Unternehmen nicht losgelöst betrachtet werden, sondern erfasst im positiven Sinne die gesamte Organisation. Häufig kann ein CRM nur dann erfolgreich sein, wenn gleichzeitig die Organisation durch ein Change Management flankiert und dabei die Kundenorientierung der gesamten Organisation weiter entwickelt wird. Denn nach einer Studie von Roland Berger (2003, S. 16) wird die *„unklare strategische Einordnung"* bei der Einführung von Kundenbindungsprogrammen als *das* dominante Risiko angesehen, gefolgt von der *„fehlenden Quantifizierbarkeit der Kosten-Nutzen-Effekte"*. Dies macht noch einmal die frühzeitige, der Konzeption eines Kundenbindungsprogramms bereits innewohnende Verzahnung mit allen kundengerichteten Maßnahmen des Unternehmens deutlich (vgl. auch Luigart, 2002; Nitsche, 2002).

Da eine gut gepflegte *Kundendatenbank* die informatorische Grundlage eines Kundenclubs darstellt, ist zunächst zu prüfen, welche Kundendatenbanken im jeweiligen Unternehmen bereits bestehen. Häufig muss hier festgestellt werden, dass verschiedene Abteilungen oder unterschiedliche Vorstandsbereiche über Datenbanken mit Kundendaten verfügen, die zum Teil ganz unterschiedlichen Aufgabenstellungen dienen, etwa hier der Produktauslieferung, da dem Service, an anderer Stelle dem Marketing beziehungsweise dem Vertrieb.

Eine solche Ausgangssituation sollte vor beziehungsweise spätestens im Zuge der Etablierung eines Kundenclubs zwingend bereinigt werden, da die Club-Kommunikation ganz andere Anforderungen an die Datengrundlagen stellt. Es muss deshalb zunächst einmal ein *„Single view of customer"*, das heißt eine datentechnisch einheitliche Sicht auf den Kunden geschaffen werden. Hierfür sind die unterschiedlichen Kundendaten mit ihren jeweiligen Historien zusammenzuführen, ein Projekt, das häufig mehrere Monate in Anspruch nehmen kann. Nur durch eine solche Bereinigung kann allerdings sichergestellt werden, dass nicht eine Person unter verschiedenen Adressen (beispielsweise einer Altadresse vor und einer neue Adresse nach erfolgtem Umzug) oder unter verschiedenen Schreibvarianten des Namens angesprochen wird. Eine „exklusive" Einladung zum Club, auf solche Weise mehrfach zugeleitet, gegebenenfalls mit falsch personalisierter Club-Karte, stellt keinen gelungenen Einstieg ins Club-Leben dar.

Um der Frage nach den „Club-Effekten" frühzeitig Rechnung zu tragen, sollte eine derart vorbereitete Datenbank Grundlage der kundenorientierten Kommunikation darstellen. Deshalb sind alle kundenrelevanten Vorgänge in dieser Datenbank zu erfassen und im Zuge von Auswertungen verfügbar zu machen (vgl. vertiefend Kapitel 5.4).

3.2 Vernetzung der Kommunikation mit dem Gesamtauftritt des Unternehmens

Hinsichtlich der für ein erfolgreiches Kundenbindungsprogramm notwendigen Kommunikation ist zwischen der *Kommunikation vor und während der Einführung* und der *umsetzungsbegleitenden Kommunikation* zu unterscheiden. Ein zentraler, häufig vernachlässigter Erfolgsfaktor ist die *Kommunikation „nach innen"*, um die eigenen Mitarbeiter – und nicht nur die im unmittelbaren Kundenkontakt – von der Bedeutung des Konzepts zu begeistern und umfassend über die Ziele und Inhalte zu informieren. Ein gut informierter Kunde, der bei seiner Bank nachfragt, was denn mit dem Spruch „Wir bieten mehr als Geld und Zinsen" gemeint sei, und von einem Mitarbeiter zur Antwort bekommt, „das ist alles nur Werbung", wird schwerlich langfristig Vertrauen in die Leistungsfähigkeit dieser Bank aufbauen. Deshalb fängt die Kommunikation nach innen auch sinnvollerweise nicht erst dann an, wenn das Konzept steht.

Vielmehr sollten möglichst viele Aspekte aus der Innensicht des Unternehmens in die Programmgestaltung und deren Kommunikation einfließen. Dadurch wird nicht nur eine größere Kundennähe möglich, sondern auch eine Identifikation der Mitarbeiter mit „ihrem" Kundenbindungsprogramm. Um dies zu erreichen, können Mitarbeiter beispielsweise im Form von Workshops an der Gestaltung des Konzepts mitwirken. Selbstverständlich sollte sein, dass den eigenen Mitarbeitern, sowohl im BtB- wie auch im BtC-Bereich, eine Club-Mitgliedschaft der ersten Stunde angeboten wird, möglicherweise auch mit einem „Mehrwert" gegenüber dem „gewöhnlichen" Club-Mitglied.

Nur eine *externe Kommunikation*, die auf einer umfassenden Kommunikation nach innen aufbaut, wird den Club erfolgreich einführen. Ist es das Ziel des Kundenclubs, eine möglichst große Zahl der Kunden für sich zu gewinnen, dann ist das Club-Angebot konsequent in den gesamten kommunikativen Auftritt des Unternehmens einzubinden. Jede Klassikanzeige, jeder Produktfolder, jedes Gewinnspiel wie auch jede Produktpräsentation – online und offline – sollten konsequent für die Promotion des Clubs mitgenutzt werden. Den hier erzeugbaren Werbedruck kann ein Club aufgrund seiner eigenen Budgetgrenzen in der Regel nicht erreichen, so dass er auf die Synergieeffekte der Kommunikation des Gesamtunternehmens angewiesen ist.

Einen äußerst wirkungsvollen Umgang in der Kommunikation mit dem Kundenbindungsinstrument Kundenkarte sieht man bei *Douglas*. Hier wurde die Kundenkarte in der Nähe des Logos positioniert und taucht heute als Logobestandteil in jeglicher Form von Kommunikation auf, wie dies beispielsweise auch bei den großen *Payback*-Partnern der Fall ist (vgl. vertiefend Kapitel 7.6 und 7.8).

Gelingt es, einen Großteil der *Kommunikation mit der Zielgruppe über den Club zu kanalisieren*, dann ist hier grundsätzlich mit einer höheren Aufmerksamkeit zu rechnen; insbesondere dann, wenn der Kunde einen Filter (beispielsweise eine Mitgliedsgebühr) zu durchlaufen hat. Dies führt nämlich zu einem höheren Involvement und einer aufmerksameren Betrachtung der einlaufenden Club-Kommunikation. Hat ein Kunde erst einmal gelernt, wie heute beispielsweise auch bei *Payback*, *HappyDigits* oder dem *BSW* praktiziert, dass Mailings hier grundsätzlich echte Leistungen erhalten (beispielsweise in Gestalt von Coupons, Informationen über Prämien und den eigenen Punktestand oder attraktive Partnerangebote), dann werden alle diese Botschaften sehr viel genauer wahrgenommen und können ihre werblichen Wirkungen besser entfalten. Dies gilt dann auch für Club-Magazine, in denen wie etwa beim *Volkswagen Club* heute auch interessante Coupons, Shop-Angebote oder Gewinnspiele beigefügt werden.

Und besonders wertschätzend wird auch das Angebot aufgenommen, sich bei Bedarf etwa direkt an die *Dr. Oetker Back-Club*-Hotline zu wenden, oder bei der Bewertung von Produktinnovationen (etwa bei einer Car-Clinic oder im Testlabor beim *Pampers Eltern Service*) eingebunden zu werden. Selbst wenn Teilnehmer dieses Angebot nicht annehmen, kann allein schon die in Aussicht gestellte Möglichkeit weitere Bindungseffekte auslösen. Und wenn den Mitgliedern Informationen über neue Produkte oder Dienstleistungen „vor der breiten Masse" mitgeteilt werden, kommt genau die VIP-Betreuung zum Tragen, die von vielen Kunden gewünscht wird.

3.3 Zielgruppen-Relevanz des Leistungsangebots

Die Attraktivität eines Kundenclubs und damit auch seine Überlebensmöglichkeiten stehen und fallen mit der *Zielgruppenorientierung des Leistungsangebots*. Nur wenn es gelingt, der grundlegenden Erwartungshaltung der Zielgruppe zu entsprechen, wird die angestrebte *Attraktivität zum Beitritt*, das *Interesse am Verbleib* wie auch an einer *intensiven Nutzung der Leistungsangebote* erreicht werden. Nach Holz (1997, S. 117 f.) ist es zweckmäßig, der

Club-Konzeption eine *Leistungspyramide* zugrunde zu legen, die den empirisch ermittelten Wünschen breiter Zielgruppen Rechnung trägt. Hiernach ist zwischen folgenden Leistungsfeldern zu unterscheiden (Abbildung 19):

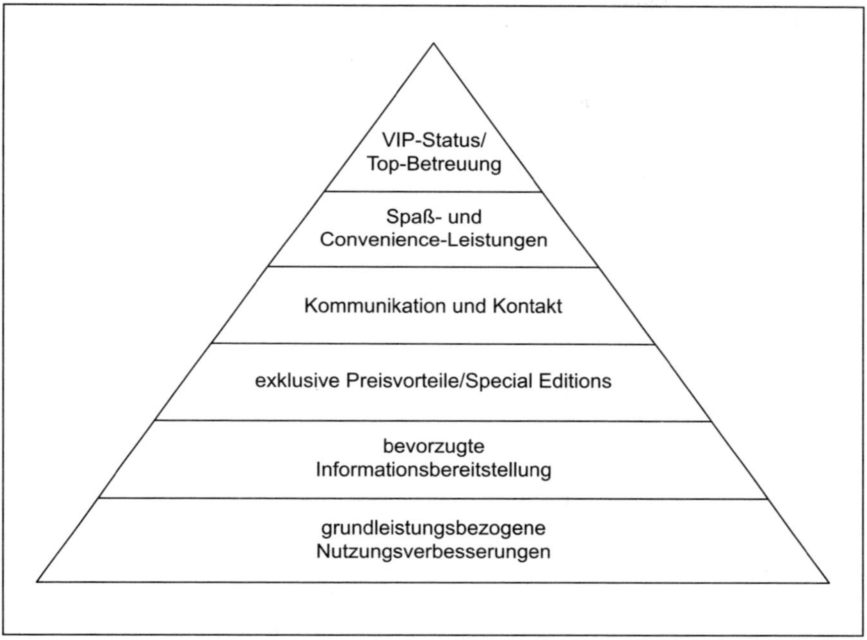

Abbildung 19: Pyramide der Club-Leistungen
Quelle: Vgl. Holz, 1997, S. 117

Diese Pyramide ist so zu interpretieren, dass zunächst Angebote auf der niedrigsten Ebene unterbreitet werden sollten, bevor die anderen Ebenen angegangen werden. Einen Schwerpunkt auf die höher liegende Bedürfnisse zu legen – ohne entsprechend starken Unterbau in Anlehnung an die Grundleistungen des Unternehmens – ist weniger Erfolg versprechend (vgl. weiterführend auch die „Kano-Mechanik“ in Kapitel 4.1).

Die *grundleistungsbezogenen Nutzungsverbesserungen* sind dem Unternehmens- und Markenkern und damit dem Angebot des Unternehmens sehr verbunden und bilden für den Kunden eine unmittelbare Brücke zwischen den Kernleistungen und den Club-Zusatzleistungen. Dies gelingt beispielsweise durch verlängerte Zahlungsziele für Mitglieder eines Versender-Clubs, spezielle Factory Tours für Club-Mitglieder, einen Hotline-Support oder eine spezielle Mobilitätsgarantie. *Individuelle Informationsangebote* rund um die Produkt- und Dienstleistungswelt wirken in der Regel sehr glaubhaft, weil dem Unternehmen in diesen Leistungsfeldern eine besonders hohe Kompetenz zugeschrieben wird. Und da Kunden durch ein Kundenbindungsprogramm zu „ihrem" Unternehmen auch eine größere Nähe suchen, wird diesem Anspruch hierdurch Rechnung getragen. In Ergänzung hierzu sind weitere Angebote zur Arrondierung des Portfolios notwendig.

Spannend sind insbesondere solche Angebote, die der Kunde von sich aus auf anderem Wege schwer oder nicht erhalten kann, wenn sie glaubhaft zum Absender passen, nicht leicht zu kopieren sind und wenn sich die Angebote deutlich von Wettbewerberofferten abheben. Und dies ist von Anbieter zu Anbieter und von Branche zu Branche natürlich sehr verschieden. Dabei ist zu berücksichtigen, dass eine lang anhaltende Kundenbindung auf Emotionen, Vertrauen und Partnerschaft aufbauen muss und deshalb eingeräumte Preisvorteile zwar gern „mitgenommen" werden, aber selbst keine dauerhafte Bindungswirkung entfalten (vgl. auch Butscher, 1998, S. 13).

Welche *Anzahl an Leistungen* angeboten werden sollte, um einen Club attraktiv zu gestalten, kann nicht pauschal beantwortet werden. Die Notwendigkeit für eine Differenzierung ergibt sich allein schon aus der Heterogenität oder Homogenität der Club-Mitglieder. Ein aufmerksames Club-Management monitort die Inanspruchnahme der einzelnen Leistungsbausteine, hinterfragt bei geringer Nutzung die Ursachen (fehlende Attraktivität oder ungenügende Informationen über das Angebot) und stellt sich gegebenenfalls selbst einem kritischen Feedback durch eine offene Mitgliederbefragung oder durch Mitgliederworkshops (vgl. zum Club-Controlling Kapitel 3.5). Zusätzlich können Mitgliederbeiräte als Kommunikationsverstärker zwischen dem Club-Management und der Gesamtheit der Mitglieder agieren, für die das Management eine entsprechende Kommunikationsplattform bereitstellt. Darüber hinaus kann auch eine kontinuierliche Auswertung der Fragen und Beschwerden, die beispielsweise im Club-Sekretariat einlaufen, Indikatoren für Erwartungshaltungen der Mitglieder liefern. Nur auf diese Weise kann auch der *Differenziertheit der Kundenanforderungen* Rechnung getragen werden, indem für die identifizierten Kundensegmente unterschiedliche Leistungsangebote (gegebenenfalls mit entsprechender Preisstellung) erstellt werden.

3.4 Professionalität der Programmdurchführung

Die *Professionalität der Leistungserbringung* sollte eigentlich eine Selbstverständlichkeit darstellen, insbesondere wenn man sich vor Augen führt, dass für den Club die besten und die vielleicht schon loyalsten Kunden gewonnen werden sollen. Keiner dürfte deshalb ein Interesse daran haben, hier geschaffene Erwartungshaltungen zu enttäuschen. Vor allem, wenn der Club seinen Mitgliedern das Gefühl vermittelt, ein VIP zu sein, dürften die Erwartungshaltungen noch höher als sonst sein. Schon jede nur „normale" Leistungserfüllung muss dann zu einer Enttäuschung führen – denn bei der Leistungsabforderung kommt es zum berühmten „Moment of truth".

Doch die Realität sieht anders aus. Häufig muss man feststellen, dass angegebene Call-Center nicht oder nur sehr schwer zu erreichen sind, der Club-Shop nicht liefern kann, ausgelobte Dienstleistungen nicht mit denen „professioneller" Anbieter mithalten können und selbst Kartenprozesse noch nicht stehen. Die Erklärung findet sich zum Teil in einem Launch-Zeitpunkt, zu dem die Prozesse noch nicht ausgetestet waren, oder im Aufbau eines Dienstleistungsfeldes, das für das Unternehmen Neuland war und damit „Versuchscharakter" aufwies. Dies alles stellt den „idealen" Weg dar, um die für Neuerungen besonders aufgeschlossenen Pioniere in der eigenen Klientel möglichst schnell und erfolgreich vor den Kopf zu stoßen und sie gegebenenfalls sogar zu negativen Meinungsführern aufzubauen.

Und auch wenn Dienstleistungen extern eingekauft oder Kooperationspartner eingebunden werden, muss hier eine gleich hohe Betreuungsqualität sichergestellt werden, weil sowohl Lob als auch Tadel auf denjenigen zurückfällt, der das Angebot unterbreitet hat – und nicht auf ein einzelnes Hotel, dessen Mitarbeiter eine Club-Karte zum ersten Mal „mit großen Augen und großer Unwissenheit" betrachtet!

Die *Messlatten*, die Club-Mitglieder *an die Leistungserbringung* anlegen, sind folglich sehr hoch und können nach Berry/Zeithaml/Parasuraman (1990, S. 29) und Holz (1997, S. 187 f.; vgl. auch Homburg/Fassnacht/Werner, 2003, S. 562) in den unterschiedlichen Kategorien unter anderem mit folgenden Kriterien messbar gemacht werden:

1. **Zuverlässigkeit** (Reliability) im Sinne einer dauerhaft guten Leistungserbringung,
2. **Auftritt** (Tangibles) im Sinne der Attraktivität der gesamten sichtbaren Club-Leistung,

3. **Reaktionsgeschwindigkeit** (Responsiveness) im Sinne des Einsatzwillens und der Schnelligkeit bei der Bearbeitung von Kundenanliegen,
4. **Kompetenz** (Assurance) im Sinne der Beherrschung der notwendigen Verhaltensweisen sowie des erforderlichen Fachwissens,
5. **Einfühlungsvermögen** (Empathy) im Sinne der Bereitschaft, auf die individuellen Wünsche der einzelnen Club-Mitglieder einzugehen.

Die oben genannten Kriterien, die zum Club-Controlling gehören und in Kapitel 3.5 operationalisiert sind, werden vom Kunden natürlich auch auf die Bewertung der Grundleistung des Unternehmens und nicht nur auf die Zusatzleistungen etwa in Gestalt eines Kundenclubs angewandt. Deshalb bedarf es *vor* dem Aufbau eines Kundenclubs auch einer selbstkritischen Bestandsaufnahme der Position des Unternehmens selbst. Denn bevor nicht die *Grundleistung des Unternehmens* in sehr hohem Maße die oben genannten Kriterien erfüllt, ist unseres Erachtens jede Investition in ein Kundenbindungsprogramm „rausgeworfenes Geld“, denn der Kunde wird das „Ablenkungsmanöver“ durchschauen und auf angebotene Bindungsmaßnahmen im Hinblick auf eine schlechte Basisleistung besonders negativ reagieren.

3.5 Club-Controlling – Erfassung der Effizienz und Qualität der Kundenclub-Aktivitäten

3.5.1 Vorbemerkungen zum Club-Controlling

Bevor ein Kundenclub gestartet wird, müssen neben den bereits oben definierten Club-Zielen und den Anforderungen an die Leistungserbringung auch ganz konkrete Kriterien für die Bewertung der kundenbindenden Effekte festgelegt werden. Beim Scheitern von Club-Konzepten konnte immer wieder festgestellt werden, dass weder eine Klarheit über die zu erreichenden Ziele, noch über die relevanten *Messkriterien zur Erfassung der kundenbindenden Effekte* bestand. Aber wie will man den Erfolg messen, wenn Erfolg weder definiert noch machbare Wege zu dessen Ermittlung festgelegt wurden?

Die *Erfolgsmessung* gestaltet sich nicht einfach, weil sich die Wirkungen eines Kundenclubs häufig erst mittel- und langfristig zeigen, die Kosten aber bereits in der Konzeptionsphase zu laufen beginnen *(divergierende Fristigkeiten von Kosten und Nutzen)*. Zusätzlich stellt sich die Frage der *Isolierung von Kun-*

denclub-Effekten im Wirkungszusammenhang anderer unternehmenspolitischer Aktivitäten, etwa in Gestalt einer Überarbeitung der Produktpalette, einer Veränderung der Preisstrategie oder eines veränderten kommunikativen Auftritts des Unternehmens. Aber auch wenn die Einführung eines Kundenclubs mit einer Servicequalitäts-Offensive im Verkauf einhergeht, können positive Veränderungen schwer auf die einzelnen Stellgrößen zurückgeführt werden.

Auch die *Zurechenbarkeit* von Image- und Verhaltensänderungen auf Club-Aktivitäten ist nicht leicht sicherzustellen, zumal kein Unternehmen im wettbewerbsfreien Raum agiert und hier somit auch Einflüsse aus der eigenen oder aus anderen Branchen zu berücksichtigen sind. Eine zusätzliche Herausforderung stellt die *Quantifizierbarkeit* der Club-Effekte dar, weil neben „harten" Umsatz- und Ergebnisgrößen auch „weiche" Faktoren wie Kundenzufriedenheit, Vertrauen in die Unternehmensleistung, Image etc. bewertungsrelevant sind. Wird außerdem ein mehrstufiger Vertrieb realisiert, etwa über selbstständige Händler, bei dem Käufe (gegebenenfalls mit oder ohne Identifikation dieses Käufers durch eine Mitgliedskarte) getätigt werden, wird eine exakte Erfolgszurechnung noch schwerer oder gar unmöglich.

Darüber hinaus muss bei der Ermittlung der Club-Effekte auch berücksichtigt werden, dass Ausprägungsunterschiede hinsichtlich der oben genannten Kriterien auch auf die *Selbstselektion der Club-Mitglieder* zurückgeführt werden können. Das heißt, dass unterschiedliche Merkmalsprofile zwischen Club-Mitgliedern und anderen Kunden bereits *vor* der Einführung eines Clubs vorlagen, jetzt aber erst sichtbar werden, weil die einen aufgrund ihrer höheren Affinität zum Unternehmen Club-Mitglied wurden und die anderen genau nicht.

Deshalb ist es eine zentrale Voraussetzung für eine „saubere" Kausalanalyse, dass alle relevanten Betreuungs- und Nutzungsdaten in einer Datenbank erfasst werden, um darauf basierend Diskriminanzanalysen durchzuführen. Denn vielfach können erst Verhaltensänderungen im Zeitablauf zwischen Club-Mitgliedern und möglichst profilgleichen Nicht-Mitgliedern quasi als Testgruppe als echter Maßstab für die Bewertung der Club-Wirkungen herangezogen werden, weil erst dann auch die „Club-neutralen Effekte" sichtbar werden. Deshalb sollte zum Zeitpunkt des Club-Launches eine Kontrollgruppe von Nicht-Club-Mitgliedern definiert und eine „Nullmessung" zur Ermittlung der oben genannten Kriterien bei den betreuten und nicht-betreuten Kunden erfolgen. Auf diese Weise kann die „Startposition" in nachfolgender Abbildung 20 genau bestimmt werden (vgl. hierzu auch Holz, 1997, S. 225 f.).

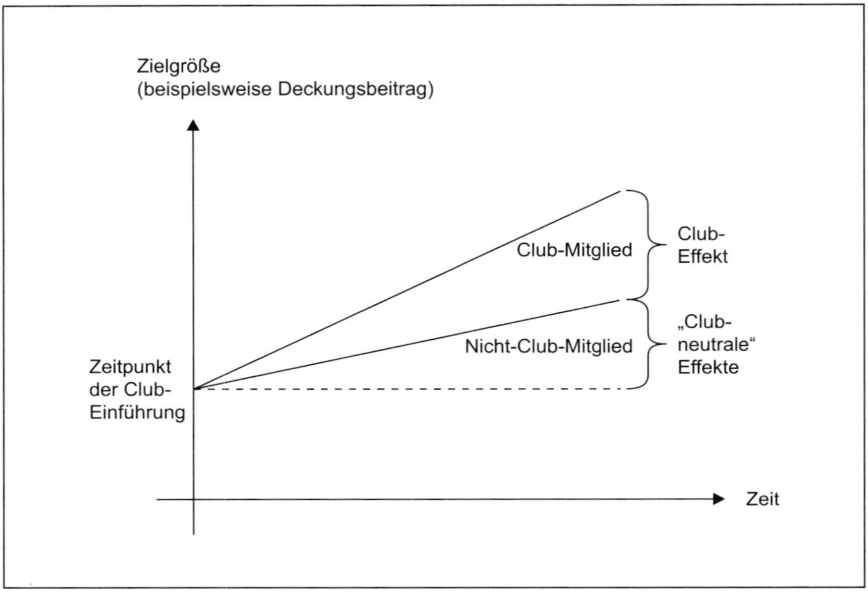

Abbildung 20: Club- und „Club-neutrale" Effekte auf Unternehmensebene
Quelle: Vgl. Holz, 1997, S. 226

Deshalb ist es auch entscheidend, zwischen den *Club-Effekten auf Unternehmensebene* und den *Club-Effekten auf der Club-Ebene* selbst zu differenzieren. Vielfach muss festgestellt werden, dass Kennzahlen zur Ermittlung der Unternehmenseffekte fehlen oder nur mangelhaft ausgeprägt sind, während eine Erfassung der Effekte auf der Club-Ebene selbst sehr viel häufiger erfolgt (vgl. Holz, 1997, S. 222–224). Ein anderer Aspekt wird aber auch auf der Club-Ebene vernachlässigt – die *Qualität der Leistungserbringung im Club selbst.*

3.5.2 Ermittlung der Club-Effekte auf Unternehmensebene

Um den Club-Effekten auf Unternehmensebene Rechnung zu tragen, sollte das *Club-Controlling* zunächst auf das dominante Ziel der „langfristigen Ertragssteigerung und Substanzsicherung“ abheben. Die dafür relevanten Mess- und Steuerungsgrößen können unter anderem nachfolgend präzisierte Gestalt annehmen. Hierbei ist es entscheidend, dass bei der Bewertung der Kennzahlen zur *Erfassung der Kundenbindungseffekte* möglichst immer Referenzgrößen herangezogen werden, da absolute Werte allein wenig über die differenzierenden Club-Effekte aussagen können. Deshalb sollten die folgenden Kriterien immer im Vergleich der Club-Mitglieder zu „unbetreuten“ Kunden im Zeitablauf bewertet werden:

A. Einstellungsaspekte
■ Brand Awareness/Bekanntheitsgrad von Marke, Produkten, Dienstleistungen – gestützt und ungestützt ■ Markenaffinität (im Sinne Sympathie, Vertrauen, Glaubwürdigkeit)
B. Verhaltensaspekte
B.1 Selektions- und Informationsverhalten ■ Charakteristika der Club-Mitglieder ■ Anteil der Anforderer von Informationsmaterial
B.2 Kaufverhalten ■ Anteil der Wiederkäufer ■ Anteil der Multi-Produkt-/Multi-Dienstleistungs-Nutzer („Cross-Selling-Quote“) ■ Anteil der Wechsler auf höherwertige Leistungen („Up-Selling-Quote“) ■ Länge von Wiederkaufzyklen ■ Kundenhaltbarkeit ■ Anzahl der Händlerkontakte ■ Durchschnittsumsatz/-deckungsbeitrag pro Kunde ■ Durchschnittsrabatt pro Kunde ■ Kundenzufriedenheit („Customer Satisfaction Index“) ■ Wechselbereitschaft ■ Anteil der Kündiger/Nicht-Wiederkäufer („Abwanderungsrate“, „Kundenverlustquote“, „Fluktuationsrate“) ■ Response-Raten auf Mailings, Angebote, Coupons etc. ■ Reaktivierungsquote von inaktiv gewordenen Kunden
B.3 Kommunikationsverhalten ■ Multiplikatoren-Verhalten, unter anderem im Sinne von Weiterempfehler-/Referenzquoten ■ Qualität der über Weiterempfehler gewonnenen Kunden (unter anderem gemessen an Umsatz, Deckungsbeitrag, Haltbarkeit, Weiterempfehlerquote) ■ Anzahl Verbesserungsvorschläge/Reklamationen

Abbildung 21: Ermittlung der Club-Effekte auf Unternehmensebene
Quelle: Eigene Darstellung

Bei der Ausgestaltung dieser Indikatorensysteme ist darauf zu achten, nicht nur die *kurzfristigen Club-Effekte* zu messen. Gerade bei einem Investment in ein erst *längerfristig wirkendes Kundenbindungsprogramm* ist die Messlatte nicht zu früh zu hoch zu legen, weil sich viele der gewünschten Effekte erst mit einem deutlichen Zeitversatz zeigen.

3.5.3 Ermittlung der Club-Effekte auf Club-Ebene

Darüber hinaus ist es erforderlich, die Nutzung der Club-Angebote durch die Club-Mitglieder selbst zu ermitteln, weil die *Beschäftigung mit* beziehungsweise die *Nutzung von Club-Offerten* eine notwendige, wenn auch keine hinreichende Bedingung für die Erreichung von Club-Effekten auf Unternehmensebene darstellt. Unter anderem sollten dabei die folgenden Verhaltensaspekte der gewonnenen Club-Mitglieder gemonitort werden (vgl. Abbildung 22):

A. Teilnahmeaspekte
■ Absolute Anzahl der gewonnenen Mitglieder (in Relation zur Gesamtzahl der betreuten Kunden) ■ Eintrittsquote von (Neu-)Kunden in den Club
B. Verhaltensaspekte im Hinblick auf die Club-Leistungen
■ Art und Intensität der Dienstleistungsnutzung ■ Art und Intensität der Nutzung anderer Club-Angebote (beispielsweise eines Shops, von Reise- und Ticketangeboten) ■ Art und Intensität der Reaktion auf Club-Mailings, -Coupons, -Gewinnspiele, -Kundenbefragungen ■ Lesedauer im Club-Magazin ■ Nutzung eines Punktesammelsystems ■ Art der Verwendung gesammelter Punkte (Barauszahlung, Einlösung beim Kauf, Prämienabforderung, Spende etc.) ■ Ausmaß der Kundenzufriedenheit insgesamt sowie mit einzelnen Club-Leistungsmodulen ■ Beschwerde-/Reklamationsquote (unter anderem Retournierquote bei Club-Shop-Bestellungen)
C. Kostenaspekte der Club-Leistungen
■ Kosten pro Mitglied insgesamt ■ Kosten pro Mitglied pro Teilleistung

Abbildung 22: Ermittlung der Club-Effekte auf Club-Ebene
Quelle: Eigene Darstellung

Die Ermittlung dieser Verhaltensaspekte dient auch dazu, das Ausmaß an *Trittbrettfahrern* zu identifizieren, die zwar dem Club beigetreten sind, aber an keiner Stelle „verhaltensauffällig" im Sinne der gewünschten Club-Wirkungen werden. Je größer dieser Anteil an der betreuten Mitgliedschaft wird, desto stärker ist die Finanzierbarkeit des Clubs gefährdet. Im Sinne eines Frühwarnsystems sollte bei der Überschreitung kritischer Größen an Trittbrettfahrern (beispielsweise mehr als fünf Prozent) ein Nachjustieren der Zugangsvoraussetzungen und damit der gesetzten Filter erfolgen. Und in diesem Kontext ist dann auch die Frage zu beantworten, was eigentlich passiert, wenn ein guter Kunde den Club verlässt? Was tut der Club mit Mitgliedern, die laut Club-Statuten oder Wirtschaftlichkeitsberechnung nicht mehr im Club sein dürfen? Hier muss das Unternehmen ebenfalls frühzeitig Lösungsideen entwickeln.

Analoges gilt, wenn die *Nutzung der bereitgestellten Services* zu wünschen übrig lässt und damit die Akzeptanz der Angebote fehlt, die für die Entwicklung von kundenbindenden Wirkungen unverzichtbar ist. Denn generell muss gesagt werden, dass die Erreichung von Club-Effekten auf Unternehmensebene die Erzielung von Club-Effekten auf Club-Ebene voraussetzt. Mit anderen Worten:

Wirkt der Club nicht als Programm für sich, dann kann er auch keine positiven Auswirkungen auf das Gesamtunternehmen haben.

3.5.4 Ermittlung der Qualität der Leistungserbringung

Parallel hierzu ist das Club-Controlling auch auf die *Qualität der Leistungserbringung* selbst auszurichten, weil eine hohe Zufriedenheit mit den in Anspruch genommenen Club-Leistungen eine notwendige Bedingung für die Erzielung der gewünschten Bindungseffekte darstellt. Hier stehen unter anderem die folgenden Aspekte im Mittelpunkt, die auf den unter 3.4 definierten Kriterien aufsetzen (vgl. Berry/Zeithaml/Parasuraman, 1990, S. 29, und Holz, 1997, S. 187 f.; vgl. Abbildung 23).

Und die zur Ermittlung der hierfür notwendigen Daten vorgenommenen Prüfungen dürfen sich natürlich nicht auf das Club-betreibende Unternehmen beschränkten, sondern müssen auch alle Partner mit einschließen, die Club-Leistungen erbringen. Denn eine schlecht organisierte Club-Reise, ein zu schnell verschlissenes Produkt aus dem Club-Shop, ein Hotelpartner, der sich bei einer Punktegewährung oder -einlösung „querstellt", gehen alle zu Lasten des Club-Betreibers. Vor diesem Hintergrund sind die Beschwerden im Kontext des Kundenbindungsprogramms besonders sorgfältig auszuwerten (vgl. vertiefend Stauss/Seidel, 1998).

A. Zuverlässigkeit
■ Fehllieferungsquote bei Shop-Bestellungen ■ Leistungsabweichungen bei Club-Reisen ■ Anteil der Reklamationen bezüglich einer fehlenden oder fehlerhaften Leistungserbringung im Handel oder bei Kooperationspartnern
B. Auftritt
■ Attraktivität der gesamten Club-Kommunikation ■ Ausstattung von Magazin, Karte, Mailings ■ Erscheinungsbild des Clubs im Handel ■ Wirkung der Club-Betreuer
C. Reaktionsschnelligkeit
■ Wartezeiten im Call-Center ■ Response-Zeitraum auf schriftliche Anfragen ■ Anteil der unmittelbar beantwortbaren Fragestellungen („First Level Support") ■ Laufzeit bei Club-Shop-Bestellungen ■ Laufzeit von Antragseingang bis Kartenauslieferung ■ Laufzeit zur Produktion von Ersatzkarten ■ Laufzeit für die Erbringung von angeforderten Dienstleistungen (beispielsweise bei Rechercheaufträgen, Routenplanung)
D. Kompetenz
■ Relevanz und Korrektheit der bereitgestellten Informationen ■ Problemlösungskompetenz hinsichtlich club- und grundleistungsbezogener Fragen ■ Serviceorientierung der Club-Mitarbeiter
E. Einfühlungsvermögen
■ Würdigung jeder Anfrage als individuelles Anliegen und nicht als Massenphänomen ■ Individualität der Mitgliederbetreuung ■ Möglichkeit der selektiven Inanspruchnahme von Services

Abbildung 23: Kriterien zur Messung der Qualität der Leistungserbringung im Club
Quelle: Eigene Darstellung

Nur der Aufbau eines *Club-Controlling-Systems*, das mit der gleichen Sorgfalt wie die leistungsstiftenden Elemente selbst konzipiert wird, stellt die Grundlage für ein langfristig erfolgreiches Club-Konzept dar. Denn:

Ziele, die nicht konkret formuliert und fixiert werden, sind genauso wertlos wie Ziele, die nicht kontinuierlich auf den Erreichungsgrad hin überprüft werden.

3.6 Zeit- und Budgethorizont der Club-Aktivitäten

Wie oben ausgeführt, stellen sich viele Wirkungen der Club-Aktivitäten erst mittel- bis langfristig ein, während die Kosten für Aufbau und Unterhalt eines Clubs unmittelbar zu Buche schlagen. Dieses zeitliche Auseinanderfallen von umsatzrelevanten Wirkungen einerseits und den auflaufenden Kosten andererseits stellt eines der zentralen „Killerkriterien“ für Club-Konzeptionen dar und führt die Gründe für Club-Einstellungen mit Abstand an (vgl. auch Holz, 1997, S. 278).

Deshalb ist es für die erfolgreiche Etablierung eines Club-Konzepts von entscheidender Bedeutung, den Aktivitäten einen *drei- bis fünfjährigen Planungshorizont* zugrunde zu legen, und diesen zahlenmäßig sowohl hinsichtlich der *Wirkungserwartungen* als auch der *Kostenimplikationen* „durchzurechnen“. Nur wenn auf Basis einer solchen Kalkulation die Entscheidung „pro Kundenclub“ gefällt wird, kann eine Akzeptanz für die den Kosten zeitlich nachlaufenden umsatzsteigernden Wirkungen geschaffen werden. Dabei sollte man sich vor dem Phänomen des „Gesundrechnens“ eines Kundenclubs hüten, bei dem von zu optimistischen Mitgliederzahlen, unrealistischen Umsatzzuwächsen oder von zu hoch gegriffenen Zusatzfinanzierungen durch Kooperationspartner ausgegangen wird. Schon mancher Businessplan musste hier massiv „nach unten“ angepasst werden, weil das Club-Management vor lauter Begeisterung für die Idee den notwendigen Pragmatismus und Realismus vermissen ließ.

Deshalb ist es auch so wichtig, dass die Konzepte zum differenzierten Club-Controlling bereits in der Entwicklungs-, spätestens jedoch in der Startphase des Clubs vorliegen, um ein *kontinuierliches Messen der Club-Effekte* auf den unterschiedlichen Ebenen sicherstellen zu können. Und dabei gilt es auch, Milestones zu definieren, deren Nichterreichung entweder zur Rejustierung oder auch zum Abbruch der Aktivitäten führen muss. Auf diese Weise wird im Unternehmen ein Commitment zum Timing wie auch für die erwarteten Wirkungen erreicht, was für die erfolgreiche Gestaltung der Anlaufphase besonders wichtig ist.

Key Points

Club-Voraussetzungen:

- Präzise, schriftlich fixierte Zieldefinition – geleitet von Pragmatismus und Realismus
- Kundenclub nicht als „Stand-alone-Veranstaltung", sondern eingebunden in ein unternehmensweites CRM-Konzept
- Mit dem Gesamtunternehmen vernetzte Club-Kommunikation
- Exakte Zielgruppenausrichtung des Leistungsprogramms
- Etablierung eines Club-Controlling als Voraussetzung für einen Club-Erfolg
- Sicherstellen einer qualitativ hohen Betreuungsleistung
- Langfristige Etatplanung/Finanzierung

4. Umsetzung von Kundenbindungsprogrammen am Beispiel des Kundenclubs

Basierend auf den eher theoretisch-akzentuierten Ausführungen der vorherigen Kapitel wird nachfolgend die Umsetzung von Club-Ideen in der betrieblichen Praxis im Zentrum stehen. Dabei wird anhand einer Vielzahl von Beispielen aufgezeigt, wie facettenreich das Club-Leben sowohl für die Mitglieder wie auch für die Club-Initiatoren auf Unternehmensseite sein kann.

4.1 Vorbemerkung: Zusammenhang zwischen Kundenzufriedenheit und Kundenbegeisterung als Schlüsselfaktor für einen Kundenclub

Wie bereits dargestellt, ist das *Leistungsangebot* des Kundenclubs der *essenzielle Baustein*, der darüber entscheidet, ob der Kunde „nur zufrieden ist" oder „wirklich begeistert" werden kann. Mit welchen Leistungen dies gelingt, wird in den nächsten Kapiteln dargelegt. Zunächst soll hier kurz der *Zusammenhang* zwischen *Kundenzufriedenheit* und *Kundenbegeisterung* und der damit verbundenen *Bindung an das Unternehmen* diskutiert werden. Denn nur zufriedene Kunden, so viel sei an dieser Stelle bereits vorweggenommen, halten einen Club langfristig nicht am Leben – Zufriedenheit allein ist noch nicht genug.

„*Kundenzufriedenheit* entsteht, wenn der *Kosten-Nutzen-Abgleich*, den ein Kunde in Bezug auf ein bereits angenommenes Angebot durchführt, zu einem *ausgeglichenen oder positiven Ergebnis* führt. Kundenzufriedenheit ist eine notwendige, nicht jedoch hinreichende Bedingung für die Kundenbindung oder gar Loyalität. So gaben in Untersuchungen ... bis zu 86 Prozent der Ex-Kunden von Unternehmen an, sie seien mit dem Produkt zufrieden oder sehr zufrieden gewesen“ (vgl. http://www.loyalty-hamburg.de/th_ent_kunzu.html). Die Wissenschaft spricht in diesem Zusammenhang vom so genannten *„Indifferenzbereich“* (vgl. Abbildung 24).

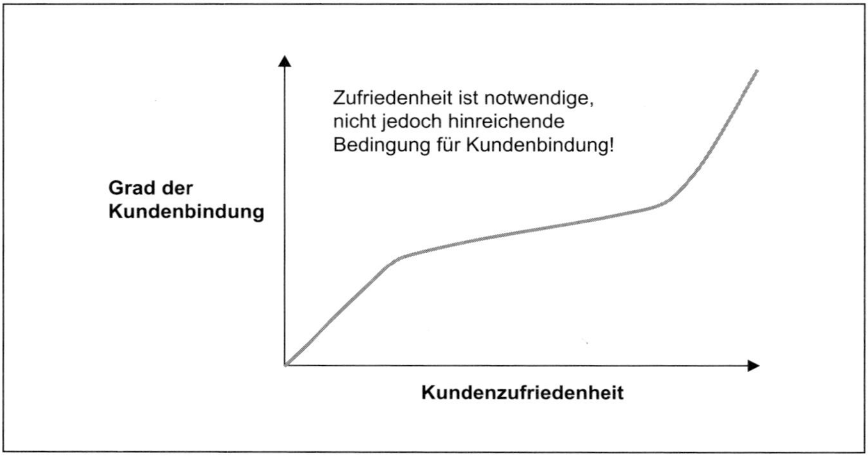

Abbildung 24: Indifferenzbereich zur Beschreibung der Wirkung der Kundenzufriedenheit auf die Kundenbindung
Quelle: Ploss/Augustinov, 2001, S. 22

Wenn also *Zufriedenheit nicht automatisch Bindung* bedeutet, was ist es dann, was den Kunden hält? Neben dem Faktor *Zufriedenheit* kommt der Faktor *„Begeisterung“* als Folge einer möglichen *Unique Selling Proposition (USP)* des Clubs ins Spiel. Deutlich machen lässt sich das am besten mit der Kano-Analyse, wie die Abbildung 25 zeigt.

„Der Japaner Dr. Noriako Kano untersuchte, wie sich die *Erfüllung unterschiedlicher Kundenanforderungen* auf die *Kundenzufriedenheit* auswirkt. Dabei stellte er fest, dass ein Großteil der Kundenanforderungen keinen oder kaum Einfluss auf die Zufriedenheit der Kunden haben. Zwar wird das Nicht-Erfüllen bestimmter Anforderungen mit Unzufriedenheit quittiert, doch führt im Umkehrschluss die Erfüllung oder Über-Erfüllung nicht zu Zufriedenheit oder Begeisterung. Kano unterteilte aufgrund seiner Untersuchung die Kundenanforderungen in drei Kategorien (vgl. auch Kapitel 2.3.4):

- Basis-,
- Leistungs- und
- Begeisterungsanforderungen.

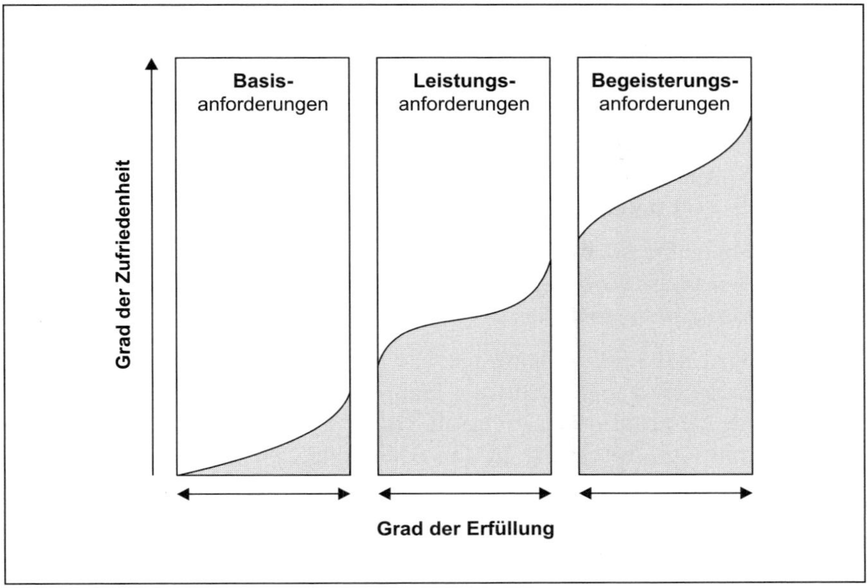

Abbildung 25: Kano-Analyse
Quelle: Ploss/Augustinov, 2001, S. 20

Die Erfüllung von *Basisanforderungen* wird vorausgesetzt. Das Fehlen wird mit Unzufriedenheit quittiert, wohingegen das Vorhandensein einfach hingenommen wird – ohne die Zufriedenheit zu beeinflussen. *Leistungsanforderungen* werden vom Kunden nach dem Prinzip „je mehr, desto besser" bewertet. Die Zufriedenheit des Kunden steigt proportional zum Grad der Erfüllung. *Begeisterungsanforderungen* schließlich werden für den Kunden überraschend erfüllt und lösen Begeisterung aus. Sie sind der Hauptgrund für positive Mundpropaganda. Allerdings haben *Begeisterungsfaktoren* eine *relativ kurze Halbwertzeit*. Was einen Kunden zunächst begeistert, wird er nach dem dritten oder vierten Mal der Nutzung als Mindestanforderung voraussetzen" (vgl. http://www.loyalty-hamburg.de/th_ent_kunzu_kano.html).

Das *Fazit* aus dieser Analyse ist klar: Nur der *Club*, der seine Teilnehmer *begeistern* oder *positiv emotionalisieren* kann, und zwar immer wieder und immer wieder neu, wird langfristig echte Kundenbindung erzeugen. So verwundert es auch nicht, dass die Zeitschrift „Direkt Marketing" ihren Lesern in ihrer Februarausgabe 2004 bereits auf dem Titel verheißt: „Aus Liebe zum Kunden", um dann im folgenden Beitrag den Marketingtrends des Jahres zu formulieren (vgl. Hermes, 2004, S. 28). So definiert die Autorin, basierend auf der Darstellung, die Anja Förster und Peter Kreuz in ihrem Buch „Marketing-Trends“ liefern, mit „Hightech & Hightouch“ den Trend für ein neues Marketingverständnis: *„Hightouch bedeutet echte Nähe, also eine emotionale, individualisierte Dienstleistung im direkten Verhältnis zum Kunden“* (Hermes, 2004, S. 28). Und die Antwort auf diese Frage danach, wie diese Nähe erzeugt werden soll, liegt nahe:

Begeisterung ist die höchste Stufe der Emotionalisierung, die ein Club erreichen kann – und der Club ist gleichermaßen dafür prädestiniert, diese emotionale Aufladung sicherzustellen.

Bestätigt wird das in einer Umfrage, die die Unternehmensberatung Solon (2003) durchgeführt hat. Denn als Hauptgrund für die Einführung eines Clubs wurde die *Emotionalisierung* als Treiber der angestrebten Kundenbindung genannt (vgl. Abbildung 26 und Abbildung 27).

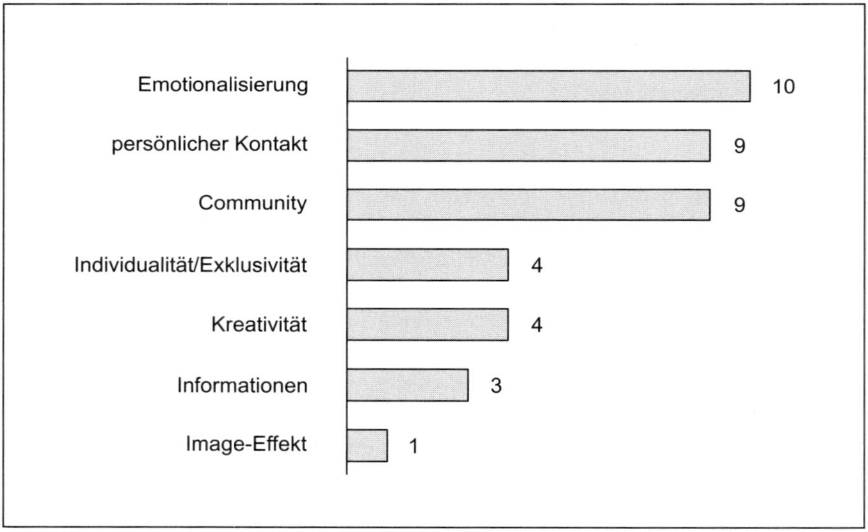

Abbildung 26: Besonderer Nutzen von Kundenclubs
Quelle: Solon, 2003

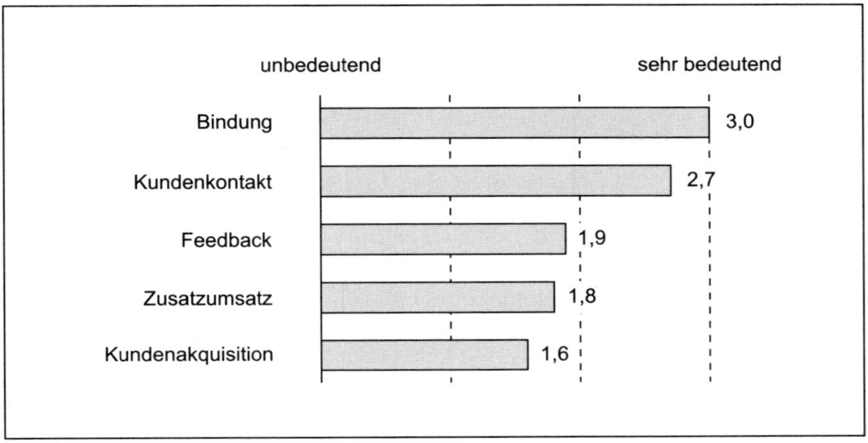

Abbildung 27: Zielsetzung von Kundenclubs
Quelle: Vgl. Solon, 2003

4.2 Ausrichtung und Inhalte der Club-Strategie

Wie bereits in Kapitel 3 aufgezeigt, ist die Ausgestaltung des Clubs und damit die Konkretisierung der Club-Strategie abhängig von der Branche, der erreichten Unternehmensposition im Wettbewerbsumfeld und von der Positionierung der im Zuge eines Kundenclubs zu betreuenden Marken. Deshalb ist es notwendig, sich bei der *emotionalen Nutzenbeschreibung des Clubs* der Analogie zur Marke bewusst zu sein. Denn die Marke ist mindestens „dreigeteilt emotional" und bietet neben einer *„Unique Selling Proposition* (USP) ... und einem *psychologischem Zusatznutzen* ... eine einzigartige Gestaltung der werblichen Botschaft ... um die Alleinstellung der Marke im Sinne einer *Unique Advertising Proposition (UAP)"* anzustreben (Meffert, 2000, S. 854 f.).

Übersetzt für die Club-Strategie heißt das: Die *USP* einer Marke ist vergleichbar mit *im Wettbewerbsumfeld differenzierenden, nutzenstiftenden Basiseigenschaften*, der *psychologische Zusatznutzen* mit den *flankierenden Leistungseigenschaften* und die *UAP* mit der *kommunikativ-getriebenen Aufladung* eines Clubs. Nicht von ungefähr haben sich erfolgreiche Clubs (vgl. *Maggi Kochstudio, Pampers Eltern Service* oder *Volkswagen Club*) in den vergangenen Jahrzehnten aus *starken Marken* heraus entwickelt, indem sie ihre *Zielpersonen aktiv* in die *Markenführung* eingebunden haben.

Konsequenterweise kommt die Solon-Studie in ihren Untersuchungsergebnissen zu der Erkenntnis, dass sich ein Kundenclub nicht für alle Branchen eignet, insbesonders dort nicht, wo das Produkt nicht ausreichend emotional aufgeladen ist (vgl. hierzu und im Folgenden Solon, 2003). Insbesondere solche Unternehmen sollten sich mit dem Thema Kundenclubs auseinander setzen,

- die über starke, positiv besetzte Marken verfügen (etwa *Volkswagen*, *Görtz*, *Pampers*, *Maggi*, *Douglas*),
- bei deren Produkten ein hoher Informations- oder Erklärungsbedarf besteht (zum Beispiel bei *Pampers*, den *Sparkassen*, *Volkswagen*),
- und die bislang über keinen direkten Kontakt zu ihren Kunden verfügen (vgl. *Swarovski, Pampers*).

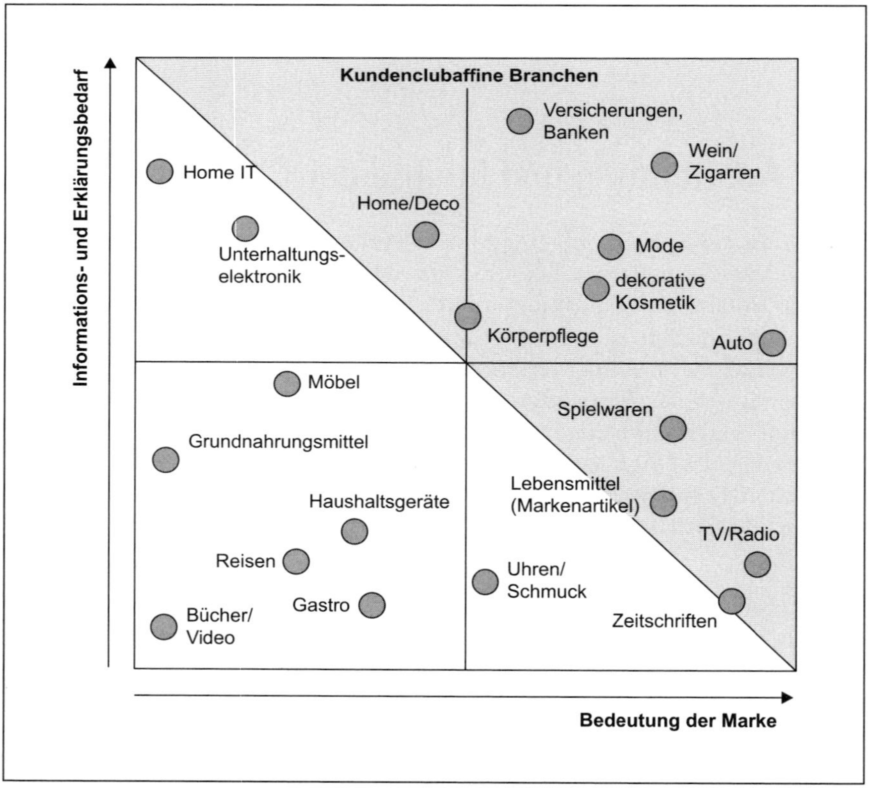

Abbildung 28: Kundenclub-Matrix
Quelle: Solon, 2003

Aus dieser Erkenntnis leitet sich eine *Kundenclub-Matrix* ab, bei der Informations- und Erklärungsbedarf in Bezug zur Bedeutung der Marke gesetzt werden, um transparent zu machen, in welcher Branche sich ein Kundenclub lohnt (vgl. Abbildung 28). Und nicht von ungefähr stammen die in Kapitel 7 präsentierten Fallstudien unter anderem aus den Branchen Auto, Mode, Versicherungen/Banken, Körperpflege, Home/Deco, weil hier eine besonders hohe Club-Affinität zu finden ist.

Dabei ist es nur konsequent, wenn sich die Club-Strategie nicht nur unmittelbar aus der Marke, sondern auch aus der erreichten Position im Wettbewerberumfeld ableitet (vgl. Abbildung 29).

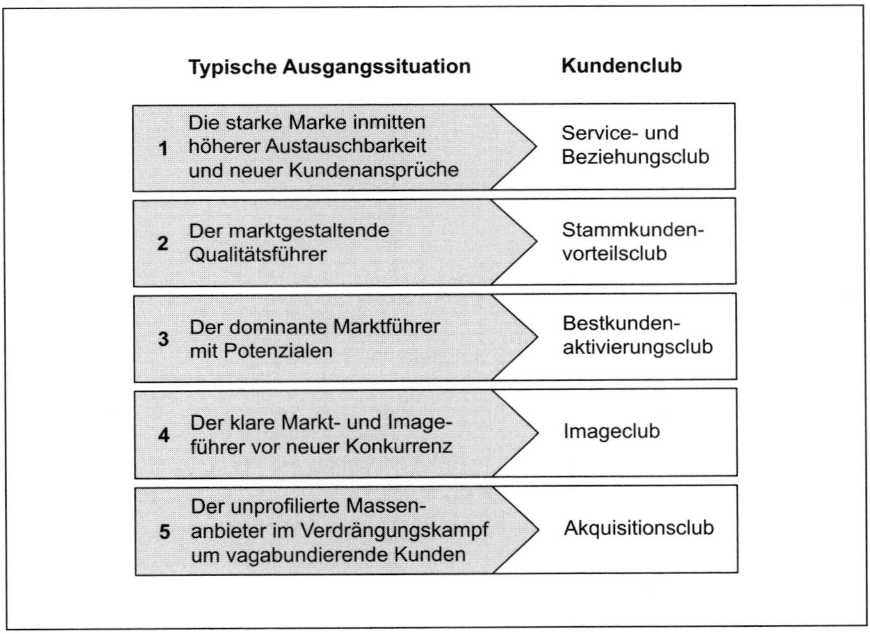

Abbildung 29: Ableitung des Club-Typs aus der Markenposition
Quelle: Sobisch/Kopatz, 2001, S. 14

Und hinsichtlich der *inhaltlichen Ausgestaltung des Club-Typus* selbst kann dann entweder mehr auf *emotionale Anreize* oder eher auf *rationale Aspekte* gesetzt werden. Die Bandbreite reicht hierbei von den *hochemotionalen Fan-Clubs* (von *Harley* bis *Maggi*), *Life-Style- beziehungsweise Product-Interest-Clubs* (unter anderem *Swarovski*) bis zu den *ökonomisch fokussierten*

Kunden-Vorteilsclubs (etwa *Volkswagen*, S-*points*; vgl. Abbildung 30). Existieren in der eigenen Branche oder im unmittelbaren Umfeld bereits bestimmte Club-Typen, dann ist die Frage kritisch zu beleuchten, ob einem Me-too-Ansatz Erfolg beschieden sein wird oder ob nicht eine gegensätzliche Ausgestaltung eher zur Zielerreichung beitragen kann.

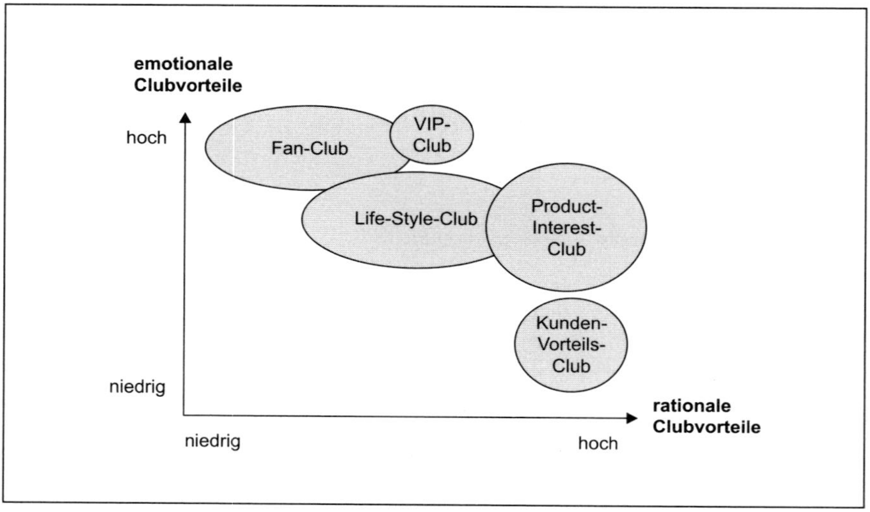

Abbildung 30: Typologisierung von Kundenclubs
Quelle: modifiziert nach einer Abbildung von Diller, 1996, S. 9

Hierauf aufbauend ergibt sich ein *neues Verständnis von Clubs* oder besser gesagt, die *tradierte Definition* von Kundenclubs *muss angepasst und erweitert werden*. Der Club ist nicht mehr nur die mächtige Institution à la *Bertelsmann Buchclub* oder *ADAC*, wie viele von uns sie auch heute noch kennen und wie sie sicherlich auch heute noch ihre Daseinsberechtigung haben. Das *moderne Club-Verständnis* bietet *inhaltlich* ganz neue *Möglichkeiten*, wenn die Ausgestaltung bei der *Emotion*, den *sozialen Elementen* und der *Begeisterung* für den Kunden ansetzt und auf eine echte vertragliche Bindung zum Teil sogar ganz verzichtet.

Bei der Gestaltung der *Club-Inhalte* ist demzufolge also eine *erweiterte Grenzlinie* zu ziehen. Zum einen fallen in das alte Territorium „Club-Geschäft" Inhalte, die wir schon seit vielen Jahren kennen und die Clubs auszeichnen, die hier als *„alte Clubs"* definiert werden. Zum anderen kommen neue Inhalte und Möglichkeiten dazu, die die Grenzlinie im Rahmen des Gesamtkomplexes Kundenbindung verschoben haben und die hier als *„neue Clubs"* bezeichnet werden. Welche neuen Faktoren sind es jetzt im Wesentlichen, die die „neuen" Clubs prägen?

- **Permission-Marketing**

Dieser Marketingansatz, der aus der New Economy-Ära stammt, hat das Marketing generell, aber auch das Club-Geschäft ganz wesentlich beeinflusst. Denn im Zentrum dieser Idee steht, dass der Kunde dem Unternehmen eine Erlaubnis zur Interaktion erteilen muss (so genannte *Single, Confirmed* beziehungsweise *Double-Opt-In-Verfahren*, vgl. Abbildung 31). Erst wenn eine solche *Erlaubnis* vorliegt, darf das Unternehmen, oder in diesem Fall der Club, aktiv werden. Gerade für den Club liegen hier ungeahnte Möglichkeiten, seine Kommunikationsangebote exakt an den Kundenanforderungen auszurichten (vgl. Godin, 1999; Schwarz, 2000).

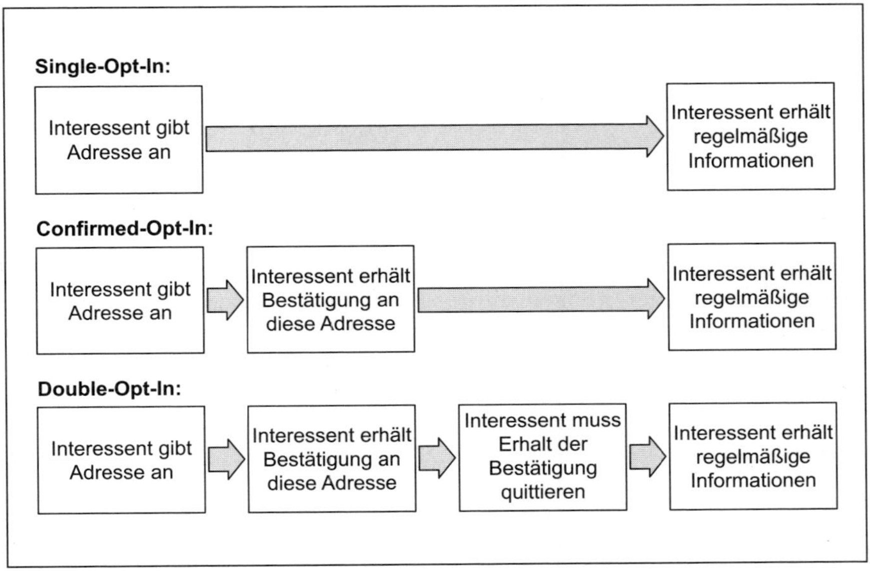

Abbildung 31: Opt-In-Verfahren des Permission-Marketing
Quelle: Eigene Darstellung

In der Einbindung des Permission-Marketing tut sich ein „alter" Club oft schwer. Denn es ist hier zum Teil nicht einfach, Mitglieder, die viele Jahre über Print angesprochen wurden, nun von einer neuen Kommunikationsplattform (zum Beispiel über E-Mail) zu überzeugen. Denn zum Teil haben die Mitglieder hier eine Basiseigenschaft im Sinne des Kommunikationskanals verinnerlicht, die ihnen nun entzogen werden soll (beispielsweise wenn *Lufthansa Miles & More* darauf verzichtet, ausführliche Meilenübersichten per Brief zuzustellen und seine Teilnehmer aus Kostengründen auf die Internet-Accounts verweist). Ein „neuer" Club tut sich hier leichter, denn er hat keine entsprechende Service-Erwartungen zementiert und kann deshalb seine Mitglieder viel eher von neuen Kontaktwegen überzeugen, die für das Unternehmen nicht nur Kostenvorteile mit sich bringen, sondern auch eine Umsetzung der One-to-one-Betreuung erleichtern.

- **Viral-Marketing (engl. viral, Virus)**

Dieser Marketingansatz bedeutet zunächst nichts anderes als eine elektronische Weiterentwickung der bekannten *„Mund-zu-Mund-Propaganda"*. „Als Viral-Marketing bezeichnet man alle Techniken, Kunden zu animieren, angebotene Produkte und Dienstleistungen weiterzuempfehlen. Eine anfänglich überraschende, unerwartete, möglicherweise sogar (für die Zielgruppe) sensationelle Botschaft verbreitet sich von Mund zu Mund wie ein Virus. Viral-Marketing geht davon aus, dass der Mundpropaganda eine große, oft zu Unrecht vernachlässigte Bedeutung zukommt, und unterstützt die spontane Mundpropaganda von Kunden aktiv, indem sie zur Mundpropaganda auffordert und den Kunden Mittel dafür zur Verfügung stellt" (vgl. www.abseits.de/viralmarketing.htm).

Und gerade diese Form der Kommunikation hat für den *Club essenzielle Bedeutung*. Denn hier können *Prozesse* wie „Mitgliedergewinnung" (vgl. *openBC* in Kapitel 7.7) oder „Mitgliederbindung" *effizient* auf das einzelne *Club-Mitglied verlagert werden*. In der Folge lassen sich gerade in mitgliederstarken Clubs erhebliche Kosteneinsparungen in der Regelansprache erzielen.

- **Communities**

„Eine Community (engl. *community*, Gemeinschaft) ist eine (virtuell be-/gegründete) Gruppe von Personen, die gemeinsames Wissen entwickeln, Erfahrungen teilen und dabei eine eigene Identität aufbauen. Communities profitieren von dem Grundsatz, dass alle Teilnehmer zum Erfolg beitragen, indem sie ihr Wissen einbringen. Communities existieren in unterschiedlichen Spielarten, unter anderem

- Online-Community,
- Face-to-Face Community,
- Community of Practice (CoP).

Eine Online-Community betreibt eine Website, auf der sich Web-Surfer mit ähnlich gelagerten Interessen treffen und ihre Erfahrungen austauschen. Neben Communities, die für alle Interessenten offen stehen, existieren auch geschlossene Communities“ (vgl. http://www.net-lexikon.de/Community.html). Interessant ist in diesem Zusammenhang die Bedeutung einer Community of Practice für eine moderne Definition der Kundenclubs. Diese sind virtuelle beziehungsweise digitale Gemeinschaften, die im Internet entstanden sind und über das Netz kommunizieren. Was genau eine Community of Practice im Internet von anderen, zufälligen oder vorübergehenden Kommunikationsverhältnissen ohne persönliche Bindung unterscheidet, ist schwer zu definieren. Relevant ist, dass dabei ein Gefühl der Identifikation oder der Zugehörigkeit des einzelnen Users zu der Community entstehen muss. Der Begriff ist erst dann wirklich berechtigt, wenn sich über das Medium Internet in den oben erwähnten Formen ein soziales Geflecht und eine Identifikationsebene gebildet hat, etwa über gemeinsame Interessen oder Themen, einen gemeinsamen sozialen Hintergrund oder einfach durch die Art und die Tradition der Kommunikation. Ein Unternehmen, das einen so ausgestalteten Club zur Kundenbindung aufbauen möchte, muss dafür im Netz die entsprechende Infrastruktur aufbauen und in der relevanten Zielgruppe für dieses Angebot werben (vgl. Kapitel 7.7).

- **Vorteilssystem durch monetäre Anreize**

Neben der emotionalen Aufladung spielen rationale, monetäre Anreize eine wichtige Rolle. Ob diese in Euro ausgewiesen werden (wie beim *BSW* und bei *Payback)* oder ob diese Transfer-Charakter haben (wie bei *Lufthansa*, *Amexco-Membership-Miles* und *Golden Crown* von *Best Western*), immer müssen bei der *Vorteilsgewährung* folgende Fragen abgeklärt werden:

- Aufgrund welcher Kriterien gelangt das Mitglied zu Punkten (zum Beispiel aufgrund von Umsatz, Flugmeilen, besonderem Verhalten)?
- Werden auch Umsätze bei Partnerunternehmen bonifiziert?
- Gibt es zeitlich befristete Aktionen zur Punktesammlung, um die einzelnen Mitglieder flexibel und ihren Bedürfnissen entsprechend zu steuern?
- Wie werden Punkte registriert?
- Wie wird festgelegt, wie Punkte registriert werden (automatisch/Meldepflicht des Kunden/Mischung aus beiden)?
- Verfallen gesammelte Punkte und wenn ja, wann?

Und auch hinsichtlich der *Vorteilsverwendung* sind eine Vielzahl von Optionen auf ihre Relevanz abzuklopfen:

- Welche Angebote werden unterbreitet?
- Welche Kosten stehen diesen Angeboten gegenüber (eigene Leistungen, die verbilligt oder gratis angeboten werden, sowie Gegenwert für den Kunden)?
- Können Punkte auch bei Partnern eingelöst werden?
- Wie viele Punkte werden insgesamt gesammelt und wie viel kostet die Einlösung?
- Verfallen angesammelte Punkte und wenn ja, wann?

- **Cobrandings/Kooperationen**

Die Leitidee für Kooperationsansätze ist es, das eigene Leistungsangebot durch die Zusammenarbeit mit anderen starken Partnern aus Sicht der Kunden aufzuwerten. Solche Partnerschaften können

- eigene *Leistungsangebote* für die Mitglieder beinhalten,
- auf einen *gemeinsamen Vorteilserwerb* im Sinne des „Earning" (etwa die Sammlung von Bonuspunkten) oder
- auf eine *gemeinsame Bonuspunkte-Verwendung* im Sinne des „Burning" abzielen. Die Auswahl der möglichen Partner kann sich dabei an folgenden Kriterien orientieren:
  - Passt der Partner zum Image des eigenen Unternehmens?
  - Ist der Partner attraktiv für die Club-Mitglieder?
  - Ist die USP des Partners auch eine USP für den Club und dessen Mitglieder?
  - Welche Eigenschaft bezüglich der Basis-, Leistungs- und Begeisterungsanforderungen lädt der Partner auf?
  - Welchen Verbreitungsgrad und damit welche Relevanz hat der Partner (flächendeckende Verfügbarkeit über Ladengeschäfte versus Präsenz im Internet)?

Diese neuen Gestaltungsformen zum Teil nutzend, haben sich ganz neue, *volumenorientierte kartengestützte Systeme im Handel zur Kundenbindung* entwickelt. Während das *BSW* bereits seit 1960 am Markt ist und sich erst sukzessiv neue Zielgruppen erschließt, haben sich mit *Payback* und *HappyDigits* seit 2001 neue Organisationen am Markt etabliert, die konsequent auf Permission- und zum Teil auch auf Viral-Marketing setzen, auch wenn diese Konzepte selbst nicht „Club" genannt werden. Und diese Konzepte setzen auch konsequent auf Vorteilsgewährung und Kooperationsansätze, um ihre Relevanz für die Kunden auf höchstem Niveau sicherzustellen (vgl. hierzu insbesondere Kapitel 7.6 und 7.9).

4.3 Ausgestaltungen des Club-Marketing-Mix

Im Folgenden sollen die zentralen Aspekte zur Ausgestaltung des Club-Marketing-Mix mit den Schwerpunkten Leistungsprogramm, Konditionengestaltung, Kommunikation und Vertrieb diskutiert werden. Gerade für die Ausgestaltung des Marketing-Mix besteht die zentrale Aufgabe darin, eine Klammer zwischen den unterschiedlichen Zielsetzungen des Clubs zu schaffen (vgl. Abbildung 32).

Kundenbindungsdeterminanten / Instrumentenbereich	Verbundenheit		Gebundenheit
	Transaktionsqualität	**Beziehungsqualität**	**Wechselbarrieren**
Produktpolitik	▪ Qualitätsmanagement zur Sicherstellung einer Standardqualität in den Transaktionen	▪ Vertrauen: Kundenbeteiligung am Innovationsmanagement ▪ Vertrautheit: Leistungsstandardisierung	▪ Leistungsbündelung (technisch-funktional) ▪ Vertrag über Leistungsabnahmemengen (vertraglich)
Preispolitik	▪ Nutzungsabhängige Preisdifferenzierung ▪ Nachvollziehbarkeit der Preise für Êinzeltransaktionen	▪ Vertrauen: Preishöhe (hoch = Qualitätsindikator; gering = Fairness) ▪ Vertrautheit: einheitliches Preissystem	▪ Rabattsystem (ökonomisch) ▪ Preisbündelung (ökonomisch)
Kommunikationspolitik	▪ Breite an Kommunikationskanälen zur Kontaktaufnahme ▪ Information über Status einer Transaktion	▪ Vertrauen: Werbung, Beschwerdemanagement ▪ Vertrautheit: integrierte Kommunikation, Bezugnahme auf frühere Kontakte	▪ Bereitstellung bestimmter Informationen im Internet nur für Kunden (technisch-funktional) ▪ Kundenkarte (ökonomisch)
Vertriebspolitik	▪ Sicherstellung von bedarfsabhängiger Erreichbarkeit ▪ Kundenorientierte Standortwahl	▪ Vertrauen: hohe Standortdichte ▪ Vertrautheit: einheitliche Gestaltung der Einkaufsstätten	▪ Ubiquität (technisch-funktional) ▪ Abonnement (vertraglich, ökonomisch)
Personalpolitik	▪ Schulungen zur Orientierung am Einzelkunden ▪ Sicherstellung von Kompetenz bei Einstellungen	▪ Vertrauen: Sicherstellung von Seriosität ▪ Vertrautheit: gleiche Ansprechpartner durch Mitarbeiterbindung	▪ Aufbau kundenspezifischer Kompetenzen einzelner Mitarbeiter (technisch-funktional)

Abbildung 32: Instrumente des Kundenbindungsmanagements zur Ausgestaltung des Marketing-Mix im Kundenclub
Quelle: Georgi, 2003, S. 237

„In Abhängigkeit von den Ergebnissen der Kundensegmentierung und der festgelegten Strategie muss ein beziehungsphasenorientierter Maßnahmeneinsatz verfolgt werden. Danach kommen in den Beziehungsphasen unterschiedliche Instrumente zum Einsatz beziehungsweise erfahren bestimmte Kundenbindungsmaßnahmen in Abhängigkeit von der Beziehungsphase eine unterschiedliche Ausgestaltung" (Georgi, 2003, S. 237).

Damit werden die Aufgabenstellungen zur Konkretisierung des Marketing-Mix auf die Bereiche „Verbundenheit" und „Gebundenheit" ausgerichtet und gestalten sich damit vielschichtiger, als sich das auf den ersten Blick erahnen lässt. Aufgrund der besonderen Relevanz wird hier auch, wie bereits unter Kapitel 3 aufgezeigt, der wichtige Bereich der Personalpolitik integriert.

4.3.1 Leistungsprogramm des Club-Konzepts

Bei der Ausgestaltung des Leistungsprogramms können verschiedene Elemente des Angebots kategorisiert werden.

- **Geldwerte Leistungen**

Innerhalb eines Clubs lassen sich monetäre Vorteile sehr gut darstellen und werden vom Mitglied auch intensiv nachgefragt. So können durch die Auslobung spezieller geldwerter Vorteile exakt die Kunden angesprochen werden, die sonst anonym in der Masse verweilen würden, deren Deckungsbeitrag aber genügend Spielraum für mögliche Preisnachlässe lässt.

Ob diese Vorteile unmittelbar beim Kauf oder kumuliert am Ende einer Bezugsperiode weitergegeben werden, kann von Konzept zu Konzept variieren. Dabei ist nicht entscheidend, diesen Mitgliedern grundsätzlich Preisabschläge zu gewähren, denn über Sonderverkaufsaktionen nur für Club-Mitglieder oder spezielle Couponaktionen (vgl. Abbildung 33) können häufig viel gezielter geldwerte Vorteile an eine definierte Zielgruppe herangetragen werden.

Abbildung 33: Geldwerte Vorteile via E-Mail an ausgesuchte Club-Mitglieder
Quelle: www.cashday.de

- **Informationsleistungen**

Gerade im BtB-Bereich lassen sich mit der Ware „Information" beachtliche Mehrwerte in den Augen der Mitglieder erzielen (vgl. Abbildung 34). Die Mitglieder von www.pressekonditionen.de, im Wesentlichen Journalisten, erhalten exklusive Informationen, durch die sie gegen Vorlage ihres Presseausweises Mehrwerte erzielen können.

Bestimmte Verkaufsinformationen vorab an die Club-Mitglieder gestreut, bescheren diesen – auch im BtC-Sektor – möglicherweise wiederum geldwerte Vorteile (vgl. Abbildung 35). Ausgesuchte Kunden von *jcrew* erhalten via E-Mail donnerstagabends die wöchentlichen Sonderangebote, die der Öffentlichkeit erst am Freitag vorgestellt werden. Dabei werden über eine Million Abonnenten des E-Mail-Newsletters erreicht. In dieser Zielgruppe wird innerhalb von 24 Stunden die größte Absatzmenge erzielt, so dass bestimmte Waren „für die Öffentlichkeit" am Freitag nicht mehr zur Verfügung stehen.

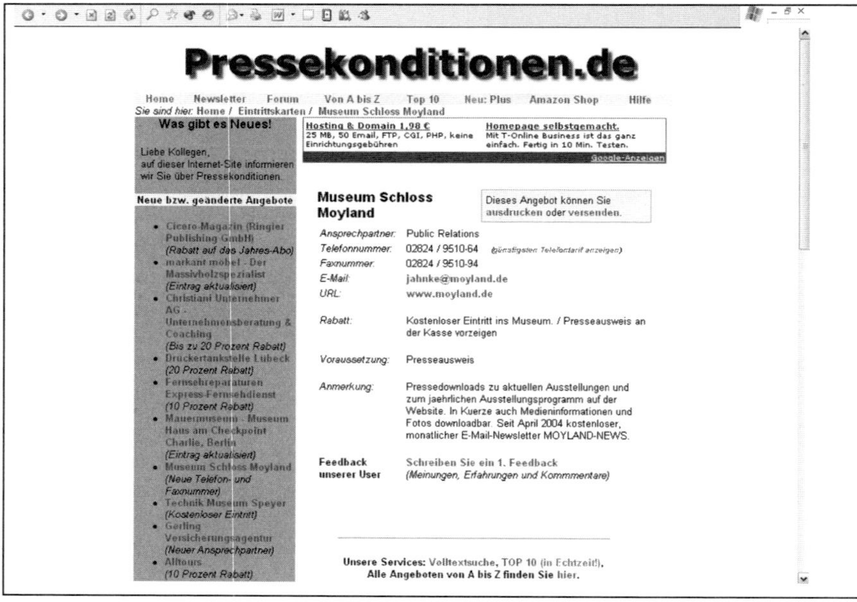

Abbildung 34: BtB-Informationsleistung
Quelle: www.pressekonditionen.de

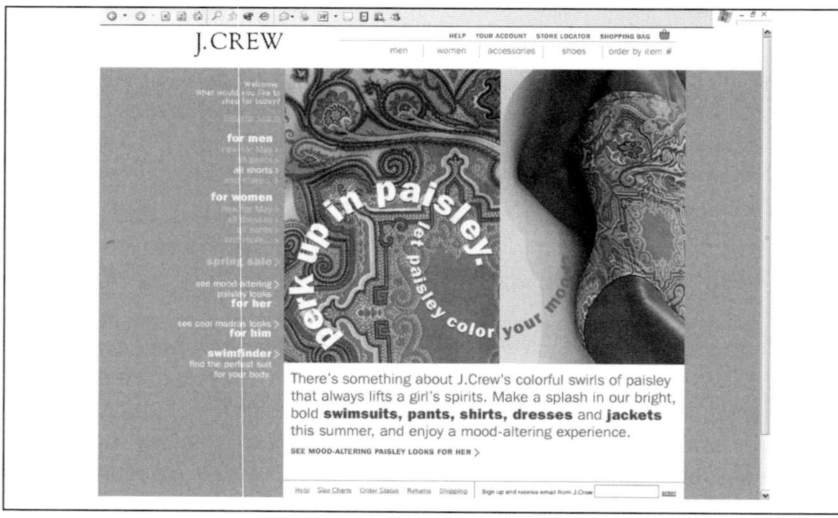

Abbildung 35: BtC-Informationsleistung
Quelle: www.jcrew.com (Modeversender)

- **Know-how-Leistungen**

Mit exklusiven Tipps und Tricks für eine spezielle Zielgruppe bietet *Whiskas* seinen Mitgliedern im öffentlich zugänglichen Bereich unter der Rubrik „Kätzchen“ eine Artikelsammlung rund um das Thema Katze an (vgl. Abbildung 36). So erhalten die Club-Mitglieder exklusives Know-how, abgestimmt auf ihre speziellen Interessen, unter Umständen über den durch Permission „genehmigten“ Kommunikationsweg Newsletter dann offline oder online. Um den exklusiven Charakter einer solchen Maßnahme zu steigern, kann der Know-how-Transfer auch im Internet in einem geschlossenen Bereich stattfinden, für den das Mitglied sich vorab registrieren muss (vgl. beispielsweise den *Pampers Eltern Service* in Kapitel 7.1).

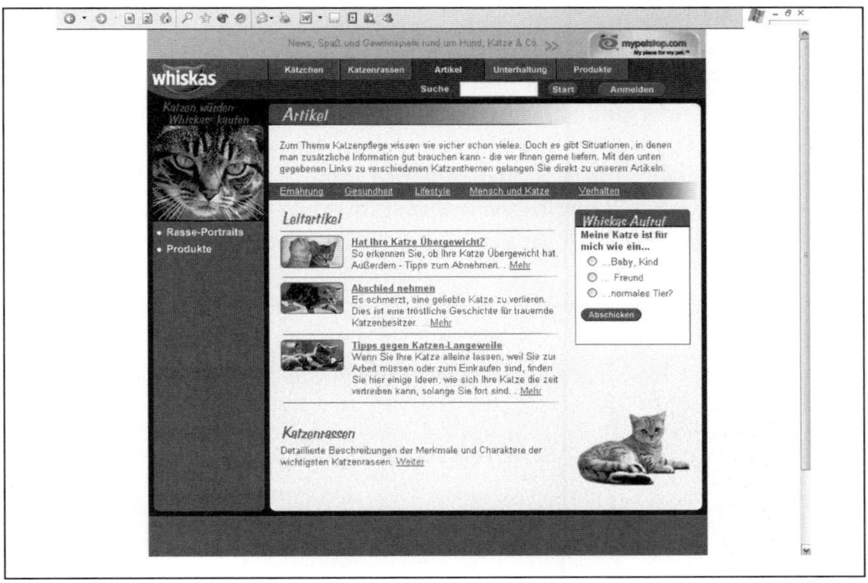

Abbildung 36: Exklusives Know-how bei Whiskas
Quelle: www.whiskas.de

- **Betreuungsleistungen**

Hier fordert das Mitglied aktive Unterstützung zum Beispiel für sein Hobby an. So können etwa Mitglieder von „Sammler-Clubs“, wie *Steiff*, *Swarovski*, *Swatch* oder *Märklin*, aktive Betreuung für ihr Hobby Sammeln einholen (vgl. *Swarovski* in Kapitel 7.2).

- **Ausnahmesituations-Leistungen**

Das beste Beispiel für diese Rubrik ist sicherlich der *ADAC*, der in Pannenfällen zur Stelle ist. Aber es haben sich gerade in diesem Umfeld moderne Leistungen in den „neuen“ Clubs aufgetan. So erhalten Kunden des *Volkswagen Clubs* erweiterte Leistungen an einer speziell für sie eingerichteten Betreuungshotline (vgl. Kapitel 7.4).

- **Gemeinschaftsleistungen**

Die größte Gemeinschaftsleistung, die ein Club erbringen kann, ist sicherlich das *Club-Treffen*. Hier kommen emotionale und soziale Komponenten in idealer Weise zusammen. Am besten zeigt sich das am Beispiel *Harley Davidson* (vgl. Abbildung 37), bei dem sich alljährlich in Sturgis, einer kleinen Stadt in den USA, mehrere hunderttausend Fans treffen, um den Kult *Harley Davidson* für eine Woche mit allen Sinnen zu genießen. Die *Harley-Davidson*-Treffen sind seit vielen Jahren Kult und können mittlerweile auch als Film bestellt werden. Hier findet sich ein wesentliches Element der „alten Clubs“ wieder, denn die Club-Treffen waren der einzige Ort, an dem sich die Mitglieder direkt austauschen konnten. In den „neuen Clubs“ findet diese Interaktion immer stärker online und damit selbstverwaltet statt, so dass hier ein Rückgang der „Eventkomponente“ Club-Treffen zu beobachten ist.

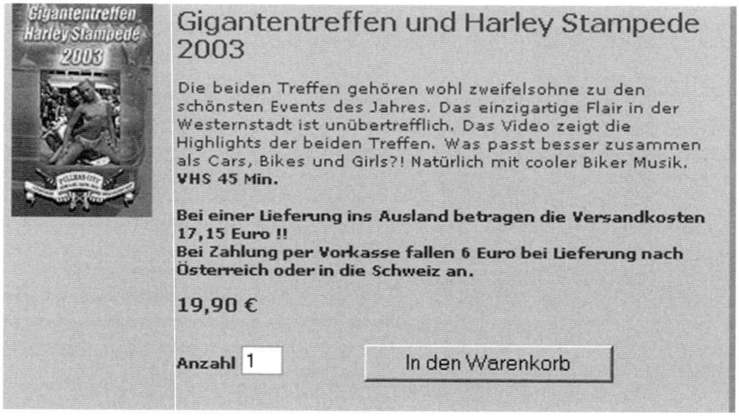

Abbildung 37: Club-Treffen bei Harley Davidson
Quelle: www.dsf.de

- **Prestige-/Anerkennungsleistungen**

Neben den bereits beschriebenen Statusleveln (vgl. *Miles & More*) in einem Club können Anerkennungen in idealer Weise das Club-Leben stärken. Solche werden zum Beispiel in Form von Urkunden ausgegeben, wenn ein Mitglied eine ganz besondere Leistung vollbracht hat. Oder ein anderes Mitglied wird für jahrzehntelange Treue belohnt. Oder ein Mitglied wird dafür ausgezeichnet, dass es im Rahmen eines Member-get-Member-Programms besonders viele neue Mitglieder geworben hat. Das stärkt ganz besonders die sozialen Elemente eines Clubs und hat Signalwirkung auf andere Mitglieder, da Leistung und Einsatz für den Club belohnt werden.

Neben eher sachlichen Dienstleistungen fördern gerade Erlebnisinhalte und Prestigeleistungen die Beziehungsstrukturen. In der Kombination unterschiedlicher Club-Elemente zeigt sich der wahre Mehrwert des Clubs für das einzelne Mitglied.

4.3.2 Konditionengestaltung für die Club-Mitgliedschaft

Offener Kundenclub

Von einem *offenen Kundenclub* (vgl. Kapitel 2.3.2) spricht man, wenn zur Erlangung der Club-Mitgliedschaft keine Eintrittsschwellen (zum Beispiel in Form eines Beitrags) installiert werden. Der Club ist für jeden Interessenten zugänglich. Meistens spricht das bewerbende Unternehmen aus dem BtC-Umfeld Kunden auf die Mitgliedschaft direkt an. Diese Kunden entstammen einem Segment, für das sich die Investition in den Club im Rahmen von Bindungsaktivitäten durch das Unternehmen lohnen soll. Bei dieser Vorgehensweise lässt sich aber nicht verhindern, dass Kunden aus anderen Segmenten dem Club ebenfalls beitreten wollen, um Leistungen zu erhalten. Das widerspricht der ursprünglichen exklusiveren Zielsetzung und baut relativ schnell große Mitgliederzahlen auf, die gerade in der Regelkommunikation hohe Kosten verursachen können. Wenn der Club nicht über andere Leistungen Deckungsbeiträge erwirtschaftet, kann seine Budgetierung rasch zu Engpässen führen. Im offenen Club stellt sich deshalb meist sehr rasch die Frage nach der Finanzierung, wenn keine Deckungsbeiträge über unmittelbar oder mittelbar vermarktete Leistungen erzielt werden. Ohnehin ist die Refinanzierung im Club nicht ganz einfach, wenn ein umfassendes Betreuungsprogramm angeboten wird (vgl. Abbildung 38).

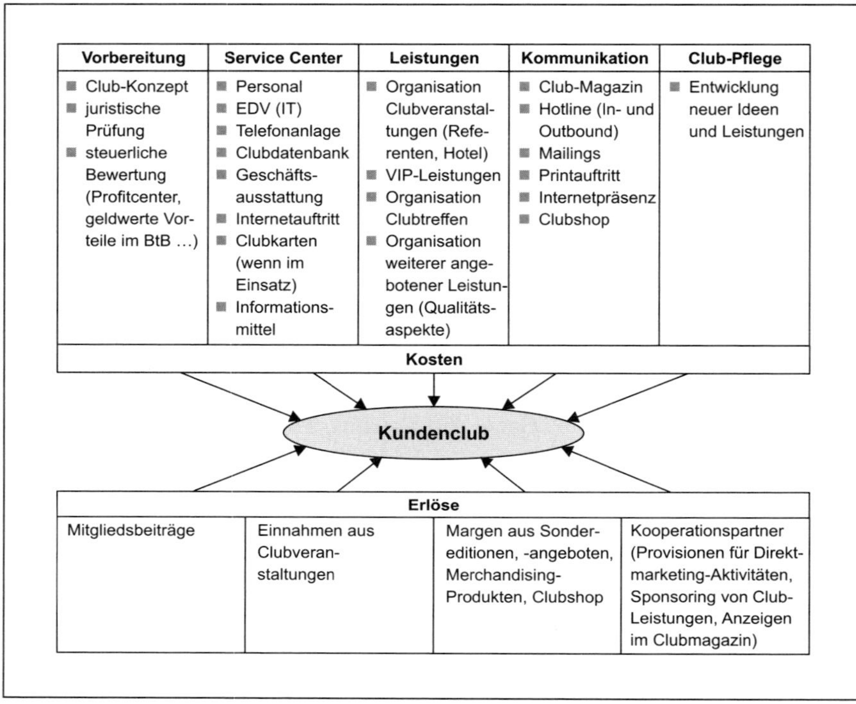

Abbildung 38: Kosten- und Erlösstrukturen eines Clubs
Quelle: Eigene Darstellung

Eine besondere Variante stellen die *leistungsabhängigen offenen Kundenclubs* dar. Bei diesen handelt es sich um so genannte Vorteils-Clubs, die als offene Clubs angelegt sind und meistens als Profit-Center eines Unternehmens ausgegründet werden. Hier muss das Mitglied regelmäßig kostenpflichtige Leistungen in Anspruch nehmen, um seinen Club-Status beziehungsweise bestimmte Club-Leistungen zu erhalten. Ein kartengestützter Vorteils-Club aus Österreich, in den jeder eintreten kann, um sich mit der Kundenkarte monetäre Vorteile zu sichern, ist der Modehändler *Blaumax* (vgl. Abbildung 39).

Den analogen Ansatz finden wir auch bei den so genannten *„Membership Reward-Programmen“* vor, wie sie zum Beispiel von den Kreditkarteninstituten *(Amexco Membership Miles)* oder den Fluggesellschaften betrieben werden. Das bekannteste ist sicherlich *Lufthansa Miles & More*, bei dem sich jeder Teilnehmer über eine gewisse Anzahl von geflogenen Meilen für einen Level des Programms qualifizieren muss *(Miles & More*-Teilnehmer, Frequent Traveller, Senator).

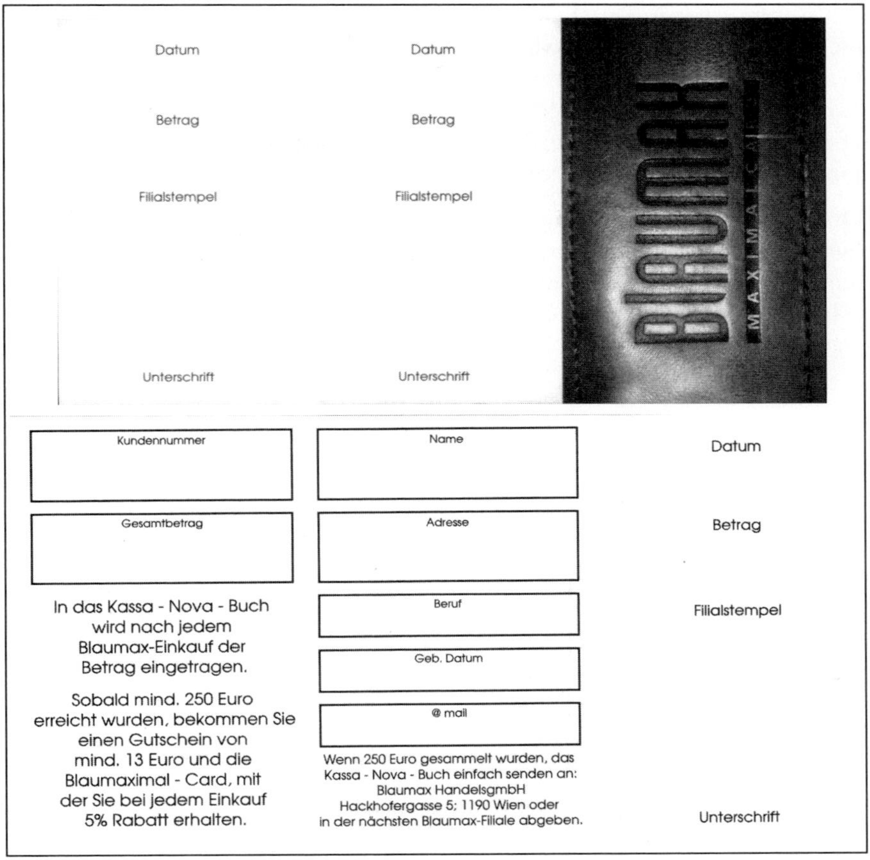
Datum
Betrag
Filialstempel
Unterschrift
Datum
Betrag
Filialstempel
Unterschrift
Kundennummer
Gesamtbetrag
In das Kassa - Nova - Buch wird nach jedem Blaumax-Einkauf der Betrag eingetragen.
Sobald mind. 250 Euro erreicht wurden, bekommen Sie einen Gutschein von mind. 13 Euro und die Blaumaximal - Card, mit der Sie bei jedem Einkauf 5% Rabatt erhalten.
Name
Adresse
Beruf
Geb. Datum
@ mail
Wenn 250 Euro gesammelt wurden, das Kassa - Nova - Buch einfach senden an: Blaumax HandelsgmbH Hackhofergasse 5; 1190 Wien oder in der nächsten Blaumax-Filiale abgeben.
Datum
Betrag
Filialstempel
Unterschrift

Abbildung 39: Blaumax (Österreich, stationärer Modeeinzelhandel)
Quelle: Maximalcard, Juni 2004

Geschlossener Kundenclub

Anders sieht die Preisstellung aus, wenn das Mitglied sich für den Club qualifizieren muss, sei es in Form gewisser *Zugangshürden*, die im BtB-Bereich durch Umsätze gekoppelt sein können, sei es im BtB- oder im BtC-Bereich an bestimmte Jahresbeiträge der Mitglieder (vgl. *Swarovski, BSW*). Ein solcher Club wächst vergleichsweise langsam, langsamer als ein offener Club und erreicht im BtB-Bereich seine kritische Masse meist zwischen 2 000 bis 5 000 Mitgliedern; hier sind Jahresbeiträge zwischen 200 bis 300 Euro keine Seltenheit (vgl. www.gira-aktiv-partner.com).

Ein wesentlicher juristischer Stellhebel darf gerade bei den „Bezahl-Clubs" nicht außer Acht gelassen werden (vgl. Kapitel 5.6). Sollte ein Club auf ein Prämien- und Vorteilsprogramm à la *Payback* oder *Miles & More* setzen, so darf dafür keine Gebühr verlangt werden. Eine Ausnahme dazu existiert in Form des *BSW* (vgl. Kapitel 7.9). Das *BSW* wurde bereits Ende der 1960er Jahre von dieser Regelung formaljuristisch befreit.

Ob und in welchem Umfang ein Kundenclub sich refinanzieren lässt, ist immer auch eine Frage der strategischen Ausrichtung. Dass sich dabei die geschlossenen Clubs einfacher tragen, liegt auf der Hand, weil sie Deckungsbeiträge in Form einer Mitgliedsgebühr erwirtschaften – allerdings nur dann, wenn sie für die Mitglieder ausreichend attraktiv sind (vgl. Abbildung 40).

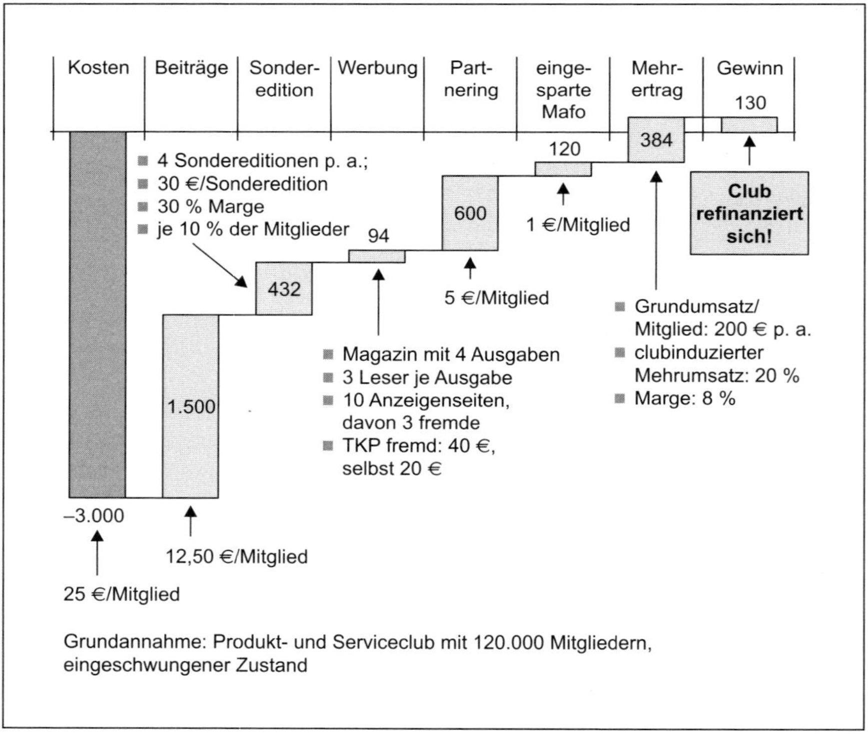

Abbildung 40: Ertragsstruktur eines fiktiven Kundenclubs
Quelle: Wichert-Nick, 2003, S. 14

4.3.3 Club-Kommunikation

Club als Dialogprogramm im Marketing-Mix

Der Club lebt von einer *dreifachen Interaktion:*

- vom Club zum Mitglied,
- vom Mitglied zum Club,
- von Mitglied zu Mitglied.

Alle Kommunikationskanäle sollten deshalb auf Dialog programmiert werden. Deshalb spielt Direktmarketing beim Aufbau eines Kundenclubs eine wesentliche Rolle. Der Club wird zur idealen Plattform, um mit den Kunden und Mitgliedern in einen aktiven Dialog zu treten. So können intelligent zum Beispiel auch Marktforschungsansätze realisiert werden, wie das ein großer Hersteller von Heimwerkergeräten in seiner Heimwerkerakademie umsetzt. Hier bekommt jedes Mitglied regelmäßig Informationen über neue Produkte, die es kostenlos testen kann.

Mit der Aufforderung zum kostenlosen Test ist die Bitte nach Ausfüllen eines Fragebogens verbunden, für den zur Belohnung sogar noch zehn Euro „Dankeschön-Bonus" in Aussicht gestellt werden. Der Hersteller verdient über diesen Distributionskanal Geld, denn die Tester, durchweg ambitionierte Heimwerker, wollen das Testgerät nach vierwöchiger, kostenloser Probezeit häufig gar nicht mehr zurückgeben, sondern sind damit einverstanden, dass der Hersteller ihnen einen Sonderpreis für ein „gebrauchtes Gerät" einräumt, auf den zusätzlich zehn Euro „Dankeschön-Bonus" in Abzug gebracht werden. Die so verkauften Geräte liegen immer noch über dem Einstandspreis, aber erheblich unter dem offiziellen Verkaufspreis. So ist allen involvierten Parteien gedient, und der Hersteller erhält neben wertvollen Informationen aus den Fragebogen jede Menge treue Heimwerker.

Als Modell lässt sich anhand des Beispiels Heimwerkerakademie folgender Kreislauf ableiten (vgl. Abbildung 41): Ausgehend von einer *Analyse* der vorhandenen Informationen im Club werden *Ziele* festgelegt. Damit diese in den ebenfalls genau zu definierenden *Zielgruppen* (Club-Mitglieder gegebenenfalls unterteilt nach Statuslevel) erreicht werden, gilt es, *Maßnahmen* zu entwickeln. Die Maßnahmen/Vorgehenskonzepte (so genannte *Kontaktkampagnen*) münden in konkrete *Aktionen*, die bei den Club-Mitgliedern eine *erkennbare Reaktion* auslösen sollen – im besten Fall einen Kauf. Diese zu ermitteln ist nicht immer einfach, wenn Reaktionen beispielsweise in Form von Käufen bei selbstständigen Vertriebspartnern getätigt werden. Doch sollte versucht werden, die erzielten Reaktionen festzustellen, idealerweise über den Einsatz von Kundenkarten oder aber über stichprobenartige Mitgliederbefragungen.

Danach muss jede erfasste *Reaktion* (und die damit verbundenen Informationen) wieder in eine zentrale Database *einfließen*. Nur so lassen sich die durch die Aktion erzielten Reaktionen dieser zuschreiben und auswerten. Die *Auswertungen* zeigen im Anschluss, welche Ziele erreicht wurden und warum. Danach können *Konsequenzen* und Korrekturmaßnahmen in der Vorgehenskonzeption (Kontaktkampagne) und bei den einzelnen Aktionen getroffen werden. Der Prozess wird (in Abstimmung mit der Kontaktkampagne) *immer wieder* durchlaufen und mit jedem Mal werden weitere Informationen gewonnen (vgl. Huldi/Kuhfuß, 2000, S. 16). Dies führt zu einem *Lernprozess*, zum *„lernenden Club"*.

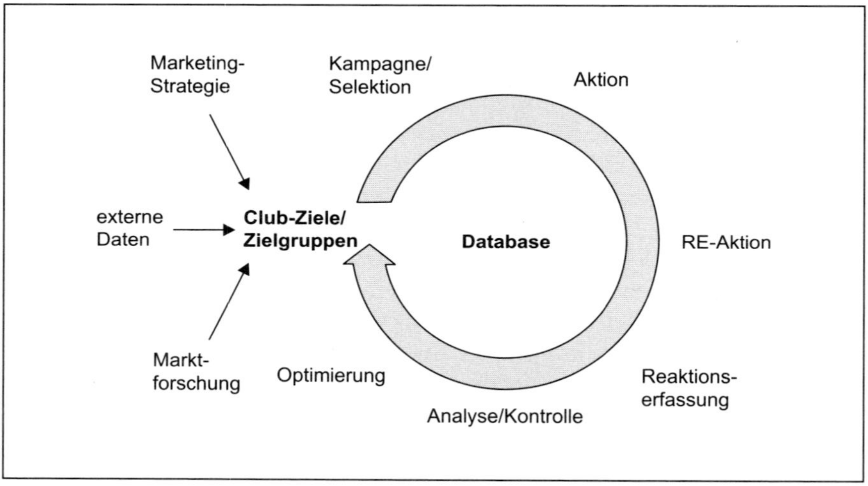

Abbildung 41: Regelkreislauf eines „lernenden Clubs"
Quelle: Vgl. Huldi/Kuhfuß, 2000, S. 16

Kommunikationsziele

Bei den Kommunikationszielen sollte zwischen den externen und internen Zielen unterschieden werden. Die externen Kommunikationsziele beschreiben die kommunikativen Ergebnisse, die der Kundenclub für das gesamte Unternehmen erreichen soll. Die internen Kommunikationsziele beschreiben dagegen die kommunikative Stoßrichtung des Clubs selbst.

Externe Kommunikationsziele

Die folgenden externen Kommunikationsziele werden in der Regel bei der Etablierung eines Kundenclubs angestrebt:

- Awareness-Steigerung,
- Förderung von Cross-Selling und Up-Selling,
- Imageausbau,
- Steigerung der Bekanntheit (des Unternehmens, des Clubs allgemein sowie spezieller Angebote),
- Differenzierung des Angebots gegenüber anderen Wettbewerbern im Markt,
- Aufbau einer Community der eigenen Kunden.

Hierfür ist es erforderlich, eine *Integration in die bestehende Kommunikation* sicherzustellen. Denn da der Club nicht auf der grünen Wiese entsteht, muss die Club-Kommunikation in die bereits bestehende Unternehmenskommunikation integriert werden. Schließlich sind die Club-Mitglieder gleichermaßen Adressaten der Unternehmens- und der Club-Kommunikation, und die Club-Kommunikation sollte sich deshalb von der gemeinsamen Corporate Identity ableiten.

Interne Kommunikationsziele

Für die internen Kommunikationsziele, also für die Ebene „Club zu Mitglied und Mitglied zu Club" lassen sich folgende Ziele nachweisen (vgl. Abbildung 32):

- mehrere Kommunikationskanäle zur Kontaktaufnahme,
- Information über Status von ausgelösten Transaktionen,
- Vertrautheit des Unternehmens mit seinen Mitgliedern durch Sicherstellung einer integrierten Kommunikation, etwa durch die Bezugnahme auf frühere Kontakte.

Es ist wichtig, dem Teilnehmer zu Beginn seiner Club-Mitgliedschaft die bestimmenden Kommunikationsinhalte transparent zu machen (vgl. Abbildung 42). Dabei steht die Frage im Mittelpunkt, welche Vorteile das Mitglied von der Zugehörigkeit zum Club hat. Emotional wird diese Frage mit werblich aufbereiteten Inhalten beantwortet, formell benötigt man gerade im geschlossenen Club Regeln, die als Allgemeine Geschäftsbedingungen (zum Beispiel www.payback.de/pb/static/index.htm) kommuniziert werden.

Das Kommunikations- und Dialogkonzept I	Das Kommunikations- und Dialogkonzept II
■ Kritischer Erfolgsfaktor ■ Unterscheidung zwischen Kommunikationskonzept zur Mitgliedergewinnung und Dialogkonzept für Mitglieder ■ Kommunikationskonzept zur Mitgliedergewinnung ist idealerweise eine Kombination aus: – Einsatz bestehender Kommunikationsmittel – Ein- oder mehrstufiges Akquisitionsmailing – Einsatz von Promotionteams – Verlosung von Mitgliedschaften (sofern Beiträge verlangt werden) – Einsatz von Outbound-Calls	■ Das Dialogkonzept innerhalb bestehender Clubs **Basiselemente:** – Newsletter – Kundenmagazin – Mitgliedskarte mit Ausweisfunktion – Club-Service-Center **Zusätzliche Dialogmittel:** – Geburtstagsgrüße, Weihnachtsglückwünsche – on- und offline sowie mobil verfügbar – Clubkarte: Ausprägung bis hin zur hochwertigen Kartentechnologie, je nach Anforderung

Abbildung 42: Kommunikations- und Dialogkonzept eines Kundenclubs
Quelle: Luigart, 2002, S. 1061 f.

Im Einzelnen sind bei der Ausgestaltung des Kommunikations- und Dialogkonzepts folgende Bereiche zu berücksichtigen:

- *Überzeugen zum Eintritt:* In der Mitgliedergewinnungsphase ist es wichtig, das zu akquirierende Mitglied möglichst eindeutig und überzeugend über die Vorteile des Clubs zu informieren.
- *Dialog-Ziele zwischen den Mitgliedern:* Die Ebene „Mitglied zu Mitglied“ muss transparent gemacht werden, um die sozialen Elemente im Club zu stärken, damit die Mitglieder – bei Bedarf – miteinander in direkte Interaktion treten können.
- *Zeitpunkt(e) der Kommunikation:* Die Club-Mitglieder sollten darüber informiert sein, wann sie mit „ihrem“ Club kommunizieren können. Dazu gehört nicht nur der Printbereich, sondern ganz besonders auch das „Club-Service-Center“, falls dieses auch via Internet und Telefon erreicht werden kann. Gerade beim Telefon ist es wichtig, die „Öffnungszeiten“ zu kommunizieren, damit das einzelne Mitglied weiß, wann es welchen Service in Anspruch nehmen kann (vgl. Abbildung 43).

Abbildung 43: Erreichbarkeit des HappyDigits Service Centers
Quelle: Folder HappyDigits bei Kaiser's und Tengelmann, 2003

- *Medieneinsatz in der Kommunikation:* Da die Werbeverweigerung grundsätzlich zunimmt, ist zu prüfen, welche Medien zur Mitgliederansprache zum Einsatz kommen und mit welcher Priorität dies geschehen soll (zum Beispiel über Magazin, Newsletter, Mailing, E-Mail). Parallel dazu ist auch die Periodizität der Kommunikation festzulegen.
- *Kosten des Clubs:* In jedem Fall ist das Club-Mitglied bei einem geschlossenen Kundenclub umfassend darüber zu informieren, welche direkten und indirekten Kosten ihm durch die Mitgliedschaft entstehen.
- *Leistungsangebot(e):* Gerade die Begeisterungsangebote des Clubs müssen intensiv über die Kommunikation aufgeladen werden, denn hierin liegt der besondere Mehrwert des Clubs für den Kunden.

Kommunikation als Phasenmodell

Bezüglich der gesamten Club-Kommunikation soll hier ein allgemeines Modell in fünf Phasen entwickelt werden. In Weiterentwicklung des Ansatzes von Georgi (2003, S. 235; vgl. Abbildung 44) erfolgt hier eine Ergänzung um die *Konzeptphase* und eine *Testphase*, bevor sich dann die *Mitgliedergewinnungsphase* (analog zur Anbahnungsphase) und die *Begrüßungs-* (analog zur Sozialisationphase) sowie die *Dauerdialogphase* (analog zur Wachstums-, Reife- und Rückgewinnungsphase) anschließen.

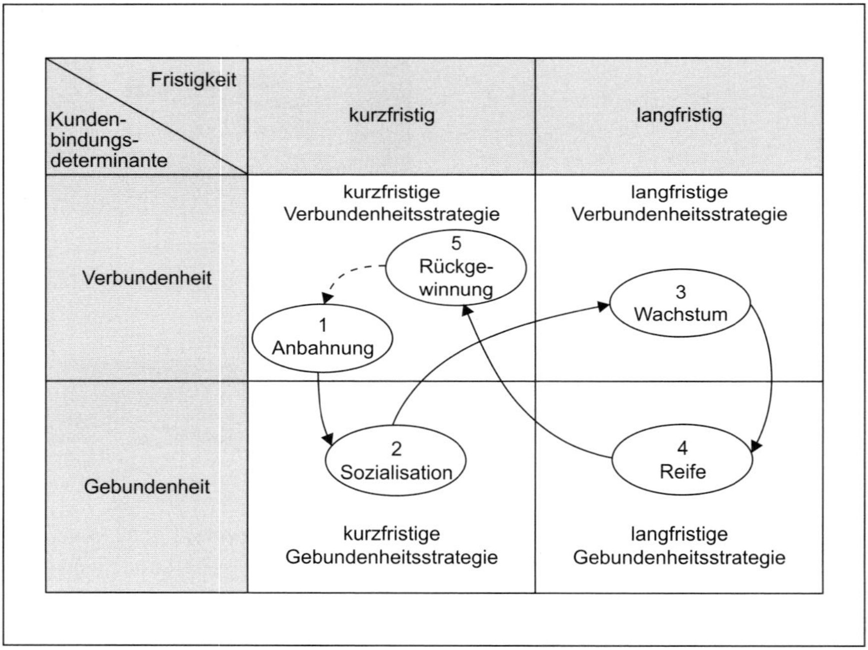

Abbildung 44: Phasen der Club-Kommunikation
Quelle: Georgi, 2003, S. 235

Konzeptphase zur Evaluierung des Bedarfs für einen Club

In der *Konzeptphase eines Kundenbindungsprogramms* werden die strategischen Weichenstellungen für und gegen einen Club, sowie – bei grundsätzlicher Entscheidung „pro Club" – bezüglich seiner strategischen Ausgestaltung vollzogen. Deshalb gehören die folgenden Maßnahmen zum „Handwerkszeug" einer erfolgversprechenden Planung:

- *Konzepttest* durch eine fundierte Marktforschung, gegebenenfalls begleitet durch Fokus-Gruppen-Befragungen.
- *Akzeptanztest* der ausgelobten Inhalte, ebenfalls durch eine repräsentative Befragung in der Zielgruppe. Hierbei gilt es auch zu ermitteln, welche Inhalte vom Kunden erwartet und welche Angebote dem Unternehmen im Sinne seines Kompetenzfeldes auch glaubhaft abgenommen werden (beispielsweise keine Kino-Tipps vom Automobil-Unternehmen oder Schönheitsberatung von einem Lebensmittelanbieter).
- *Kommunikationstest* der einzusetzenden Werbemittel, um zu prüfen, ob die definierten Club-Inhalte in der Zielgruppe auch verstanden und positiv aufgenommen werden.

Basierend auf den Ergebnissen einer solchen Basisarbeit kann der Entscheid pro oder contra Club erst dann professionell gefällt werden, wenn hier auch die *Kosten der Club-Leistungen und von deren Kommunikation* konsequent mit berechnet werden. Fällt die Entscheidung pro Club aus, steigt das Unternehmen in die 2. Phase ein.

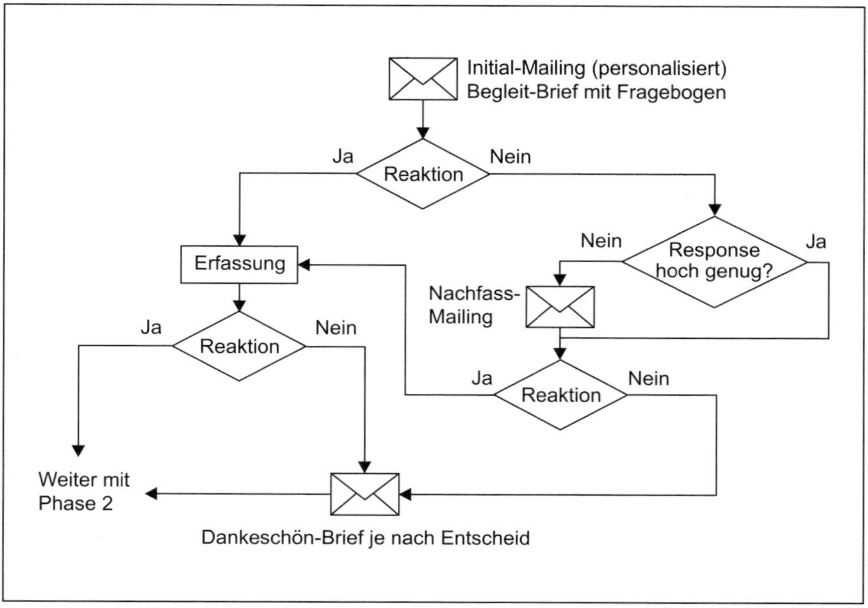

Abbildung 45: Schematisierter Ablauf eines mailinggestützten Akzeptanz- beziehungsweise Kommunikationstests
Quelle: Eigene Darstellung

Stellt sich an dieser Stelle bereits heraus, dass der Club nicht zielführend ist, da er zum Beispiel keine Akzeptanz findet oder sich wirtschaftlich nicht trägt, kann das Unternehmen an die Teilnehmer des Akzeptanz- beziehungsweise Kommunikationstests ein „Danke-Mailing“ verschicken: „Danke, dass Sie an unserer Befragung teilgenommen haben. Danke, dass Sie bereit wären, im Club mitzuwirken, aber leider haben wir uns aus der Befragung heraus gegen den Club entschieden.“ Ein solcher Auftritt schafft Vertrauen und beugt falschen Erwartungen vor (vgl. Abbildung 45).

Testphase der Club-Einführung zur Überprüfung der strategischen Inhalte und finanziellen Implikationen

Der Kreis der potenziellen Club-Mitglieder aus Phase 1 wird erweitert, damit die Ergebnisse der Testphase valide sind, um diese auf den gesamten Kundenkreis hochrechnen zu können. Den Mitwirkenden der Testphase wird mitgeteilt, dass sie Teilnehmer an einem Club im Test sind, und dass es mit von ihrem Urteil abhängt, ob der Club wirklich geschaffen wird. Es ist wichtig, dass alle Mitglieder im Test darüber informiert sind, dass es sich um einen „Club im Test“ handelt, der gegebenenfalls wieder geschlossen werden kann, falls er sich nicht bewähren sollte. So ist kein Mitglied am Ende enttäuscht und das Unternehmen muss nicht befürchten, Imageschaden zu erleiden, weil den Kunden wieder etwas entzogen wird, das ihnen vorher „schmackhaft“ gemacht wurde.

Auf Basis der hier gewonnenen Erfahrungen können auch die Club-Kosten hochgerechnet werden, so dass für die Entscheidung pro oder contra Club eine verlässliche Kalkulation zugrunde liegt, die vor zukünftigen Überraschungen schützt, denn schon manche überzeugende Club-Idee ist an der mangelnden Finanzierbarkeit gescheitert.

Mitgliedergewinnungsphase

Um das anvisierte Kundensegment nach einer erfolgreich abgeschlossenen Testphase schnell zu durchdringen oder frühzeitig Erlöse durch Mitgliedsbeiträge in einem geschlossenen Club zu erzielen, können Mailings insbesondere mit Eigenadressen – und nur beim Fehlen eigener Kundendaten auch mit Fremdadressen – zur *Club-Bewerbung* eingesetzt werden (vgl. Abbildung 46). Hier können auch ganz gezielt Impulse für ein Viral-Marketing gesetzt werden (im Sinne des Member-get-Member). *Kaiser's Tengelmann* spricht im Rahmen seiner *HappyDigits*-Aktivitäten potenzielle Zielkunden an, deren Adressen über ein Gewinnspiel generiert wurden.

Abbildung 46: Mitgliedergewinnung bei Kaiser's Tengelmann
Quelle: Folder HappyDigits bei Kaiser's und Tengelmann, 2003

Neben dem Mailing stehen natürlich auch weitere Medienkanäle zur Bewerbung des Clubs offen (Anzeigen, Beilagen, POS-Promotions, Verkaufsförderung, Events, Funk, TV, SMS, Internet). Das Beispiel des *Bertelsmann Club* macht deutlich, welche Medien in der Einführungsphase und zur Förderung der Freundschaftswerbung eingesetzt werden und welche bei der Mitgliederrückgewinnung zum Einsatz kommen (Abbildung 47).

Anhand dieses Beispiels wird deutlich, dass über die Kommunikation nicht detailliert gesprochen werden kann, ohne auf den eingesetzten Vertriebsweg einzugehen (vgl. Kapitel 4.3.4.). POS-Promotions und Verkaufsförderung sind beim zweistufigen Vertrieb essenzielle Bausteine der Club-Strategie, während sie beim einstufigen Vertrieb kaum eine Rolle spielen. Auch wenn im Rahmen der Mitgliedergewinnung eigenständige Club-Bewerbungsaktionen gestartet werden, ist es in den meisten Fällen sinnvoll, wenn die gesamte bestehende Kommunikation um eine „Club-Bewerbungskomponente" erweitert wird. Ein Beispiel hierfür liefert *ProSieben*, wo der User direkt über die Startseite mit nur einem Klick auf die werbende Club-Seite gelangt (vgl. Abbildung 48).

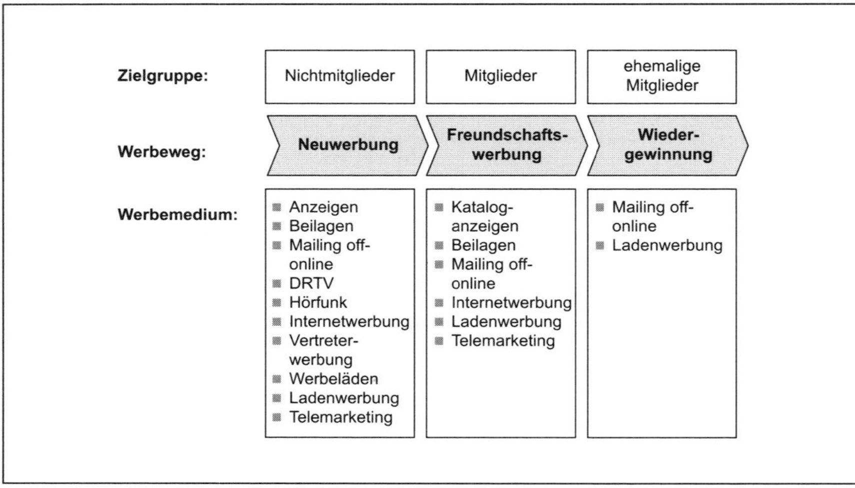

Abbildung 47: Werbewege und Werbemedien beim Club Bertelsmann
Quelle: Müller, 2002, S. 1074

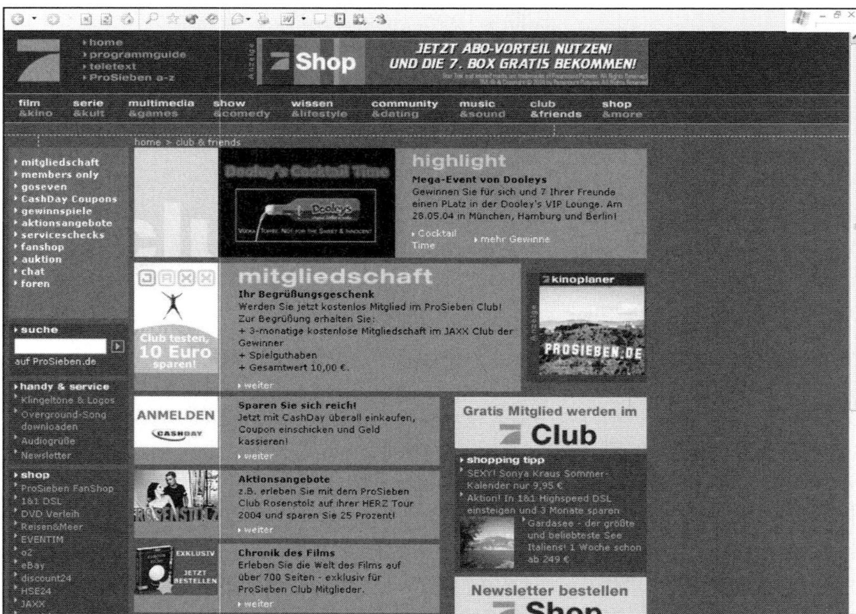

Abbildung 48: Startseite von ProSieben mit Link zu Club-Seite
Quelle: www.prosieben.de/club

Begrüßungsphase

Der erste aktive Kommunikationsanstoß im Club ist in der Regel das Begrüßungs-Mailing („Welcome Package“). Hier ist es wie mit einer persönlichen Visitenkarte: Der erste Eindruck entscheidet (vgl. Abbildung 49). Üblicherweise setzt sich das Begrüßungs-Mailing beim *Offline-Club* aus folgenden Bestandteilen zusammen:

- Versandhülle,
- Brief (Anschreiben) und erste Club-Infos (beispielsweise auch die AGBs in Gestalt von „Club-Regeln“),
- Club-Karte (wenn konzeptionell angedacht),
- Scheckheft (Vouchers, Coupons),
- Geschenk.

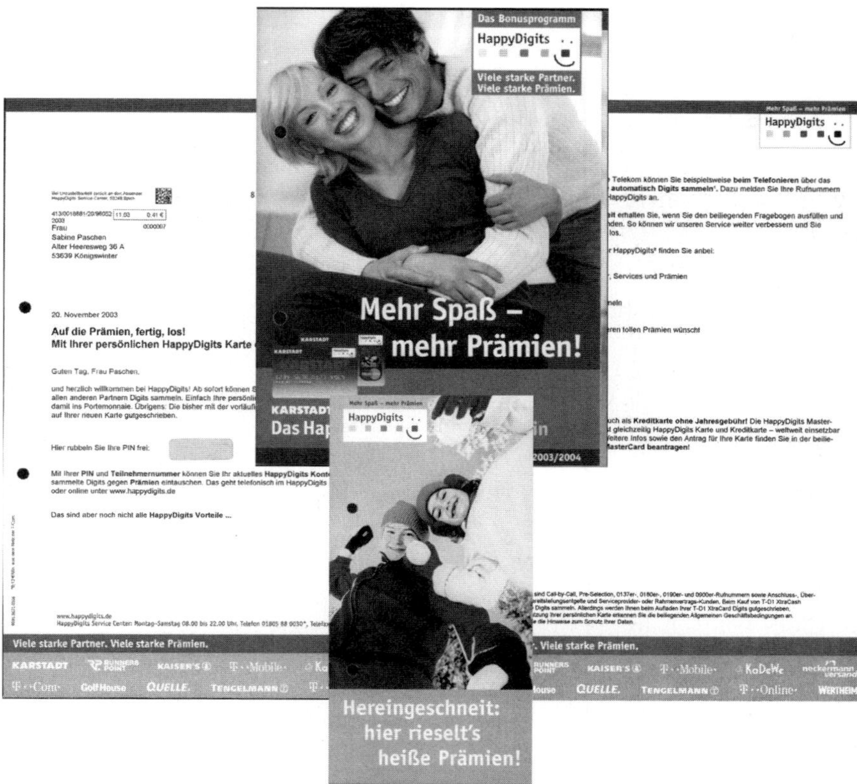

Abbildung 49: Welcome-Mailing von HappyDigits
Quelle: HappyDigits Mailing, 20. November 2003

Wichtig ist hierbei, dass das neue Mitglied möglichst sofort den Nutzen für sich erkennen kann, erste Leistungsangebote wahrnimmt oder zumindest als relevant einstuft. Und – soweit eine Club-Karte angeboten wird – sollte diese idealerweise gleich ins Portemonnaie „wandern"; und dies gelingt nur, wenn der Kunde die zentrale Frage „What's in it for me?" aufgrund der flankierenden Informationen einfach, überzeugend und nachhaltig für sich beantworten kann.

Bei einem *Online-Club* erfolgt die Begrüßung über eine entsprechende E-Mail, in der die relevanten Zugangsdaten, gegebenenfalls mit weiteren Zugangsrechten, mitgeteilt werden. Sowohl beim Offline- wie beim Online-Club kann bereits in diesem ersten substanziellen Kontakt versucht werden, Permissions für die weitere Kommunikation zu erhalten, sei es über Mailings, E-Mails oder per SMS. Auch kann bereits an dieser Stelle angestrebt werden, einige weitere Informationen über das Club-Mitglied zu gewinnen, um die Möglichkeiten der Erfolgsanalyse des Clubs informatorisch zu verbessern.

Dauerdialogphase

Im Dauerdialog mit dem Club-Mitglied können alle Medienkanäle genutzt werden, insbesondere natürlich diejenigen, für die das Club-Mitglied eine Permission erteilt hat. Wie bereits im Kapitel 4.3.3 ausgeführt, sind es gerade die Dialogmechanismen, die das Club-Leben in Bewegung halten.

- Club-Newsletter (auch als Fax und E-Mail; vgl. Abbildung 50),
- Club-Events,
- Club-Mailings (vgl. Abbildung 51 und 52),
- Club-Magazin (vgl. Abbildung 53 sowie das Volkswagen Magazin in Kapitel 7.4),
- Club-Treffen,
- Club-Shop,
- Club-Reisen,
- Club-Karte (vgl. Abbildung 54 sowie die weitere Fallbeispiele in Kapitel 7),
- Club-Webpage mit persönlicher Ansprache (vgl. Abbildung 55),
- Service-Telefon,
- SMS,
- Community (vgl. Abbildung 56 sowie Kapitel 4.2).

Abbildung 50: Dauerdialog HappyDigits via Mail-Newsletter
Quelle: HappyDigits Mailing, 1. Dezember 2003

Abbildung 51: Mailing im Rahmen der Regelkommunikation der Steiff Galerie
Quelle: Steiff Mailing, November 2002

Abbildung 52: Junior Club von McDonald's mit Responseelementen
Quelle: McDonald's Club Mailing, Februar 2001

Abbildung 53: ProSieben Club Magazin
Quelle: ProSieben Club-Magazin, Ausgabe 2/2004

Abbildung 54: Club-Karte HappyDigits
Quelle: HappyDigits Mailing, 20. November 2003

Abbildung 55: Internetauftritt des ADAC
Quelle: www.adac.de

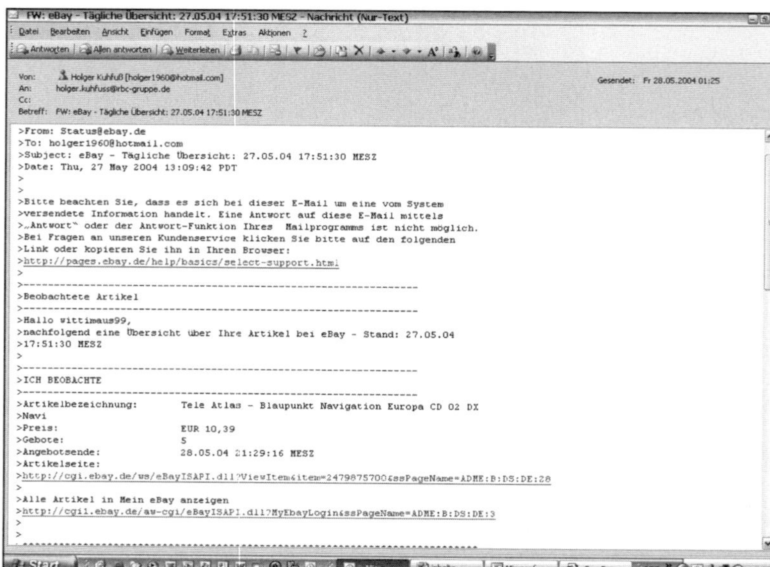

Abbildung 56: Regelkommunikation der Community des Internetauktionshauses eBay
Quelle: www.ebay.de

Flankierende Gestaltungs- und Erfolgsfaktoren der Kommunikation

Erarbeitung von Key Visuals für den Marktauftritt

Um eine optimale Wirkung der Club-Kommunikation zu erreichen, ist der konsequente Einsatz eines *Key Visuals* erforderlich. Dieses kann ein *eigenständiges Club-Logo* sein, welches idealerweise an der Kommunikation der Marke ansetzt, um einen Imagetransfer von der Marke auf den Club sicherzustellen. Auf diese Weise kann das zunächst „emotional leere Club-Gehäuse" sehr schnell eine positive Imageaufladung erreichen, denn alle Investitionen in den Markenkern strahlen dann auch in den neuen Club hinein. Beispielhafte Umsetzungen hierfür zeigt die Abbildung 57. Und bei diesem Beispiel wird auch deutlich, wie gut hier der Club-Auftritt in das Corporate Design der Marken eingebunden ist.

Abbildung 57: Key Visuals demonstrieren die Nähe zur Marke
Quelle: www.rtlclub.de, www.maggi.de, www.vwclub.de, 2004

Handelt es sich um eine kartengestützte Club-Konzeption, so kann die Club-Karte zum Key Visual werden. Ein idealtypisches Beispiel hierfür liefert die *Douglas-Card*, die konsequent in der Kommunikation von *Douglas* abgebildet wird (vgl. Abbildung 58).

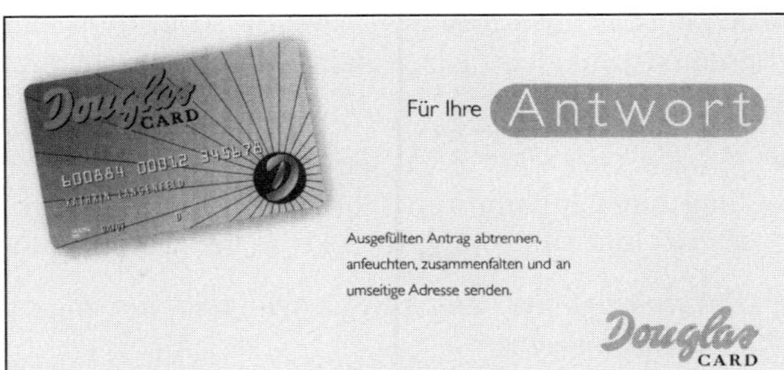

Abbildung 58: Douglas Card als Key Visual im Akquisitionsfolder
Quelle: POS-Folder, 2004

Wird in der Regelkommunikation eine bestimmte, jährliche Anstoßkette vom Club zum Mitglied unterschritten, weil beispielsweise nur zwei oder drei Anstöße über das Jahr verteilt erfolgen, so verpufft die Wirkung, die ein Key Visual aufbauen kann. Anders als in der klassischen Markenführung kann der Club hier aber einen entscheidenden Vorteil ausspielen. Denn setzt dieser stark auf die Interaktion von Mitglied zu Mitglied selbst, die in dieser Form bei der Marke in der Regel nicht stattfindet, können wesentliche Merkmale der Club-Identität unter den Mitgliedern eigenständig erzeugt werden. Der Club stellt dazu nur die nötigen Kanäle zur Verfügung, initiiert wird das Ganze aber vom Mitglied selbst (vgl. diesen Ansatz bei Sammler-Clubs wie *Swarovski* und *Steiff*). Deshalb setzen die erfolgreichen Clubs auf starke eigene Visuals, aus denen sich eine klare Wiedererkennung der wesentlichen Leistungsbestandteile ableiten lässt.

Die Rolle der Mitarbeiter in der Club-Kommunikation

Für die erfolgreiche Einführung einer Club-Konzeption ist entscheidend, dass die *Mitarbeiter des Club-betreibenden Unternehmens*, *der eingebundenen Servicepartner* (etwa bei einem outgesourcten Call-Center), *der Kooperationspartner* sowie *der Vertriebsmitarbeiter* (sei es im Außendienst oder im Handel) frühzeitig und umfassend informatorisch in die Club-Konzepte eingebunden werden. Denn hier werden die Kunden und (potenziellen) Mitglieder mit ihren Fragen „aufschlagen“ – und hier gibt es dann den entscheidenden „Moment of truth“. Geben die Angesprochenen kompetente und motivierende Antworten, weil sie selbst gut informiert und gegebenenfalls auch selbst Mitglied geworden sind, oder prallen die Fragen hier an Lustlosigkeit, Desinteresse oder Fehlinformation ab? Die intelligenteste Club-Konzeption muss und wird scheitern, wenn die oben genannten *„Club-Botschafter“* nicht in der Lage sind, die kommunizierten Leistungsversprechen und die erwartete Emotionalität auch tatsächlich zu leben (vgl. auch Kapitel 2.3.5 und 3.2).

Deshalb ist es unvermeidlich, dass die „Club-Botschafter“ die folgenden erfolgsentscheidenden Ziele, Inhalte und Spielregeln des Clubs kennen und verinnerlicht haben:

- *Kenntnis der Club-Ziele,* wie Aufbau von Awareness und positive Einstellung zum Club und zum Club-launchenden Unternehmen, Erhöhung von Cross- und Up-Selling, Reduktion der Wechselquote etc.
- *Bekanntheit des Clubs allgemein und der ausgelobten Angebote und Dienstleistungen.*

- *Verwendung einer einheitlichen Terminologie* gegenüber den Club-Mitgliedern, um die erwünschte Club-Tonalität („Club-Kultur") zu erreichen.
- *Kanalisierung der Infoflüsse* von außen nach innen, damit sichergestellt ist, dass Anliegen der Club-Mitglieder, die zum Beispiel im persönlichen Kontakt mit einem Mitarbeiter vorgetragen werden, in alle notwendigen Prozesse des Unternehmens zurückgespielt werden.
- *Wissen um die Zeitpunkte der Ansprache der Club-Mitglieder*, damit der „Club-Botschafter" über genau das gleiche „Club-Wissen" verfügt wie das Mitglied selbst. Das bedeutet in der Praxis eine konsequente Einbindung aller potenziellen „Club-Botschafter" in die Club-Regelkommunikation. Hierzu gilt es, die adäquaten Medien zur unterstützenden Mitarbeiterführung einzusetzen (wie zum Beispiel Mitarbeiterzeitschrift, Intranet mit Knowledge Base). Zusätzlich können eigenständige Trainings und Motivationsveranstaltungen für die „Club-Botschafter" (beispielsweise mit der Wahl des „Club-Mitarbeiters des Monats") entscheidend zur Steigerung der Servicequalität im Club beitragen.

Zu einem idealtypischen Konzept zur Information und Motivierung der eigenen Mitarbeiter im Zuge eines Club-Launches vgl. das Vorgehen von *S-points* in Kapitel 7.5.

Einsatz der elektronischen Kundenbindung in einem Kundenclub

Wie bereits in Kapitel 4.2 ausgeführt, stellt sich gerade bei den „neuen" Clubs vermehrt die Frage nach der Integration elektronischer Medien, nicht nur, um deren Inhalte und Leistungen zu transportieren, sondern unter Umständen auch, um ganz neue Leistungsangebote bereitzustellen. Beim Mix zwischen Online- und Offline-Kommunikation muss die Affinität der Zielgruppe sowie der Zugang zu den elektronischen Medien genau analysiert und entsprechend bedient werden.

Wenn dies erfolgt, so zeigen es die Online-Communities von *eBay* und *amazon*, dann werden die hier unterbreiteten Angebote gern von den Mitgliedern in Anspruch genommen. Wenn folglich eine entsprechende *„E-Affinität"* der Zielgruppe vorliegt, gilt es, eine dauerhafte *„E-Kundenbindung"* zu schaffen und diese in den Club-Gedanken zu integrieren. Wie Abbildung 59 zeigt, sind dabei die Sicherstellung einer hohen „E-Nutzungshäufigkeit" sowie eine lange „E-Nutzungsdauer je Inanspruchnahme" die entscheidenden Erfolgsparameter, die in einem „E-Controlling" exakt gemonitort werden sollten, um die Zielgruppen-Affinität und -Attraktivität der Angebote zu ermitteln.

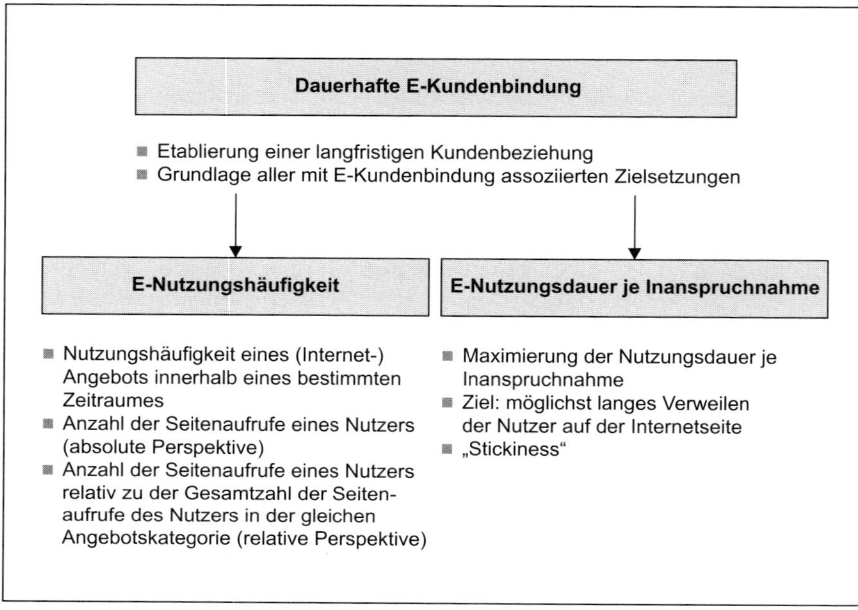

Abbildung 59: Zieldimensionen der elektronischen Kundenbindung
Quelle: Wirtz, 2003, S. 376

Für ein erfolgreiches *Einbinden der „elektronischen Kundenbindung“* ist eine Orientierung an den nachfolgenden Fragen und Kriterien sehr hilfreich:

- **Spezifisches Internet-Know-how sicherstellen!**
  - Wie ist der Webauftritt aufgebaut? Findet das Mitglied die Webpage auf Anhieb? Wie viele Clicks sind nötig, um an die relevanten Vorteile zu gelangen?
  - Erfolgt der Zugang zum Club über die Homepage des Unternehmens oder über eine eigene Adresse im Netz?
  - Ist der Zugang offen für alle Interessenten (offener Club) oder nur für Mitglieder (geschlossener Club) und wo soll die Grenze liegen?
  - Wie soll die Identifikation des Mitglieds erfolgen?
  - Wird die „Club-Page“ zusammen mit einem externen Dienstleister oder selbstständig betrieben?
  - Ist der Zugang kostenlos oder werden auch kostenpflichtige Inhalte angeboten (Paid Content)?

- **Kardinalfehler vermeiden!**
  - keine echten Online-Services/Mehrwertleistungen, sondern nur Vorstellung der Club-Idee ohne echten „interaktiven Mehrwert“,
  - keine oder seltene Aktualisierung der Sites,
  - schlechte Servicequalität (keine oder nur standardmäßige E-Mail zur Beantwortung von Kundenanfragen, späte Zusendung von Infos etc.).
- **Mehrwert-Leistungen, die überzeugen!**
  - Online-Services, zum Beispiel persönliche Homepages,
  - Club-Shop mit Online-Bestellmöglichkeit,
  - Online-Buchung von Club-Reisen,
  - Angebot tages- oder stundenaktueller Informationen,
  - Gewinnspiele,
  - Anzeigenbörsen,
  - Newsletter,
  - Schaffung einer Plattform für Kommunikationsmöglichkeiten zwischen den Mitgliedern (etwa Interaktion über Chats, vgl. Abbildung 60).

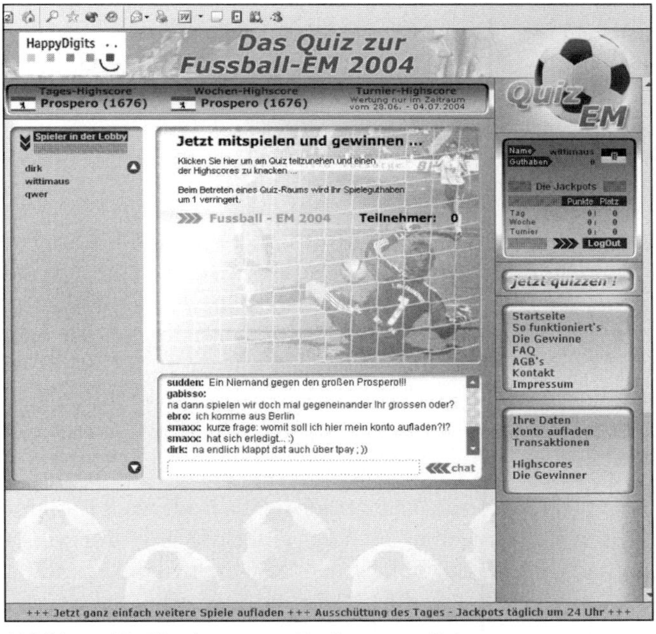

Abbildung 60: Chatforum von Neckermann-Reisen
Quelle: www.quiz-em.de, 2004

Neckermann-Reisen hat im Rahmen seiner *HappyDigits*-Aktivitäten ausgesuchten Kunden, die via E-Mail zum Quiz www.quiz-em.de eingeladen wurden, die Möglichkeit der Interaktion in einem Chat angeboten. Als Motivation lockte ein attraktives Gewinnspiel. Gleichzeitig wurden von allen Teilnehmern die Adressdaten noch einmal überprüft.

- **Crossmediale Kommunikation anbieten!**
  - Verlinkung auf den Online-Club direkt von der Homepage – „nicht erst von der dritten Ebene aus“,
  - Kommunikation der URL in den klassischen Medien, wie über Club-Magazin, Anzeigen und Mailings,
  - Nutzung von Cross-Marketing, beispielsweise durch den Hinweis auf Online-Bestellmöglichkeiten, Gewinnspiele etc. im Club-Magazin und in passenden News-Groups.
- **Schnelle Messbarkeit der Ergebnisse!**
  - Eine individuelle Registrierung der User (Profile) ermöglicht die Zuordnung der Aktivitäten zu den entsprechenden Konsumenten.
  - Die Speicherung und Auswertung der Logfile-Daten und Profile zeigt individuelle Präferenzen.

Die hier angesprochenen Aspekte der elektronischen Kundenbindung zeigen, dass sowohl bei den bereits etablierten sowie für die in Entwicklung befindlichen Kundenclubs noch eine Vielzahl von Ausgestaltungsmöglichkeiten existieren, die zur *Schaffung der gewünschten Kundenbegeisterung* entscheidend beitragen können. Denn gerade im Online-Bereich lassen sich viele Services mit Kosten realisieren, wie es offline nie machbar wäre.

Deshalb geht es – eine entsprechende Zielgruppenaffinität vorausgesetzt – in der Regel nicht um die Frage „online oder offline“, sondern um eine *intelligente Parallelisierung der Offline- und Online-Kommunikation* beziehungsweise der *Offline- und Online-Service-Bereitstellung*. Deshalb ist es im Rahmen einer integrierten Kommunikation unerlässlich, dass Offline- und Online-Inhalte nicht nur aufeinander abgestimmt werden, sondern darüber hinaus auch so miteinander verlinkt werden, dass sie ein Höchstmaß an Synergien erzielen.

Das lässt sich am Beispiel des Club-Magazins sehr gut aufzeigen. Das Magazin ist zwar *der* Kommunikationsträger, der ideal eine Bilderwelt mit Emotionen füllen kann, es ist gleichzeitig aber auch das teuerste Kommunikationsinstrument. So werden in den meisten Fällen beim Magazin vier Aussendungen pro Jahr eingesetzt. Die Zeit zwischen den Aussendungen muss aber gefüllt werden, um den Club mit seinen Interaktionselementen am Leben zu erhalten. Hier bietet sich an, einen Print- und/oder Online-Newsletter einzusetzen, um eine adäquate Kommunikationsstrecke sicherzustellen. Und Bilder können auch im Internet sehr gekonnt inszeniert werden, und nur hier besteht sogar die Möglichkeit, kleine Filme einzubauen. Und das Internet kann wiederum auf Angebote verweisen, die nur im aktuellen Club-Magazin zu finden sind (beispielsweise ausgewählte Coupons).

4.3.4 Vertriebskonzept

Einstufiger Vertrieb

Die schnellste Marktdurchdringung erzielt ein Club, sowohl im BtB- als auch BtC-Bereich, wenn die Marketinginhalte über einen direkt steuerbaren, einstufigen Vertrieb distribuiert werden können. Ein *schlüssiges Vertriebskonzept* ist deshalb ein wichtiger Garant für den Club-Erfolg. Ein gut organisierter Vertrieb kann einen Club ideal ergänzen, denn nichts geht über den direkten Kundenkontakt. Und die Aktivitäten im Club können vice versa ideal dazu genutzt werden, persönliche Vertriebskontakte vorzubereiten.

Um den Vertrieb in die Club-Kommunikation systematisch mit einzubinden, empfiehlt sich der *Abschluss von Leistungsvereinbarungen*. In diesen sollte klar geregelt werden, welche Aufgaben die Vertriebsmitarbeiter bei der Ausgestaltung des Clubs, bei der Gewinnung von neuen Mitgliedern wie auch bei deren laufender Betreuung übernehmen sollen. Diese Aufgaben sind dabei in den *Zielen der Vertriebsmitarbeiter* zu verankern und entsprechend dauerhaft monetär zu belohnen, damit eine Aktivität für den Club kein Strohfeuer bleibt. Idealerweise sollten die *Vertriebsmitarbeiter auch bei Club-Events mit eingebunden* werden, um sich – gerade im BtB-Bereich – um ihre Kunden umfassend kümmern zu können.

Zweistufiger Vertrieb

Der Club stößt relativ rasch an seine kommunikativen Grenzen, wenn er über einen zweistufigen Vertrieb, also zum Beispiel einen zwischengeschalteten Großhändler oder den Handel allgemein, seine Endkunden ansprechen möchte. Zunächst muss die zwischengeschaltete Handelsstufe vom Club-Konzept überzeugt werden, denn die Endkundenbeziehung besteht in diesem Fall nicht zum Hersteller, sondern zum Handel. Das bedeutet, dass zum Beispiel alle Endkundendaten beim Handel liegen und nicht beim Hersteller. Um einen Club zu betreiben, benötigt der Hersteller aber die Kundendaten. Sehr häufig wittert der zwischengeschaltete Handel in der Etablierung eines Kundenclubs den Versuch, einen Direktvertrieb unter Umgehung der Handelsstufe aufzubauen – und nicht immer zu Unrecht. Entsprechend groß sind die Unsicherheiten, die in diesem Zusammenhang beim Handel auftreten.

Und auch für die Kommunikation gelten hier besondere Regeln. So ist beispielsweise zu klären, wer für den Kunden *direkter Club-Ansprechpartner* ist: der Handel oder der Hersteller? Unter Umständen ist der Absender der Mailings dann nicht mehr der Hersteller, sondern der Händler. Dass diese Klippen erfolgreich umschifft werden können, zeigen die Beispiele *Swarovski* und *Volkswagen Club* in Kapitel 7.2 und 7.4.

Um den drohenden *„Bermudadreieck"-Effekt* zwischen Hersteller, Handel und Endkunde zu vermeiden, müssen die unterschiedlichen Zielsetzungen harmonisiert werden. Sieht das „Club spendende" Unternehmen den Handelspartner unter den gleichen Prämissen wie die Mitarbeiter (vgl. Abschnitt „Die Rolle der Mitarbeiter in der Club-Kommunikation"), ist zumindest in der Umsetzungsphase gewährleistet, dass der Endkunde den Club als großes Ganzes bis an den POS wahrnimmt und alle Beteiligten in das Club-Angebot eingebunden sind. Die Probleme liegen aber meistens in der Konzeptionsphase, denn hier gilt es, politische Spannungen früh genug zu erkennen und entsprechend zu agieren. Und neben der politischen Ebene muss der Vertriebskanal das Club-Leben in vielen Facetten in sein Tagesgeschäft integrieren. Lösungsansätze aus dieser vermeintlichen Krise könnten folgendermaßen aussehen:

- **Handelspartnereinbindung bereits in der Konzeptphase**
  Es hat sich gezeigt, dass es hilfreich sein kann, die führenden Handelspartner von Anfang an ins Boot zu holen. Entweder durch eine *aktive Mitarbeit im „Projektteam Club"* oder durch *Mitarbeit in einem „Club-Lenkungsausschuss"*. Sollte hier trotzdem keine Kooperation entstehen, so kennt das Unternehmen zumindest die größten Risiken und kann die Strategie darauf entsprechend ausrichten. Bei der Entwicklung des *Volkswagen Clubs* war beispielsweise der VW-Händlerbeirat frühzeitig eingebunden und hat auch Sitz und Stimme im Kontrollorgan der Club-führenden GmbH (vgl. Kapitel 7.4).

- **Schaffung von Motivationssystemen**
  Der zwischengeschaltete Handel lebt von den Margen, die ihm der Hersteller einräumt. In den meisten Fällen fordert der Handel hier eine Verbesserung der Konditionen, sei es in Form von *veränderten Werbekostenzuschüssen* oder *Mengenrabatten*. Es ist auch möglich, Prämien für bestimmte Leistungen zu bezahlen, die durch den Handel im Club erbracht werden.

Zusätzlich können auch *Gewinnspiele* und andere *Anreizsysteme* einen wichtigen Beitrag leisten, um die Handelsorganisationen und deren Mitarbeiter zu Club-Multiplikatoren zu entwickeln.

- **Einschaltung eines neutralen Dritten**
  Der Handel wird in den seltensten Fällen dem Hersteller den *Zugang zu seinen Kundendaten* ermöglichen. Hier haben sich Businessmodelle bewährt, bei denen über einen *zwischengeschalteten Dienstleister* die Adressen im Sinne des Clubs bewirtschaftet, aber nicht an den Hersteller durchgereicht werden. Der Dienstleister hat dazu eine Datenschutzerklärung, wie sie zum Beispiel beim Deutschen Direktmarketing Verband in Wiesbaden abgerufen werden kann, gegenüber allen involvierten Parteien abgegeben, auch in Richtung Kunde.

- **Aktive Einbindung des Handelspartners in den Club**
  Natürlich kann auch der *Handelspartner mit seinen Mitarbeitern zu Club-Mitgliedern gemacht* werden. Das fällt in einem „Bezahl-Club" schwerer als in einem offenen Club. Hier reicht aber meistens ein kleiner Trick. Die Jahresgebühr wird in die Werbekostenzuschussgespräche integriert und von dort aus bezahlt, so dass der Club-Manager eines ausgegründeten Clubs nicht auf Einnahmen verzichten muss.

- **Absender des Clubs ist nicht der Hersteller, sondern der Handel**
  „Think global, act local" – getreu diesem Motto tritt der *Hersteller als Dienstleister für den Handel* auf. In Kombination mit dem bereits erwähnten neutralen Dritten wird der Absender des Clubs der Hersteller zusammen mit dem Handel. Diese Version zeigt sich im BtB-Bereich (vgl. *GIRA*, der Club der erfolgreichen Elektromeister (www.gira-aktiv-partner.com)), aber auch im BtC-Sektor, beispielsweise beim *Volkswagen Club*.

Key Points

- Nur begeisterte und positiv emotionalisierte Kunden binden sich langfristig an einen Club!
- Die Einführung von Kundenclubs ist insbesondere dann zu empfehlen, wenn das Unternehmen über starke, positiv besetzte Marken verfügt, Produkte mit hohem Informations- beziehungsweise Erklärungsbedarf und bislang nur indirekten Kundenkontakt hat.
- Permission-Marketing, Viral-Marketing, Communities und Cobrandings versprechen ganz neue Gestaltungsmöglichkeiten in einem Club, die im Vorhinein unbedingt in Betracht zu ziehen sind.
- Bestandteile eines Clubs, die vor Einführung definiert und getestet werden müssen:
  - Leistungsprogramm (zum Beispiel monetäre Leistung, Know-how-Leistung)
  - Clubzugang (Sowohl die Mitgliederanzahl als auch die Zugangsberechtigung zu einem Cub (Beiträge, Kosten) spielen insbesondere bei der Finanzierung eines Clubs eine große Rolle.)
  - Kommunikation (Ziel sollte es sein, einen lernenden Kreislauf aufzusetzen, bei dem vorab Kommunikationsziele gemäß den anzusprechenden Zielgruppen definiert werden. Hieraus entsteht eine Kampagne (in Form eines Newsletters oder Magazins) mit der Folge einer Reaktion bei der Zielgruppe. Erzeugte Daten werden gesammelt und analysiert mit dem Ziel, Optimierungsmaßnahmen abzuleiten. Wichtig ist, die Club-Kommunikation in die Unternehmenskommunikation zu integrieren und Testphasen vor der eigentlichen Clubeinführung zu durchlaufen.
  - einstufiger (Point-of-Sale) oder zweistufiger Vertrieb (Handel) (Der Handel wie auch die eigenen Mitarbeiter müssen frühzeitig eingebunden werden, um eine ablehnende Haltung gegenüber dem Club und folglich dessen Scheitern zu vermeiden.)

5. Prozesse und Systeme zur Servicedurchführung bei einem Kundenclub

5.1 Vorbemerkung

Nach der Definition eines strategischen Handlungskonzepts und der Festlegung des Leistungsangebots und der Kommunikation ist es erforderlich, die Prozesse des Clubs im Sinne eines systematischen CRM zu definieren und zu implementieren. Das Prozessdesign determiniert die Anforderungen an eine systemische und organisatorische Unterstützung. Wichtig ist, dass nicht alle Prozesse unbedingt durch eine IT-Unterstützung abgebildet werden müssen. Viele CRM-Projekte sind in den vergangenen Jahren daran gescheitert, dass bei der vorgeschalteten Einführung eines CRM-Systems übersehen wurde, dass es ohne die sorgfältige Definition von Prozessen, die im Unternehmen und außerhalb davon angesiedelt sind, kein effektives CRM geben kann. Idealtypisch werden nacheinander drei Schritte durchlaufen:

- **Schritt 1:** Definition der Kundenprozesse und der Kundenbeziehungsprozesse
- **Schritt 2:** Entwicklung des CRM-Systems und der IT-Unterstützung
- **Schritt 3:** Aufbau der Serviceorganisation und Implementierung der Servicedurchführung

Integraler Bestandteil der System- und Toollandschaft ist die *Kundendatenbank*, die ebenfalls nur auf der Grundlage eines fixierten Handlungskonzepts zielführend implementiert werden kann. Die Servicedurchführung durch so genannte *Service Center* beziehungsweise *Customer Interaction Center* (CIC) nutzt dabei die Prozesse und die implementierte Systemunterstützung, wobei der Faktor Mitarbeiter als wesentliches Element der direkten Kundenkommunikation von überragender Bedeutung ist.

Wie in 4.3.3 beschrieben, werden die Kommunikation und damit auch die Servicedurchführung heute nicht nur durch Mitarbeiter umgesetzt, vielmehr gewinnen das Web und die daraus resultierenden Möglichkeiten des Self-Services und der interaktiven Kommunikation im Web immer mehr an Bedeutung. In diesem Sinne wird von *Multi-Channel-CRM-Lösungen* gesprochen. Einige Kundenbindungsprogramme sind nur noch webbasiert und bieten einen mitarbeitergestützen Service gar nicht oder nur als Ausnahme an. Neben Lösungen, die nur webbasiert sind, haben sich Hybrid-Konzepte durchgesetzt, die dem Kunden die Wahlmöglichkeit lassen, alle Leistungen und notwendigen Kontakte über so genannte *Self-Care-Angebote* zu nutzen oder mittels anderer Kommunikationsformen mit dem CIC in Kontakt zu treten.

Erst im professionellen Zusammenspiel aller Faktoren – Prozess, System, Organisation und Mitarbeiter – ergibt sich der Erfolg eines Clubs. Mangelhafte Prozesse und eine unzureichende Systemausstattung können die im Leistungsangebot definierten Club-Vorteile und die Begeisterung auslösende Kommunikation sofort wieder konterkarieren und eine kontraproduktive Wirkung erzeugen. Der Kunde beziehungsweise das Club-Mitglied wird sehr schnell wahrnehmen, ob das Leistungsversprechen durchgängig erlebbar ist.

Im Folgenden wird beschrieben, wie die Prozesse, das CRM-System, das Databasemanagement und die Servicedurchführung gestaltet werden können, worauf besonders zu achten ist und welche besonderen Gestaltungselemente wirkungsvoll die Leistungsmerkmale und die strategische Zielsetzung eines Clubs unterstützen. Daneben werden auch die zentralen rechtlichen Aspekte kurz beschrieben.

5.2 Prozesse im Kundenclub (Schritt 1)

Das übergeordnete Prozessmodell unterscheidet im Wesentlichen zwischen Prozessen, die in der Begrüßungsphase (vgl. 4.3.3) die Aufnahme von neuen Mitgliedern betreffen, und Prozessen, die für die Dauerdialogphase und damit für bestehende Mitglieder relevant sind (vgl. Abbildung 61).

Die Club-Aktivitäten und Prozesse sollen das CRM systematisch und aktiv gestalten; folglich sind die einzelnen Kundenkontakte, deren Inhalt, Tonalität, Kanal und Ziel im Rahmen des Club-Kommunikationskonzepts und des strategischen Handlungskonzepts zu definieren und auszurichten. Die Kontakte in der Club-Kundenbeziehung können über unterschiedliche Kanäle durchgeführt werden; so steht neben dem persönlichen Gespräch mit dem Mitarbeiter im CIC auch der postalische oder der elektronische Kontakt via Online-Portal beziehungsweise E-Mail zur Verfügung. Die Kontakte innerhalb des Kundenbeziehungsprozesses in der Begrüßungs- und der Dauerdialogphase zeigen die Abbildung 62 und 63.

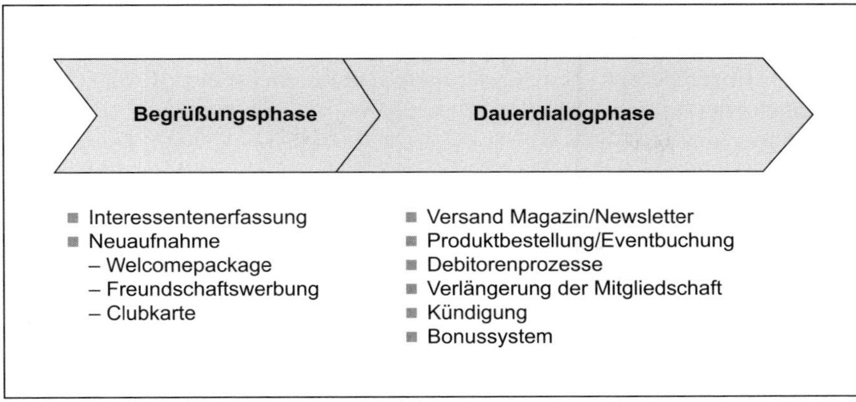

Abbildung 61: Prozesse im Kundenclub
Quelle: Eigene Darstellung

Neumitglied

- Mitgliedschaftsabschluss schriftlich
- Mitgliedschaftsabschluss online
- Welcome Package
- Typspezifisches Leistungspaket
- Clubkarte
- Rechnung neues Mitglied
- Rechnungsbeilage neues Mitglied
- Aktiver Kontakt Inbound neues Mitglied
- Aktiver Kontakt Brief neues Mitglied
- Aktiver Kontakt Fax neues Mitglied
- Aktiver Kontakt E-Mail neues Mitglied
- Outbound Call Begrüßung neues Mitglied
- Newsletter neues Mitglied
- Mitgliedstypspezifische Beratung
- Gezieltes Cross-Selling neues Mitglied
- Eventangebot
- Mitgliedstypspezifisches Mailing zur Erläuterung des Clubangebots

Abbildung 62: Kontakte in der Begrüßungsphase
Quelle: Eigene Darstellung

Die Durchführung der einzelnen Aktionen ist einzubetten in den Kommunikationsprozess des Clubs, so dass vor- und nachgelagerte Kontakte mit dem Club-Mitglied den Wirkungsmechanismus des gesamten Club-Konzepts stärken. Durch die Kumulierung der Kontakte erfährt das Club-Mitglied immer mehr über die Leistungen des Clubs und des Unternehmens, während umgekehrt das Unternehmen ebenso systematisch mehr über seinen Kunden lernen kann.

Bestandsmitglied
■ Rechnung aktives Mitglied ■ Rechnungsbeilage ■ Aktiver Kontakt Inbound ■ Aktiver Kontakt Brief ■ Aktiver Kontakt Fax ■ Aktiver Kontakt E-Mail ■ Club Portal ■ Club Hotline ■ Newsletter ■ Mitgliedstypspezifische Serviceberatung ■ Mailing Club-Shopangebot ■ Mailing Club-Eventangebot ■ Mitgliedstypspezifisches aktives Verlängerungsangebot Outbound ■ Mitgliedstypspezifisches aktives Verlängerungsmailing ■ Verlängerung der Mitgliedschaft online ■ Winback Aktivität Outbound Call ■ Winback Aktivität Brief

Abbildung 63: Kontakte in der Dauerdialogphase
Quelle: Eigene Darstellung

5.2.1 Prozesse in der Begrüßungsphase

Interessentenerfassung

Dieser Prozess wird vom Kunden ausgelöst, der sein Interesse am Club bekundet und sich telefonisch, schriftlich oder online an den Club wendet. Dieser Kunde ist zunächst als Interessent für den Club aufzunehmen und erhält ein *Welcome-Package*. Gleichzeitig bekommt er den Status „Interessent“, um ihn bei späteren Aktionen mit dem richtigen Status ansprechen zu können. Nach einem Abgleich mit gegebenenfalls vorhandenen Adressdaten (Dublettenprüfung) werden insbesondere die folgenden *Interessentendaten* erfasst:

- Nachname, Vorname, akademischer Titel,
- Telefonnummer Festnetz, Mobilfunk,
- E-Mail-Adresse,
- postalische Adresse,
- Datum der Informationsanfrage,
- Media-Code im Sinne des Auslösens der Kontaktaufnahme (Anzeige etc.).

Wichtig ist es, neben den Adressdaten auch Informationen darüber zu erfassen, wann der Interessent aufgenommen wurde und über welchen Kanal und welche Aktion er gewonnen wurde. Dies kann im so genannten *Media-Code* erfasst werden, der die Aktion genauer spezifiziert. Mit dessen Hilfe kann später eine genaue Auswertung der Herkunft von Interessenten und Mitgliedern durchgeführt werden. Es ist daher wichtig, im Vorfeld von konkreten Aktionen ein System zu entwickeln, das umfassende Auswertungen ermöglicht. Im Rahmen der Interessentenaufnahme wird ein Auftrag für Erstellung und Versand des Welcome-Package erzeugt.

Neuaufnahme Mitglied

Ausgelöst wird der Prozess durch den *Eingang eines Mitgliedsantrags*, der die Aufnahme des Kunden als Mitglied in das Club-System initiiert und einen Auftrag für ein Welcome-Package anstößt. Gleichzeitig wird der Status der Mitgliedschaft vergeben. Abbildung 64 zeigt den Prozess der Neuaufnahme und seine einzelnen Prozessschritte.

Nach einem Abgleich mit vorhandenen Kundendaten werden die Adressdaten des Mitglieds erfasst sowie analog zur Interessentenerfassung die Media-Code-Daten archiviert. Beim Mitglied sind zusätzlich zum Interessenten noch Daten zu erfassen, die für die Betreuung im Club wichtig sind, unter anderem:

- Geburtsdatum,
- Datum der Registrierung,
- Datum des Beginns der Mitgliedschaft,
- (errechnetes) Datum des Endes der Mitgliedschaft,
- Typ der Mitgliedschaft,
- Zahlungsmethode (bei kostenpflichtigen Clubs).

Bei der Erfassung von Mitgliedern mit Mitgliedschaftstyp *„Freundschaftswerbung“* muss zusätzlich die Mitgliedsnummer eines aktiven oder vorgemerkten Werbers erfasst werden. Die Anzahl der initiierten Freundschaftswerbungen eines Mitglieds ist ebenfalls zu erfassen und fortzuschreiben. Der Werber kann nach erfolgtem Eingang des Mitgliedsantrags eines Geworbenen Bonuspunkte erhalten. Im Rahmen der Mitgliedschaftsaufnahme wird das vorläufige Mitgliedschaftsendedatum berechnet; dieses Datum bestimmt Aktionen des Clubs im Rahmen der Verlängerung der Club-Mitgliedschaft.

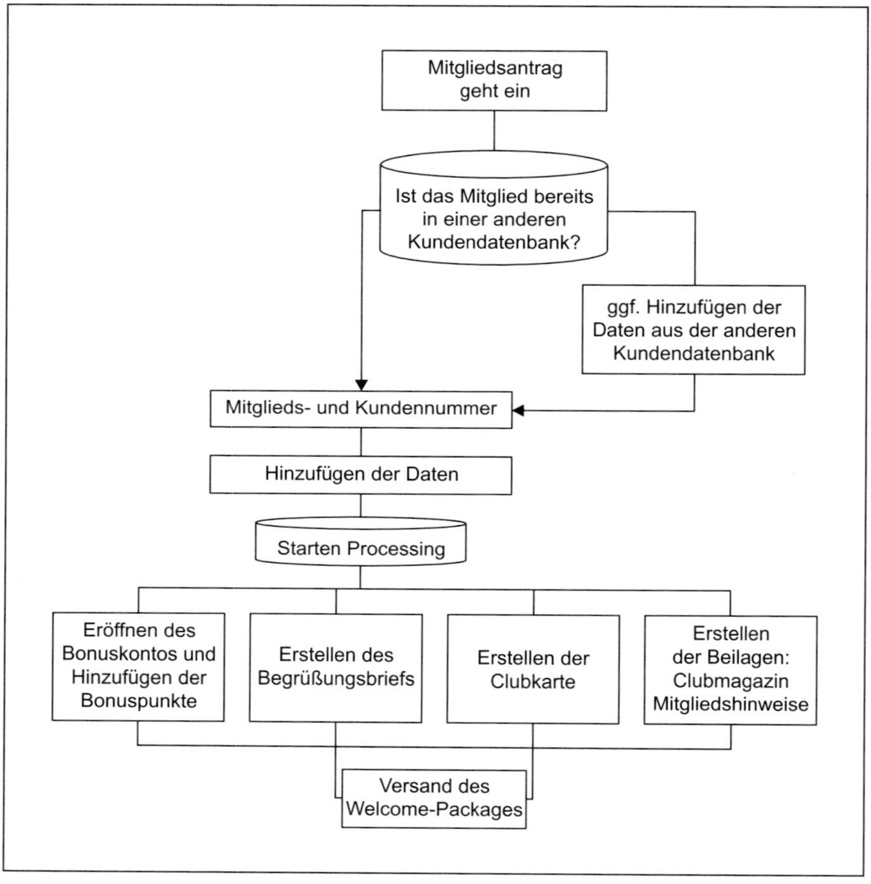

Abbildung 64: Prozess „Neuaufnahme Mitglied"
Quelle: Eigene Darstellung

Aus den selektierten Daten der Neumitglieder – eine solche Abfrage ist regelmäßig durchzuführen – wird eine Datei für die Kartenprägung und den *Druck der personalisierten Anschreiben* erzeugt und an den Kartenpräger und/oder Lettershop übergeben. Die konfektionierten Welcome-Packages werden anschließend versendet. Bei einer reinen Online-Kommunikation erfolgt das *Welcome per E-Mail.*

5.2.2 Prozesse in der Dauerdialogphase

Versand Magazin oder Newsletter

Alle aktiven und vorgemerkten Mitglieder erhalten gegebenenfalls ein Magazin oder den Newsletter. Der Prozess wird gestartet, wenn die Verfügbarkeit des Magazins oder des Newsletters gegeben ist. Prozessschritte sind hier die *Selektion der Mitgliederdaten* und deren *Bereitstellung für den Lettershop*, wo die Adresslabel gedruckt werden, die Packages konfektioniert und kuvertiert werden. Magazine werden mehrfach im Jahr zu definierten Terminen versendet und können, wie Abbildung 65 zeigt, auch zusammen mit dem Bonuspunktestatement versendet werden. Newsletter werden in unregelmäßigen Abständen generiert und durchlaufen den gleichen Prozess.

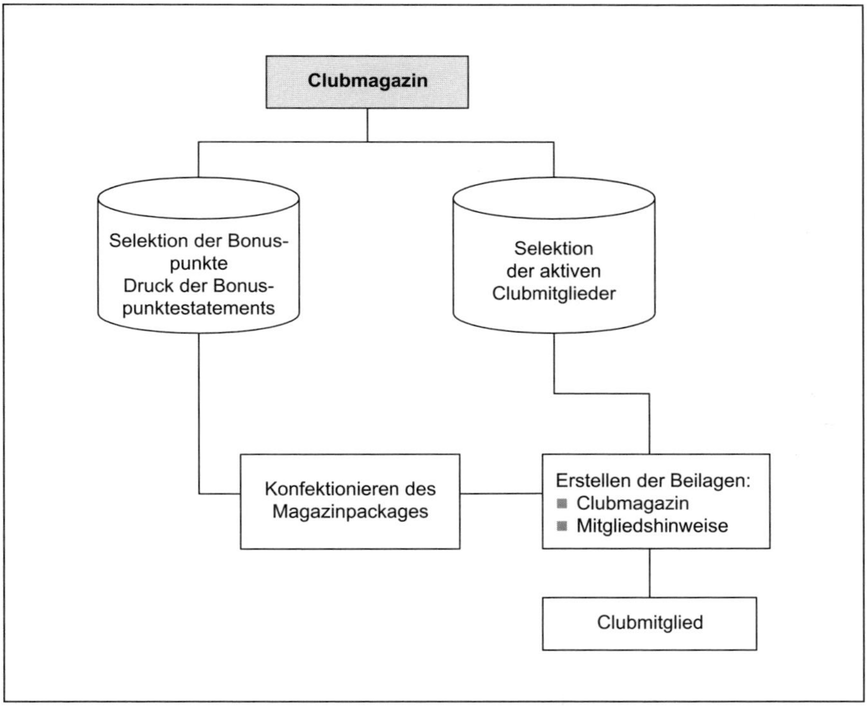

Abbildung 65: Prozess „Versand Magazin und Bonuspunktestatement"
Quelle: Eigene Darstellung

Mailingversand am Beispiel des Geburtstagsschreibens

Nach Selektion der aktiven und vorgemerkten Mitglieder, die das Geburtsdatum erreicht haben, werden die Daten an den Lettershop übermittelt und das gegebenenfalls geplante Geburtstagsanschreiben gedruckt, kuvertiert und versendet. Weitere Selektionen mit anderen Kriterien beziehungsweise Attributen laufen nach dem gleichen Prozess ab. Die Gesamtmenge aller Mailings im Kundenclub und ihre Verknüpfung mit den anderen Prozessen zeigt Abbildung 66.

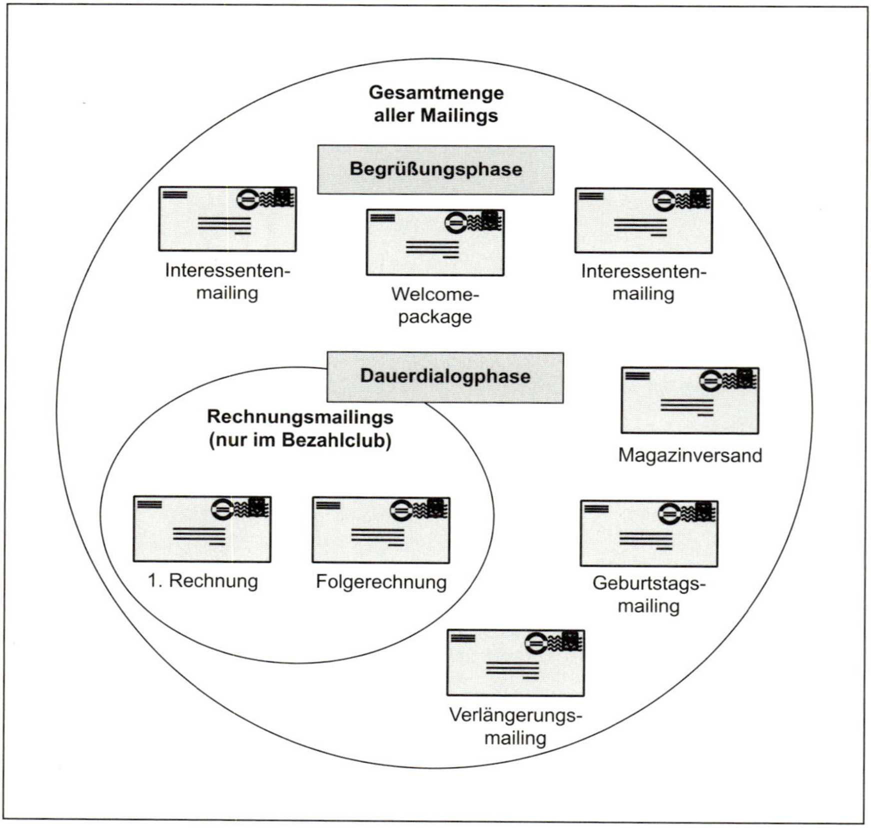

Abbildung 66: Mailingkonzept im Kundenclub
Quelle: Eigene Darstellung

Bestellerfassung, Produktversand und Eventbuchung

Bestellt ein Club-Mitglied ein *Club-Produkt* oder die Teilnahme an einem *Club-Event*, so sind folgende Aktionen durchzuführen:

- Mitglied über Kundensuche identifizieren,
- Kaufvoraussetzungen und Punktestand prüfen (es dürfen nur aktive Mitglieder bestellen),
- Übergabe der Versandaufträge an ein Logistik-System,
- Package zusammenstellen,
- Auslieferung,
- Fakturierung,
- gegebenenfalls Versand,
- gegebenenfalls Buchung vornehmen.

Debitorenprozesse

Alle *Zahlungseingänge* sind zu buchen und mit dem Zahlungseingangsdatum im System zu hinterlegen. Nach Buchung erhält der Auftrag den Status „ausgeglichen". Der Prozess *Mahnwesen* generiert Mahnungen, die an die Mitglieder versendet werden. Selektiert werden die Mitglieder, bei denen Zahlungen zu Beitrags- oder anderen Rechnungen für Club-Leistungen nach Ablauf einer definierten Zeitspanne nach Erzeugung des offenen Postens nicht eingegangen sind.

Kündigung und/oder Verlängerung der Mitgliedschaft

Erklärt das Club-Mitglied seine *Kündigung*, so ist nach Prüfung der Kündigungsberechtigung (wichtig bei Bezahl-Clubs) zu entscheiden, ob nach der Erfassung der Kündigungsdaten ein Rückgewinnungsversuch durchgeführt wird. Erfolgt dies nicht, ist eine *Kündigungsbestätigung* zu versenden. Wichtig ist in jedem Fall, den Grund der Kündigung zu ermitteln und zu erfassen, damit Rückschlüsse auf die Akzeptanz des Club-Leistungsangebots möglich werden.

Ist die Mitgliedschaftsdauer begrenzt, zum Beispiel auf ein Jahr, so ist nach einer Selektion der auslaufenden Mitgliedschaften eine Verlängerungsaktion anzustoßen; dies wird in der Regel bei Bezahl-Clubs relevant sein, die mit der Verlängerungsaktion gleichzeitig die Folgerechnung produzieren.

5.2.3 Bonuspunktesystem

Ein Kundenclub, der ein *Bonuspunktesystem* als Leistungsmerkmal hat, erweitert sein Processing um die Geschäftsvorfälle „Punktevorgänge" und muss als logische Konsequenz eine Historie des Punktekontos administrieren. Abbildung 67 zeigt das Datenmodell eines beispielhaften Bonuspunktesystems.

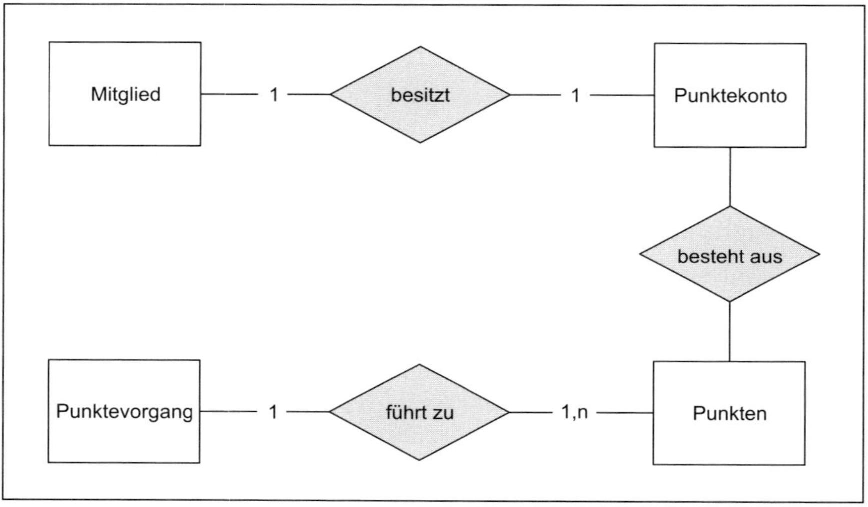

Abbildung 67: Datenmodell des Bonuspunktesystems
Quelle: Eigene Darstellung

Jedes Mitglied erhält ein Punktekonto, in dem Informationen zur Punktehistorie abgelegt werden. Das festzulegende Intervall, in dem Punkte „abgerechnet" und dem Club-Mitglied kommuniziert werden, bestimmt die periodisch abzugrenzenden Daten, in erster Linie die Anzahl der Punkte je Intervall und die Gesamtanzahl der Punkte über alle Intervalle. Punkte werden durch Punktevorgänge generiert; je nach Vorgang ist die Anzahl der Punkte zu bestimmen, zum Beispiel eine Anzahl von x Punkten für die Aufnahme als Club-Mitglied.

Punktebuchungen werden durch einen Punktevorgang (vgl. Abbildung 68), der entweder zu einer Addition oder einer Subtraktion von Punkten führt, ausgelöst. Es ist festzulegen, ob die Punktesalden auch in einer beliebigen oder definierten Höhe negativ werden können, wenn also das Club-Mitglied mehr Punkte einlöst, als aktuell im Saldo vorhanden sind.

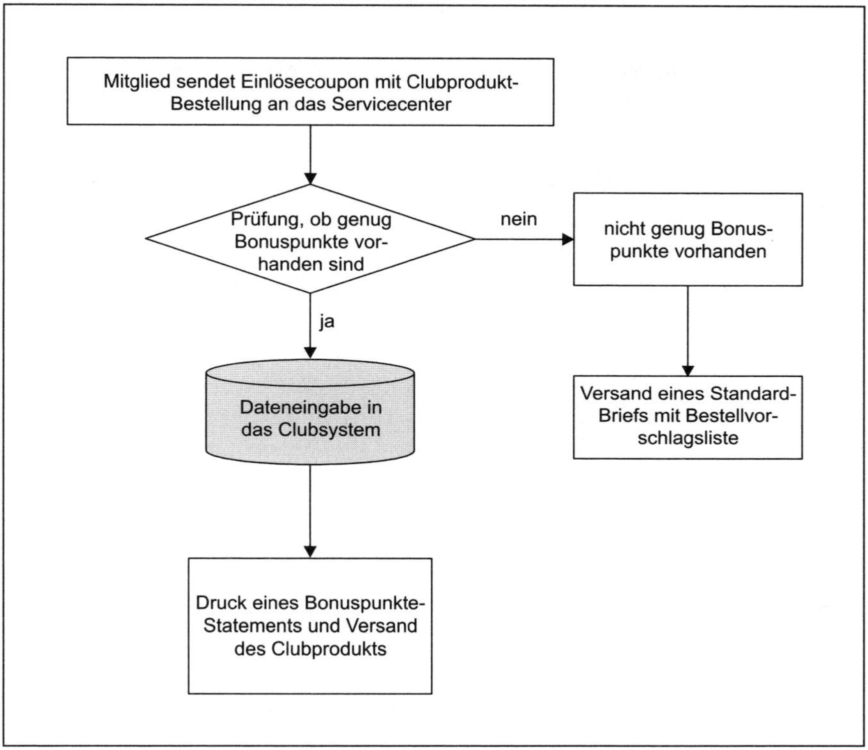

Abbildung 68: Bonuspunkteeinlösung
Quelle: Eigene Darstellung

Idealtypisch werden Punkte automatisch gebucht. Dies erfordert allerdings umfangreiche prozessuale und systematische Voraussetzungen. Das manuelle Buchen von Punktevorgängen ist jedoch immer auch als Möglichkeit vorzusehen.

Damit dem Club-Mitglied jederzeit auf Anfrage, ob über das Internet oder die Hotline, der Punktestand mitgeteilt werden kann, ist es erforderlich, eine so genannte „*Punktehistorie*" systematisch zu pflegen, in der alle Punktebuchungen angezeigt werden. Die in zu definierenden Intervallen erfolgenden *Kontoauszugsversendungen* erfordern die Berechnung der Punktesalden für jedes Mitglied und die Aufbereitung dieser Daten für den Druck des Punktekontoauszugs. Die Festlegung dieses Intervalls hängt von der Änderungshäufigkeit und der Relevanz dieser Veränderung für den Punktestand ab. Diese Daten werden mit weiteren Mitgliedsdaten, zum Beispiel den Adressdaten, an den Lettershop übermittelt. Sind Punkte mit einem Verfallsdatum versehen, so sollte dies im Kontoauszug als Hinweis gedruckt werden. Einen Einzelnachweis sämtlicher Punktebuchungen kann man auch vorsehen; es gilt hier allerdings Aufwand und Nutzen (für das Club-Mitglied) abzuwägen. Der Verfall von Punkten ist ein weiterer Prozess, der alle Punkte mit abgelaufenem Gültigkeitsdatum subtrahiert und damit eine Nachberechnung des Kontostandes erzeugt.

5.3 CRM-System und IT-Unterstützung (Schritt 2)

CRM-Prozesse im Massenmarkt sind nur durch die Unterstützung von Informationssystemen wirtschaftlich durchführbar. In den letzten Jahren sind in vielen Unternehmen *IT-Systeme* mit dem Oberbegriff CRM implementiert worden. Nicht immer waren diese Projekte von Erfolg gekrönt, weil nicht die Kundenprozesse und ihre Gestaltung und damit die Art und Weise des Beziehungsmanagements Ausgangspunkt der Überlegung waren, sondern der Versuch gemacht wurde, mit der Einführung eines IT-Systems dem Unternehmen eine CRM-Strategie zu geben. Dies musste scheitern, zumal die Einbindung der Marketing-, Vertriebs- und Serviceabteilungen oft nur ungenügend vorgenommen wurde (vgl. Roland Berger, 2003).

Eine *CRM-Systemeinführung* macht erst dann Sinn, wenn eine kundenorientierte Organisation strukturell vorhanden ist (vgl. Kotler, 2003, S. 27). Sind bereits CRM-Systeme implementiert und „produktiv" zur Unterstützung des Tagesgeschäfts, muss dennoch geprüft werden, ob die aktuellen Funktionalitäten die Kunden- und Kundenbeziehungsprozesse des Club-Designs unterstützen. Gerade die so genannte Standardsoftware, wie beispielsweise die Applikationen von Siebel oder Peoplesoft, beinhalten eine Fülle von Funktionen, um einen CRM-Prozess zu bedienen, haben aber in der Regel nicht die dedizierten Club-spezifischen Funktionen.

Kundenprozesse sind in der Regel durch folgende Funktionen zu unterstützen:

- Kampagnenmanagement,
- Kundenselektion,
- Marketinginformationen,
- Marketing-Analysen,
- Kundenkonto,
- Contact-Management,

- Chancen-Verfolgung,
- Aktivitätensteuerung,
- Salesinformationen,
- Salesplanung,
- Problemlösungsmanagement,
- Call-Center-Management,
- Serviceanalysen,
- Self Service.

Die *Unterstützungsprozesse* werden durch folgende Funktionen ermöglicht:

- E-Mail und Anbindung an andere E-Mail-Systeme,
- Workflowmanagement,
- Dokumentenmanagement.

Speziell für Kundenclubs entwickelte IT-Systeme haben neben den Standardprozessen auch Module, die die Club-spezifischen Kundenprozesse unterstützen. Abbildung 69 zeigt den modularen Aufbau eines Kundenclub-IT-Systems. Idealerweise sind die einzelnen Module gekapselt und können so spezifisch den Veränderungen des Club-Konzepts angepasst werden, ohne dass eine einzelne Funktionsänderung Auswirkungen auf alle anderen Module hat.

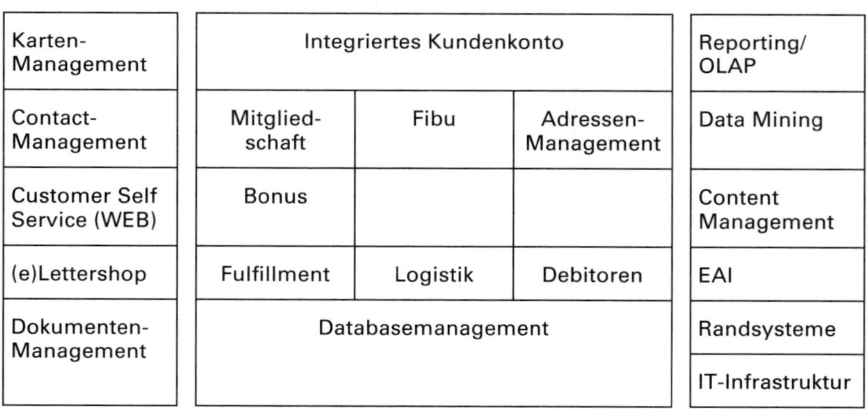

Abbildung 69: Modularer Aufbau eines Kundenclub-IT-Systems
Quelle: Eigene Darstellung

Kundenclub-IT-Systeme, wie sie zum Beispiel von den Dienstleistungsfirmen *Arvato Direct Services*, *BSW* oder *GHP* entwickelt wurden, haben vielfältige Funktionen:

- **Mitgliederbetreuung**
  - Enrollment und Derollment
  - Mitglieder-Life-Cycle (Interessent, aktiv, passiv, ex ...)
  - Mitglieds-Typen (Standard, VIP, gratis ...)
  - Freundschaftswerbung und Geschenkmitgliedschaften
  - Kundenprofile, Kundenbewertung und Potenzialanalyse
- **Status-Management**
  - verschiedene Kundengruppen und Kundenlebenszyklus
  - Qualifizierung/Requalifizierung des Kundenstatus
  - Statusabhängige Kommunikation und Vorgänge
- **Marketing-Aktionen**
  - Welcome Package, gegebenenfalls inklusive Mitgliedsausweise, Ersatzausweise etc.
  - Newsletter, Kataloge etc.
  - Merchandising
- **Mitgliedschaftsabrechnung**
  - unterschiedliche Mitgliedsbeiträge (Erwachsener, Jugendlicher, Familienbeiträge etc.)
  - variable Mitglieds- und Zahlungsperioden
  - Mitglieder-Lebenszyklus (Interessent, aktiv, passiv etc.)
  - Mitgliedstypen (Standard, VIP etc.)
  - Mitgliedschaftsabrechnung (Beiträge)
  - Marketing-Aktionen (Welcome, Newsletter, Renewal etc.)
  - Haltebetreuung (Reaktivierung, Kündigungsrücknahme)

Den *Informationskreis* zwischen dem *operativen CRM* (Kundenkonto) und dem *analytischen CRM*, also den so genannten *Closed Loop* (vgl. Abbildung 70) schließt das Data Warehouse. Auf jede Analyse erfolgt eine Aktion, deren Response wiederum analysiert wird und die in weitere Aktionen mündet (vgl. Amesberger/Baner, 2003, S. 323).

Wie Abbildung 71 zeigt, ist das Rahmenkonzept stufenweise in mehrere Prozesse gegliedert. Zunächst werden die Daten eines Data Warehouse extrahiert, geladen und transformiert. Durch die Transformation der Daten wird eine erste „Grob-Bereinigung" zur Sicherung der Datenqualität durchgeführt. Die Notwendigkeit hierfür ergibt sich aufgrund der unterschiedlichen Codierungsvorschriften in den einzelnen Vorsystemen. Um klare Aussagen über die Datenbestände liefern zu können, müssen diese auf eine einheitliche Symbolsprache gebracht werden.

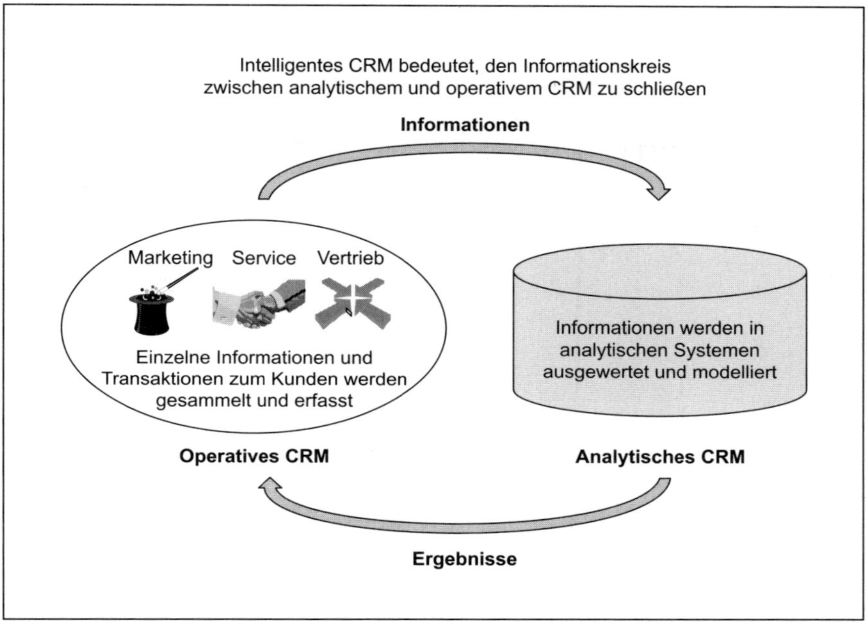

Abbildung 70: CRM für Closed-Loop-Marketing-Prozesse
Quelle: Amesberger/Baner, 2003, S. 323

Weitere CRM-relevante „Fehlerquellen“ wären die Darstellung von Geburtsdaten, Adressen, Produktnamen etc. Im Data Warehouse selbst werden die Daten nach bestimmten Prinzipien gelagert und transformiert. Im Anschluss sind diese Daten effizient zu verteilen, entweder über das firmeninterne Netzwerk oder das Inter-/Intranet. So können beispielsweise Marketing-relevante Daten (Stammdaten, Kaufdaten etc.) direkt in die jeweilige Lösung für das Kampagnenmanagement fließen.

Wenn das Data Warehouse zu umfangreich wird, werden in der Regel so genannte Data Marts für die jeweiligen Anwendergruppen (zum Beispiel Marketing, Controlling) gebildet. Hinsichtlich der Prozesse „Reporting, Planung und Analyse“ hat sich je nach Aufgabenstellung ein eigener Tool-Markt entwickelt, der oftmals unter dem Begriff „Lösungen für Business Intelligence“ zusammengefasst wird (vgl. Amesberger/ Baner, 2003, S. 325).

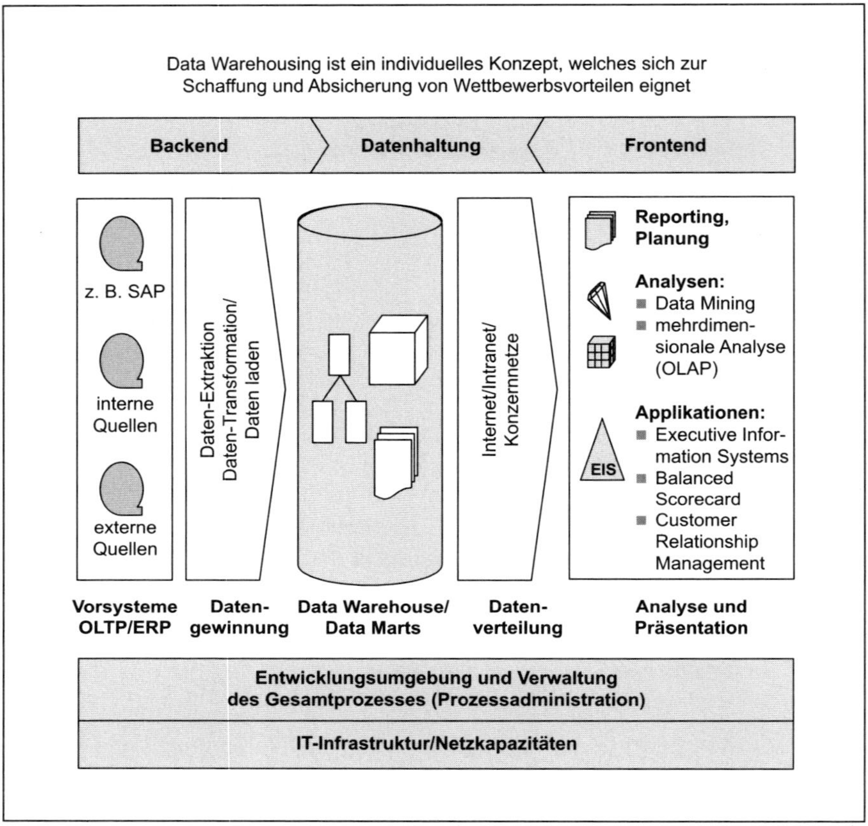

Abbildung 71: Data Warehouse
Quelle: Amesberger/Baner, 2003, S. 324

5.4 Databasemanagement (Schritt 2)

Für die erfolgreiche Umsetzung eines Kundenclubs ist die strukturierte Analyse der Kunden- beziehungsweise Mitgliederdaten notwendig. Der Dialogkreislauf (vgl. 4.3.3) als iterativer Prozess mit definierten Regeln und Prozessschritten bildet die Ergebnisse von Kundenkontakten ab und ermöglicht die nachhaltige Optimierung des Kundenbeziehungsprozesses.

5.4.1 Statuswerte und Typen

Um diese Ziele zu erreichen, muss auch die Datenbankstruktur des Kundenclubs sorgfältig geplant werden. Dabei sind die *Mitgliederstati* festzulegen und die *Attribute*, die im Rahmen des Club-Managements relevant sind, eindeutig zu definieren. Im Folgenden wird exemplarisch beschrieben, wie ein einfaches *Datenmodell* und die *Definition von Mitgliederstati* sowie den *Attributen* erfolgen kann. Es handelt sich dabei nicht um eine vollständige Aufzählung und Darstellung.

Die Frage, welche Daten benötigt werden, nach welchen Kriterien sie auszuwählen sind und woher sie bezogen werden können, ist an den Anfang zu stellen (vgl. Jakobitsch, 2003, S.12):

- Welche Kunden sind für den Club auszuwählen, das heißt, welche Kriterien bestimmen, wer als Club-Mitglied gewonnen werden soll?
- Wie können die potenziellen Club-Mitglieder effizient und effektiv gewonnen werden?
- Wie können diese Kunden im Club gehalten und weiterentwickelt werden?
- Wie kann die Loyalität und die Profitabilität dieser Kunden gesteigert werden?
- Wie kann das Club-Mitglied zum Botschafter werden?

Der *Mitgliedsstatus* beschreibt den aktuellen Zustand eines Kunden im Lebenszyklus der Club-Mitgliedschaft. Abbildung 72 zeigt diese unterschiedlichen Statuswerte, die beispielhaft folgende Ausprägung haben können:

- **Interessent**
  ist ein Kunde, der dem Club-System durch eine Anfrage überstellt wurde.

- **Aktives Mitglied**
  ist ein Kunde, der als aktives Club-Mitglied aufgenommen worden ist. Er erhält alle Club-Leistungen. Im Normalfall verbleibt das Mitglied in diesem Status.

- **Ex-Mitglied**
  ist ein ehemaliges Club-Mitglied, das entweder durch Kündigung oder durch Beendigung in diesen Zustand gelangt ist. Ein Ex-Mitglied kann wieder zu einem aktiven Mitglied werden (Geschäftsvorfall Reaktivierung).

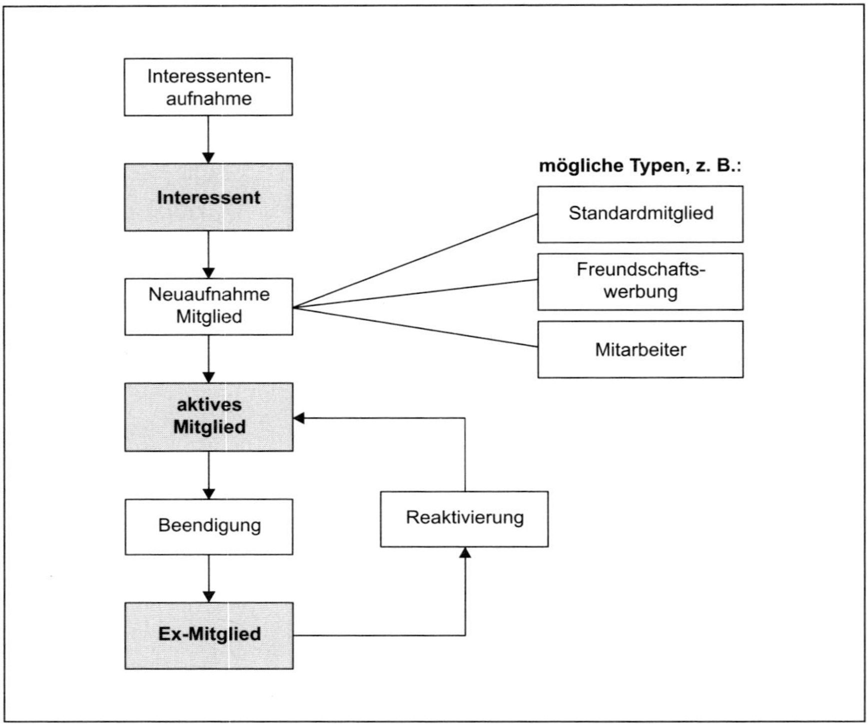

Abbildung 72: Statuswerte von Club-Mitgliedern
Quelle: Eigene Darstellung

In einem Bezahl-Club sind zudem die Stati, die sich aus dem Zahlungsverhalten des Kunden ergeben können, zu erfassen. So ist in einem derartigen Kundenclub auch eine Unterscheidung in passive Mitglieder, die mit ihren Zahlungen rückständig sind, möglich.

Ein Kundenclub könnte unter anderem folgende *Mitgliedstypen* unterscheiden:

- Standardmitglied,
- Gratismitglied,
- Geschenkmitglied,
- Freundschaftswerbungsmitglied,
- Mitarbeiter,
- VIP.

5.4.2 Attribute

Attribute zu Club-Mitgliedschaft zeigt Abbildung 73. Die Anzahl und Art der Attribute hängt vom strategischen Handlungskonzept des Clubs ab. Je mehr Attribute vorhanden sind, umso besser können Club-Aktionen datengestützt durchgeführt werden. Insofern zeigen die Attribute in Abbildung 73 nur einen Ausschnitt und sind stark auf die administrativen Belange des Clubs ausgerichtet.

Attribute	
Mitgliedsstatus	z. B. aktives Mitglied
Mitgliedstyp	z. B. Freundschaftswerbung
Mediacode	z. B. Shopmailing 1/2003
Interesse-Anmelde-Datum	Datum der Aufnahme als Interessent
Zahlungsart	z. B. Kreditkarte
Mitgliedschaftsdauer	Dauer der vereinbarten Mitgliedschaft
Mitgliedsnummer	wird vom Nummernsystem vergeben
Antragseingangsdatum	Datum der Erfassung des Antrags
Mitgliedschaftsbeginndatum	Datum des Beginns der Mitgliedschaft
Mitgliedschaftsendedatum	Datum des Endes der Mitgliedschaft
Kündigungsdatum	Datum der Erfassung der Kündigung
Kündigungsart	z. B. Kündigung durch Mitglied
Kündigungsgrund	z. B. unzufrieden mit Angebot
Freundschaftswerbungen	Anzahl der initiierten Freundschaftswerbung
Geburtstag	Datum des Geburtstags des Clubmitglieds
Personendaten	z. B. Titel, Geschlecht etc.

Abbildung 73: Attribute im Club-System
Quelle: Eigene Darstellung

5.4.3 Segmentierung

Im Rahmen der *Segmentierung* sind die Club-Mitglieder und Kunden zu bestimmten *Gruppen oder Kategorien mit gemeinsamen Charakteristiken* zuzuordnen, um die Ziele von Aktionen des Clubs klar abzuleiten und gleichzeitig die Voraussetzungen für eine zielgerichtete und kostenoptimale Kommunikation zu schaffen. Modellhaft ist eine Vorgehensweise zur Segmentierung in Abbildung 74 dargestellt, die mit dem Ziel durchgeführt wird, die Mitglieder nach ihrem Nutzungsverhalten von Club-Angeboten zu differenzieren.

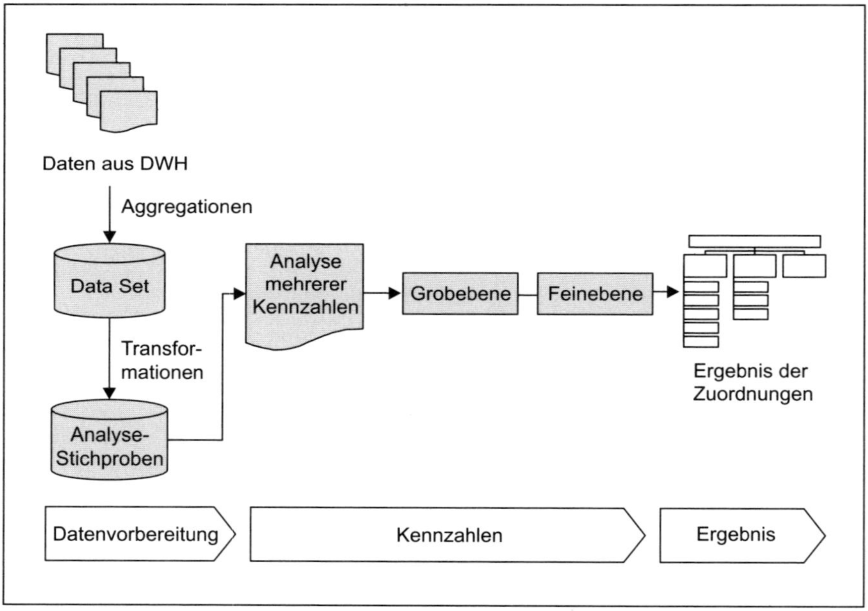

Abbildung 74: Deskriptives Vorgehen bei der Verhaltenssegmentierung
Quelle: Eigene Darstellung

Die Segmente, die gebildet werden können, zum Beispiel nach ihrem Lebenszyklus oder aber der Mitgliedswertigkeit, sind im Laufe der Zeit zu verfeinern und weiterzuentwickeln, um den Kundenbeziehungsprozess zu verbessern. Die Identifikation von Kauf- und Verhaltensmustern wird durch die Segmentierung forciert und schafft die Grundlage für gezielte Club-Marketingaktionen. Da die Club-Mitglieder in der Regel selbst ein Segment der Kunden eines Unternehmens sind, muss selbstverständlich geprüft werden, inwieweit noch eine größere Anzahl von Untersegmenten der Club-Mitglieder zu bilden ist.

5.5 Servicedurchführung (Schritt 3)

5.5.1 Grundkonzept eines Customer Interaction Center (CIC)

Die Erbringung vieler Leistungen eines Kundenbindungsprogramms oder Kundenclubs wird in der Regel durch ein *Service-Center* gewährleistet, in dem alle relevanten Kunden- und Unternehmensprozesse gemanagt werden. Die dazu erforderliche infrastrukurelle und personelle Austattung wird durch die Komplexität und die erforderliche Skalierbarkeit definiert.

So werden kleine Clubs, wie der *Dr. Oetker Backclub*, mit einer individuellen Club-Software, einem kleinen Call-Center und einer einstelligen Mitarbeiterzahl betrieben, während ein umfangreiches und mitgliederstarkes Kundenbindungsprogramm wie das *Miles & More-Programm der Lufthansa*, weltweit in mehreren Service-Centern betrieben wird, in denen viele Hundert Mitarbeiter die vielzähligen Prozesse durchführen und mit den Teilnehmern über die verschiedenen Kanäle kommunizieren. Die Qualität des „Produkts" Club wird dabei nachhaltig durch die Servicequalität im CIC geprägt. Mit der Entscheidung, ein CIC zu etablieren, sind für das Management technische, organisatorische und personelle Entscheidungen zu treffen. Abbildung 75 zeigt beispielhaft die erforderlichen Komponenten für die Servicedurchführung, ihren Bezug zum Club-Mitglied und die Einbindung in die Gesamtkonzeption und die IT-Systeme.

5.5.2 Webbasierte Servicedurchführung

Die webbasierte Servicedurchführung ist insbesondere für Clubs, deren Zielgruppe hoch internetaffin ist, ein Muss. Die daraus resultierende geringere Betreuungsintensität durch Mitarbeiter im Call-Center ist dabei eine durchaus erwünschte Nebenwirkung. Da der Kunde auch weiterhin die Möglichkeit hat, einen Servicemitarbeiter in der Club-Hotline zu sprechen, ist das webbasierte Bindungsprogramm auch nicht der vollständige Ersatz des persönlichen Kontakts. Problem auf vielen Portalen ist es, dass die Möglichkeit, Kontakt aufzunehmen, häufig nicht differenziert genug ausgewiesen wird. Zum Teil weiß der Besucher, wenn er auf den „Kontakt"-Button geht, nicht, ob er damit per Mail den Verkauf, Kundendienst oder den „Nachtwächter" erreicht. Die Konsequenz ist, dass er es nicht auf „gut Glück" in die Anonymität hinein versuchen möchte und dann doch lieber zum Telefonhörer greift (vgl. Stolpmann, 2002, S. 84).

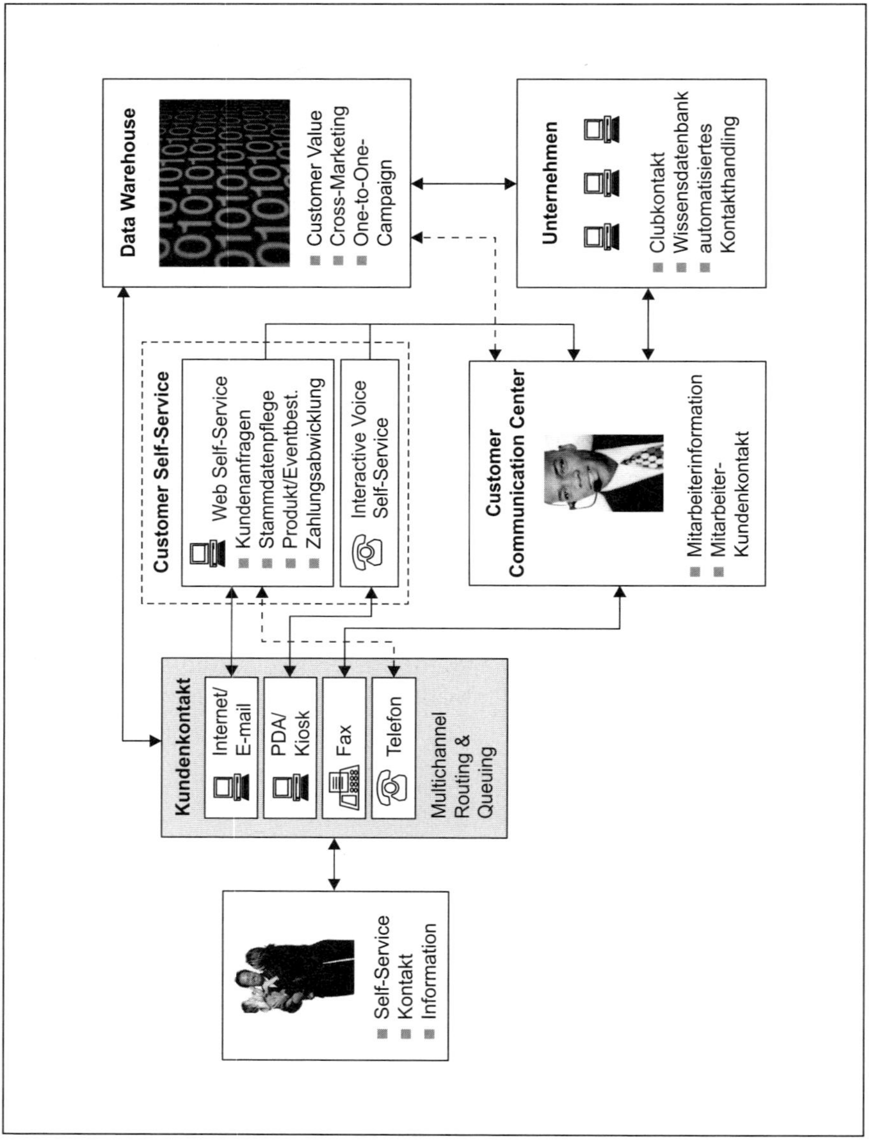

Abbildung 75: Gesamtkonzept Servicedurchführung und IT-Systeme
Quelle: Eigene Darstellung

Die beiden Abbildungen 76 und 77 zeigen, wie beispielsweise der *RTL Club* auf seiner Webseite die Verknüpfung von Kommunikation und Servicedurchführung vorgenommen hat. Über die Anmeldefunktion und ein Login gelangt das Club-Mitglied in den geschlossenen Bereich; daneben wird eine Suchfunktion angeboten und auch die Durchführung von Datenänderungen ist für das Club-Mitglied möglich.

Ein weiterer Vorteil von *Online-Services* für das Club-Mitglied liegt auch in der Anonymität, das heißt, es kann in Ruhe alle Fragen recherchieren, ohne Angst, einen Berater zu lange „zu belästigen“. Dabei sollten beim *E-Self-Ser - vice* folgende Qualitätskriterien beachtet werden:

- Bei der Bereitstellung der Services ist zu berücksichtigen, dass die Kunden nicht unbedingt über die neueste technische Ausstattung verfügen.
- Suchhilfen sind neben der Unterstützung des Anwenders ein wichtiges Instrument zur Qualitätskontrolle des Online-Auftritts.

Abbildung 76: RTL Club Homepage
Quelle: www.rtl-club.de

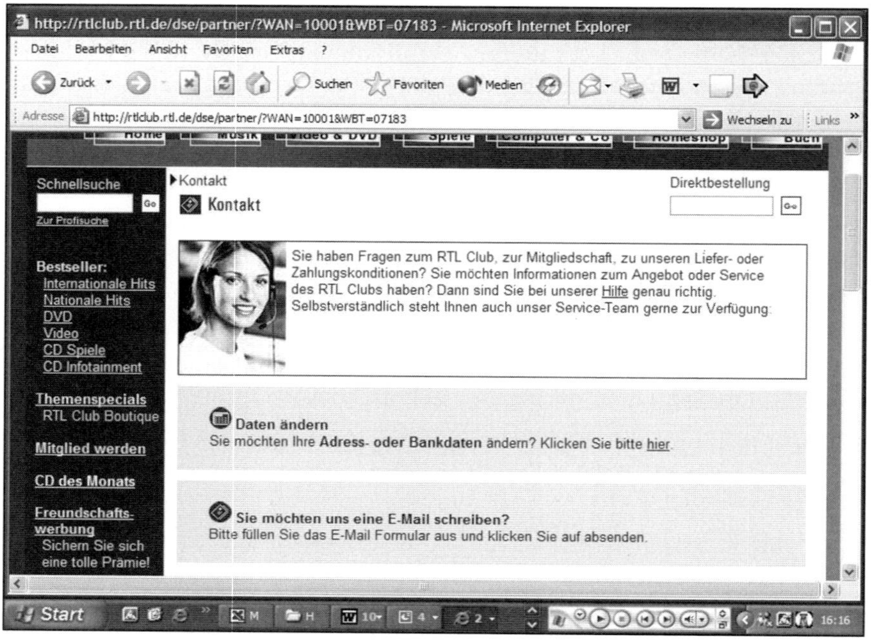

Abbildung 77: RTL Club Kontaktmanagement
Quelle: www.rtl-club.de

- Ein Überblick über das Angebot des E-Self-Services sollte an mehreren Stellen auf dem Club-Portal zu finden sein.
- Self-Service-Angebote und Informationen sollten mit möglichst vielen Bildern und durchaus auch einem „menschlichen Touch" präsentiert werden.
- Um als verlässlich zu gelten, müssen elektronische Services in der versprochenen Form und der angekündigten Zeit durchgeführt werden; dies setzt vor allem eine gut funktionierende Technik voraus.
- Kunden wollen schnelle Bestätigungen auf ihre Aktionen – allerdings keine Überflutung mit Post/Reaktionen.
- Zu ausführliche Befragungen der Kunden zum Zweck der Bereitstellung personalisierter Services schrecken eher ab – dem Kunden muss erklärt werden, warum er bestimmte Informationen preisgibt und was er davon hat. Deshalb sollte die Einholung von Permission gut begründet werden.

Aufbau von Vertrauen ist eine der wichtigsten Grundlagen für *stabile E-Self-Service-Beziehungen*. Dabei wird Vertrauen nicht nur durch das Funktionieren dieser Services aufgebaut, sondern auch über die Werte und Normen, für die der Club insgesamt steht.

5.5.3 Mitarbeiterbasierte Servicedurchführung

Stellenwert der Mitarbeiter bei der Umsetzung des „Club-Gedankens"

Nur die dem Club-Konzept angepasste Organisationsform ermöglicht die volle Ausschöpfung des Club-Potenzials. Dass das CRM-System durch den Mitarbeiter wirkungsvoll genutzt wird, ist durch eine sinnvolle Entwicklung der Organisation sicherzustellen. Die *mitarbeiterbasierte Servicedurchführung* im CIC funktioniert zwar auch nicht ohne Technik, jedoch stehen der Mitarbeiter, seine Fähigkeiten und sein Kommunikationsvermögen im Vordergund. Dieser wichtige Touchpoint im Club-Konzept verdient besondere Aufmerksamkeit.

Wie bereits in Kapitel 4 beschrieben, entscheidet die echte Nähe, das heißt, eine *emotionalisierte, individualisierte Dienstleistung* in hohem Maße über das Erreichen von Zufriedenheit oder Begeisterung bei den Club-Mitgliedern. Deren Erfahrung und Wahrnehmung an den Kontaktpunkten, die von Mitarbeitern des CIC geleistet werden, erfordert, diese als Repräsentanten des Club-Gedankens von vornherein einzubeziehen und für ihre Aufgaben fit zu machen. Das gesamte Club-Konzept und seine Philosophie muss in den Köpfen der Mitarbeiter verankert werden. Der Mitarbeiter als Kommunikator muss mit seinen Eigenschaften, Kenntnissen und Fähigkeiten in die Homogenisierung der Kommunikationsaktivitäten einbezogen werden. So kann der Transfer beziehungsweise Lernprozess beiderseitig unterstützt werden.

Die *Beratungsqualität* und *soziale Kompetenz der CIC-Mitarbeiter* sind durch kontinuierliche *Schulungen*, die *Unterstützung durch Gesprächsleitfäden* und die Etablierung von *Instrumenten zur Erfolgsmessung und -honorierung* zu festigen und auszubauen. Die *Entwicklung eines Sollprofils* zur Mitarbeiterauswahl und -qualifikation, die Konzeptionierung von Trainingsprogrammen und Incentivierungsinstrumenten helfen, den Service zu emotionalisieren. Richtigkeit, Zuverlässigkeit und Vollständigkeit der Mitarbeiteraussagen während der Kontakte sind dabei nur Hygienefaktoren, die durch Mystery-Call-Aktivitäten, das heißt durch unangekündigte Kontrollanrufe, überprüft werden können.

Thema	Beschreibung	Durchführung
Rekrutierungs-richtlinien	■ Entwickeln eines clubspezifischen Recruiting-kataloges basierend auf Clubwerten und club-strategischen Zielen	■ Erstellen von Einstellungsrichtlinien ■ Erstellen von Mitarbeiterprofilen, welche die Clubwerte und -kultur widerspiegeln ■ Erstellen von Fragebögen für Einstellungsgespräche
Einführungs-training	■ „Einschwören" der neuen Mitarbeiter auf die Clubphilosophie	■ Erarbeiten eines Grobkonzeptes ■ Abstimmen mit Marketing und Clubmanagement
Führungs-kräfte-entwicklung	■ Commitment und Verstehen der Wichtigkeit des Clubs durch spezielles Führungskräftebriefing ■ Miteinbeziehung der Clubphilosophie in alle Führungskräfte-Entwicklungstrainings	■ Zusammenarbeiten mit dem Clubmanagement zum Erarbeiten der Inhalte und der Trainingsprozesse ■ Briefing der Trainer der Club-Inhalte und Themen ■ ...
Club-Training	■ Einbinden aller Mitarbeiter in die strategische Perspektive des Clubkonzepts durch Trainings-module, welche in existierende Trainings integriert werden	■ Zusammenarbeiten mit dem Trainingsteam ■ Briefing der Trainer zu Clubinhalten ■ ...
Anreizsystem	■ Attraktives Anreizsystem für die Club-Servicemitarbeiter	■ Erarbeiten eines Incentivekonzepts ■ Abstimmung Führungskräfte ■ Erstellen Implementierungskonzept und Budgetallokation
Performance Management	■ Tool zur Umsetzung der Clubphilosophie	■ Vereinbarung von Service-Zielen mit dem Clubmanagement

Abbildung 78: Personalmanagement im Kundenclub
Quelle: Eigene Darstellung

Es ist ein Gesamtverständnis über die Differenzierungsmöglichkeiten des Clubs zu erreichen, um die Kommunikation individuell und begeisternd zu gestalten. Informationen über die typspezifischen Eigenheiten (vgl. 5.4) dürfen deshalb nicht nur im Marketing verfügbar sein, sondern sind im Dialoggespräch zu nutzen. Daneben ist dieses so zu gestalten, dass der Mitarbeiter außer der Begeisterung, die er im Idealfall mit dem Club-Mitglied teilt, weitere Informationen und Bedürfnisse vom Mitglied erfährt, damit im Sinne des Verbesserns des Kundenbeziehungsprozesses der Closed-Loop durch das „Ohr am Markt" ergänzt und aufgewertet wird. Die insgesamt für das *Personalmanagement* relevanten Themen zeigt Abbildung 78.

Die Mitarbeiter im CIC sind besonders für eine *kundenorientierte Gesprächsführung* zu sensibilisieren. Dass der freundliche Umgang eigentlich eine Selbstverständlichkeit ist, reicht nicht aus. Vielmehr müssen die verschiedenen Kommunikationselemente und ihr zielgerichteter Einsatz geschult werden. Die wichtigen Klimafaktoren, wie „das Lächeln am Telefon", das positive Formulieren, das aktive Zuhören, sind zu verinnerlichen. Gerade die erhöhten Anforderungen eines Kundenclubs sind auch in den zu entwickelnden und eingesetzten Gesprächsleitfäden abzubilden. *Cross-Selling-Techniken*, die den Mitarbeiter unterstützen, unentdeckte Bedürfnisse zu wecken und die Erwartungen zu übertreffen, erfordern die kreative Umsetzung individueller und verkaufsfördernder Maßnahmen, wobei der Club-Kunde sich nicht überfallen vorkommen soll, sondern eine ihm entgegengebrachte Wertschätzung erleben sollte. Abbildung 79 zeigt ein modular aufgebautes Trainingsprogramm für die Mitarbeiter eines CIC.

Die beschriebenen Hygienefaktoren machen es unabdingbar, dass die Mitarbeiter vor, während und nach dem Kundenkontakt alle zur Erfüllung ihrer Aufgaben erforderlichen Informationen und das notwendige Wissen verfügbar haben. Das *CRM-System* liefert die Informationen über das Club-Mitglied. Wissen über Leistungen, Services und beispielsweise aktuelle Angebote des Clubs können in einer *Wissensdatenbank* in Form von Dokumenten abgerufen werden. Dabei sind die Strukturierung der Informationen und die Zusammenführung von Wissen aus allen Bereichen des Unternehmens und weiteren relevanten Quellen vor der Aufbereitung und systemischen Implementierung vorzunehmen. Meist werden hierzu *intranetbasierte Systeme* eingesetzt, die durch eine browserähnliche Suche oder einen strukturierten Suchbaum dem Mitarbeiter helfen, schnell zum gewünschten Inhalt zu gelangen. Idealerweise wird dieser so aufbereitet, dass er mundgerecht für den Mitarbeiter die Kommunikation mit dem Kunden vorgibt. Dies setzt voraus, dass auch die Gesprächsleitfäden in die Dokumente eingearbeitet sind.

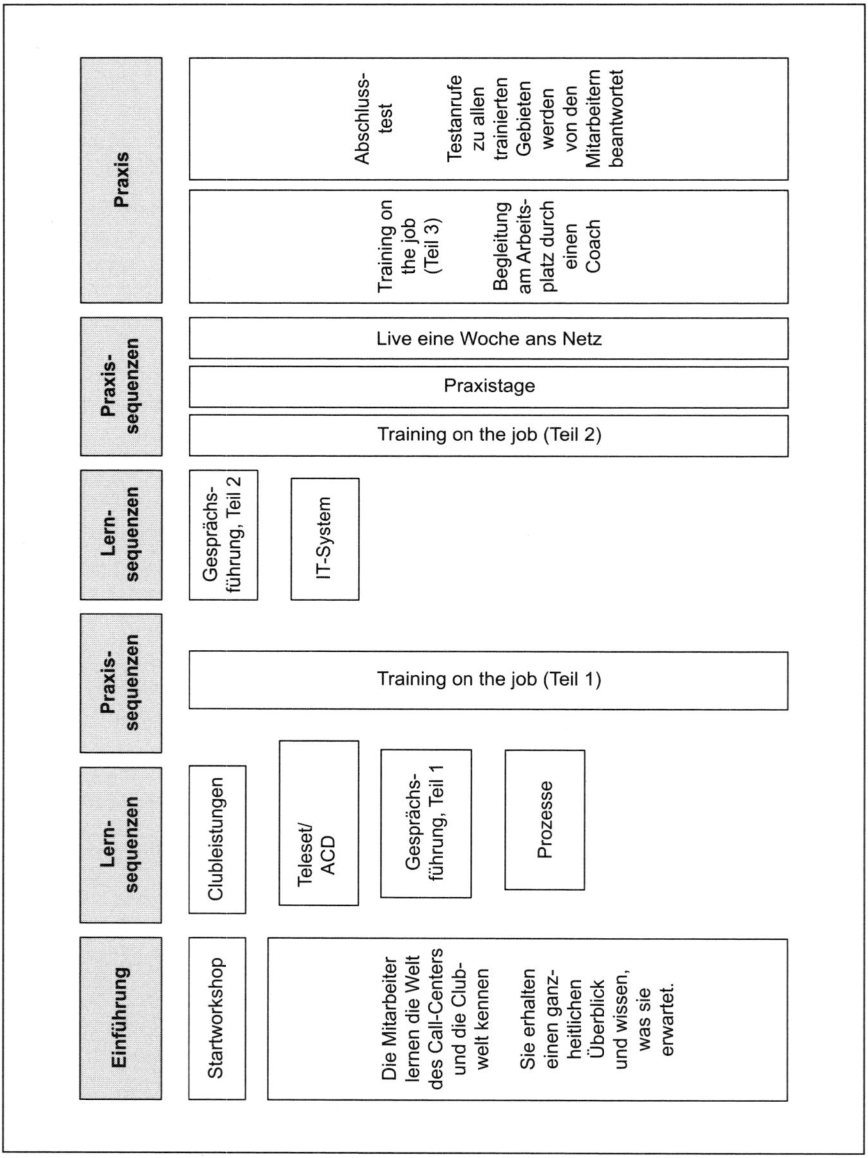

Abbildung 79: Trainingsprogramm Kundenclub
Quelle: Eigene Darstellung

Um alle Aufgaben im CIC adäquat durchzuführen, ist durch das *Knowledge-Management* sicherzustellen, dass Instrumente und Kriterien definiert sind, um das Wissen und die Wissenslücken über alle Mitarbeiterebenen hinweg zu ermitteln. Nach der Identifizierung von Wissenslücken ist das intern und extern zur Verfügung stehende Wissen zur Schließung dieser Lücken einzusetzen. Hier sind aus allen Bereichen des Unternehmens Informationen zu sammeln und nach Verfügbarkeit, Aktualität, Menge, Geschwindigkeit und Regelmäßigkeit in geeigneten Medien zur Verfügung zu stellen.

Es gilt die Haltung *„shared knowledge is power"* zu etablieren; und gerade in komplexen Organisationen ist das Wissen breit verteilt. Nur wird das Club-Mitglied von „seinem" Ansprechpartner nicht hören wollen, „was Abteilung A, ohne Abteilung B zu informieren, wieder mal gemacht hat".

Call-Center

Unternehmen, die bisher nur ausnahmsweise oder gar keinen direkten Kundenkontakt haben, müssen sich über neue Anforderungen klar werden, die in ihrer angestammten Organisation möglicherweise fehlen:

- Serviceorientierung als Grundgedanke,
- hohe Verfügbarkeit,
- kapazitätsorientiert variable Arbeitszeit,
- professionelle Personaleinsatzplanung,
- leistungsorientierte Vergütung,
- Einsatz moderner Systeme und Technologien, die kunden- und dialogorientiert sind,
- flexible, auf laufende Änderungen eingestellte Organisation,
- Monitoring,
- Qualitätssicherung,
- umfassende Datenerfassung.

Die Vorteile eines Call-Centers, also hohe Erreichbarkeit, Geschwindigkeit der Bearbeitung, persönlicher Dialog, systematisierte Datengewinnung und Überzeugungskraft (vgl. Wehrmeister, 2002), können nur bei einer guten Organisation erreicht werden. Die wesentlichen Komponenten einer notwendigen Call-Center-Technologie und ihre Grundstruktur zeigt Abbildung 80.

Basiskomponente ist die *ACD-Telefonanlage*, die im Mengengeschäft sicherstellt, dass über eine Warteschleifenfunktion der Anrufer automatisch auf einen freien CIC-Mitarbeiter verteilt wird. Das ACD-System generiert ein umfangreiches Reporting, welches nach Festlegung eines Service-Levels eine zielführende Personaleinsatzplanung ermöglicht. *Interactive-Voice-Recording-Lösungen* lassen über eine intelligente Menüstruktur ein Routing zu, dass neben dem Call-Routing zu einem Mitarbeiter auch die Erledigung durch eine automatisierte Ansage ermöglicht. Hier ist zum Beispiel die Ansage von besonderen Club-Produktangeboten sinnvoll, um durch die Automatisierung die Mitarbeiter bei der Bearbeitung von Standardanfragen zu entlasten. *Computer Telephony Integration* ist eine Applikation, die die Telefonie mit dem CRM-Front-End-System verbindet. Durch die Möglichkeit der Rufnummernerkennung kann der Kunde automatisiert schnell identifiziert werden, und es ist möglich, ihn zu einem bestimmten Mitarbeiter beziehungsweise einer bestimmten Mitarbeitergruppe zu routen. Dies ist im Sinne der Differenzierung und Individualisierung des Kundendialogs ein wichtiges Instrument.

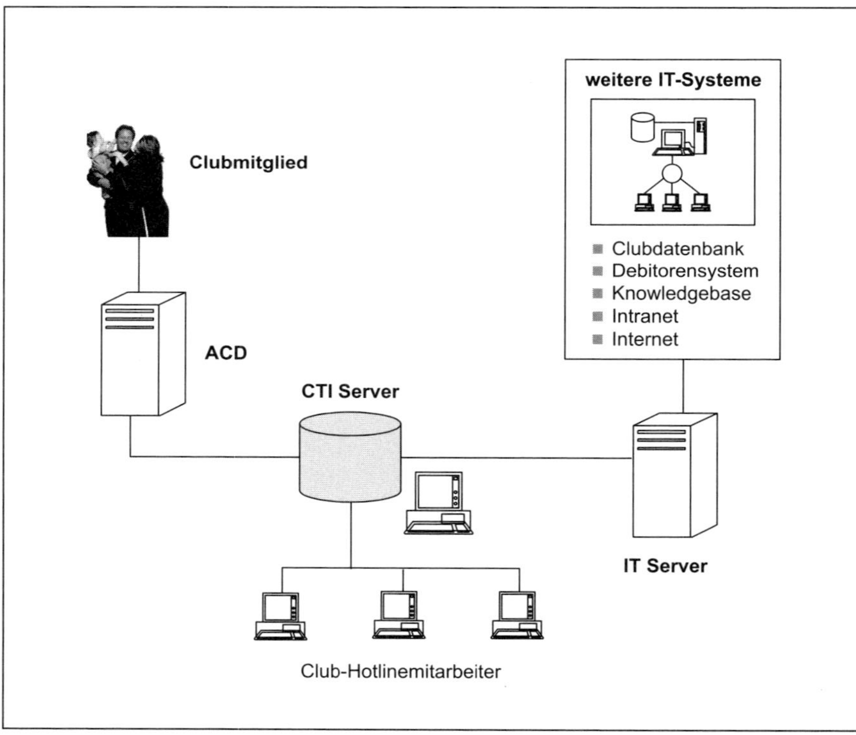

Abbildung 80: Grundstruktur eines Call-Centers
Quelle: Eigene Darstellung

Wesentliche operative Planungsentscheidungen sind die Art der Arbeitsplatzgestaltung, die im Idealfall auch die Club-Philosophie unterstützt. Geeignete Controlling- und Benchmarksysteme sind zu implementieren und die Workflows hinsichtlich der Integration der notwendigen Systemkomponenten zu definieren. Ein *Personaleinsatzplanungssystem* ist sicherlich erst ab einer bestimmten Größenordnung sinnvoll. Die Wahl des richtigen *Service-Levels* ist eine wesentliche Entscheidung, die in der Kundenwahrnehmung ein, aber nicht das alleinige Kriterium für die Entstehung von Kundenzufriedenheit ist. Dabei geht es darum, das Arbeitsvolumen richtig und möglichst genau vorherzusagen und die richtige Anzahl an Mitarbeitern zur richtigen Zeit am Arbeitsplatz zu planen. Je höher der Service-Level, umso höher die Kapazität an Mitarbeitern, die vorzuhalten ist. Ein zu großes Absinken der *Erreichbarkeit* kann auch Unzufriedenheit erzeugen. Die Öffnungszeiten des CIC, das heißt das Zeitfenster, in welchem der Kunde einen Mitarbeiter erreichen kann, beeinflussen ebenso den Umfang des Ressourceneinsatzes. Neben der reinen Erreichbarkeit ist aber die *Qualität der Bearbeitung des Kundenwunsches* von größerer Bedeutung.

	Inhouse-Lösung	Outsourcing-Lösung
Pro	■ Internes Know-how vorhanden ■ Know-how bleibt im Unternehmen ■ Höhere Motivation der Mitarbeiter ■ Kurze Kommunikationswege	■ Technologie-Nutzung vorhandener Infrastruktur ■ Hohes generelles Qualifikationsniveau der Mitarbeiter ■ Problemloser Ausgleich von Kapazitätsspitzen ■ Technik wird vom Dienstleister gewartet und gepflegt
Contra	■ Fehlende Mitarbeiter-Qualifikation ■ Teilweise fehlende Managementkapazitäten ■ Fehlende Flexibilität bei Kapazitätsschwankungen ■ Support- und Serviceleistungen für Technik und Infrastruktur ■ Hohe Front-End-Investitionen ■ Fehlende Infrastruktur	■ Abhängigkeit von einem Dienstleister ■ Kein Aufbau von Know-how und Kompetenz ■ Fehlendes internes Know-how über Abläufe ■ Teilweise Schnittstellenprobleme bei höherer Komplexität ■ Höhere Kommunikationskosten ■ Hoher Schulungsaufwand

Abbildung 81: Make-or-Buy eines Call-Centers
Quelle: Baumgärtner (o. J.), S. 14

Non-Voice-Kommunikation

CIC bieten in aller Regel neben dem Kommunikationskanal Telefon und den klassischen Kommunikationswegen Brief und Fax zunehmend auch den E-Mail-Kanal. Neben vorgegebenen Formularen, wie zum Beispiel dem Mitgliedsaufnahmeformular, wird der Kunde auch formlose Schreiben nutzen. Um die anfallenden Korrespondenzvorgänge vollständig und qualitativ hochwertig zu bearbeiten, ist nicht unbedingt eine automatisierte Softwarelösung erforderlich.

Neben dem reinen Abwickeln der Transaktion, wie am Beispiel der Reklamation in Abbildung 82 ersichtlich, ist die *Dokumentation des Vorgangs* und die *Erfassung und Archivierung der relevanten Daten* wichtig.

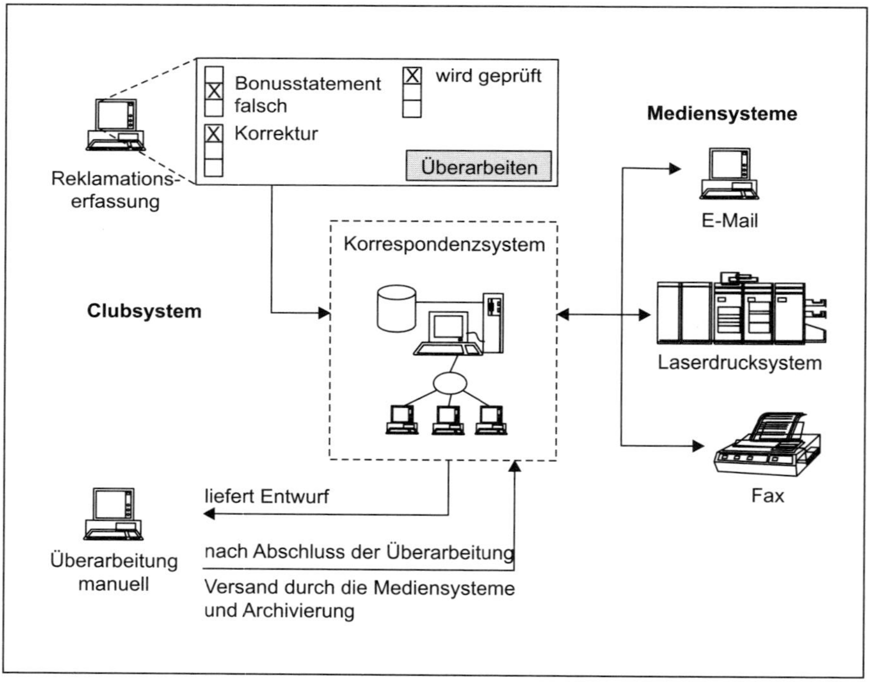

Abbildung 82: Korrespondenzbearbeitung – dargestellt am Beispiel Reklamation
Quelle: Eigene Darstellung

Sowohl die systemischen Voraussetzungen als auch die nachhaltige Schulung der Mitarbeiter und ein umfassendes Kontrollsystem sind notwendig, um die aus den Kontakten entstehenden wertvollen Informationen tatsächlich nutzbar zu machen. Dies muss in der Konzeption des Service Centers, dem Prozessdesign und der Entwicklung von Softwarelösungen berücksichtigt werden. Oftmals sind eingesetzte Systeme optimiert, um schnell Transaktionen durchzuführen, aber nicht, um weitere qualifizierende Merkmale des Kunden zu erfassen.

Serviceorientierte Unternehmen bearbeiten heute Standardvorgänge innerhalb von 48 Stunden.

Fax und E-Mail sollten grundsätzlich priorisiert bearbeitet werden, da unterstellt werden kann, dass der Kunde bewusst das schnellere Medium gewählt hat. Eingehende und ausgehende Briefe werden idealerweise elektronisch archiviert und mit dem Kundenkonto verlinkt, so dass der Mitarbeiter zu jeder Zeit Zugriff auf alle bisher angefallenen Vorgänge hat. Kunden ist es oftmals unverständlich, wieso ein von ihnen geschicktes Schreiben dem Mitarbeiter weder inhaltlich noch als Information vorliegt.

Bei standardisierten Antwortschreiben werden gern Textbausteine genutzt, um die Bearbeitung zu erleichtern und um ein konsistentes Bild abzugeben. Dies ist grundsätzlich richtig, birgt aber das Risiko, dass der Kunde bei stereotypen Antworten das Gefühl bekommt, er werde nach „08/15"-Manier bearbeitet. „Vielen Dank für die Zusendung Ihrer Textbausteine ..., aber warum haben Sie eigentlich nicht auf meine Fragen geantwortet ..." sind Kundenreaktionen, die es zu vermeiden gilt. Da auf den Einsatz von Textbausteinen aus Gründen der Effizienz nicht verzichtet werden kann, ist darauf zu achten, dass sie ein einheitliches Format aufweisen und dass eine Definition der Briefbestandteile sowie der Versionen erfolgt. Egal, welches Kontaktmedium genutzt wird, Form und Stil in der mitgliedsgerichteten Kommunikation müssen vereinheitlicht und gemäß den Kommunikationsregeln spezifiziert sein.

Die Individualität ist gerade in der Kommunikation mit dem Club-Mitglied bedeutsam; es sind deshalb nur sehr dosiert Standardschreiben einzusetzen. Je individueller die Antwortschreiben sind, umso wichtiger wird es sein, einen so genannten *Styleguide* zu definieren, der als Basis für die Erstellung von Standarddokumenten einerseits und für die Schulung und Qualifizierung der Mitarbeiter andererseits heranzuziehen ist. Spezielle Trainings vermitteln dem Mitarbeiter sprachlichen Stil, Ausdrucksweise und Format, die speziell auf das Club-Kommunikationkonzept ausgerichtet sind.

Key Points

- Prozesse, CRM-System, Databasemanagement und die Servicedurchführung müssen aufeinander abgestimmt sein.
- Club-Mitglied-Status (Interessent), Typus (VIP) und Attribute (Mitgliedsnummer) sind laufend zu dynamisieren, um der Mitglieder-Entwicklung Rechnung zu tragen.
- Jeder Kundenkontakt ist in den IT-Systemen zu erfassen.
- Die Kundenanlaufstellen sind als Multichannel-Konzepte zu gestalten und bieten neben mitarbeiterorientierten Systemen auch Customer-Self-Care-Angebote.
- Die Qualität des Customer Interaction Centers, gleich ob inhouse oder fremdvergeben, steht und fällt mit der Ausbildung der Mitarbeiter und der Leistungsfähigkeit der eingesetzten Systeme.
- Erst eine Wissensdatenbank ermöglicht eine breite Diffusion des Unternehmenswissens und sichert einen qualifizierten Kundendialog.
- Das Data Warehouse erfordert eine einheitliche Pflege und sollte eine ganzheitliche Sicht auf die gesamte Kundenhistorie ermöglichen.
- Alle Kundenbindungsprozesse (Kommunikation und Aktionen) sind in ein Gesamtsystem einzubinden.
- Die IT-Systeme müssen die zentralen Aufgaben integriert abdecken (inklusive der Funktionen Mitgliederbetreuung, Statusmanagement, Marketingaktionen und Mitgliedsabrechnung).
- Die Einwilligungserklärung des Kunden stellt die Grundlage der individualisierten Betreuung dar.

5.6 Rechtliche Rahmenbedingungen

5.6.1 Vorbemerkung

Den rechtlichen Rahmen für Kundenbindungsprogramme und Kundenclubs bilden vor allem das Gesetz gegen den *unlauteren Wettbewerb (UWG)* und das *Datenschutzrecht*. Durch die Aufhebung der Regelungen der Zugabeverordnung und des Rabattgesetzes am 25.07.2001 sind wesentliche wettbewerbsrechtliche Einschränkungen für die Gestaltung von Kundenbindungsprogrammen und damit auch für Kundenclubs entfallen. Zudem ist am 08.07.2004 die Neufassung des UWG in Kraft getreten, die die 2001 begonnene Liberalisierung des Wettbewerbsrechts fortsetzen soll. Neu im UWG ist die Verankerung des Schutzes vor unlauterem Wettbewerb für den Verbraucher. Bisher galt der Schutz den Wettbewerbern.

Im ebenfalls 2001 neugefassten Bundesdatenschutzgesetz (BDSG) nimmt die Verarbeitung und Nutzung von personenbezogenen Daten – also Verbraucherdaten – zu Marketingzwecken eine besondere Stellung ein. Erweiterte Informationspflichten, die nicht mehr nur für den Fall der Einholung einer Einwilligung zur Erhebung, Verarbeitung und Nutzung von Verbraucherdaten zutreffen, definieren den datenschutzrechtlichen Rahmen.

Eine umfassende Beschäftigung mit den rechtlichen – und auch den steuerrechtlichen – Aspekten unter Hinzuziehung eines Juristen ist in jedem Fall zu empfehlen, bevor ein Kundenbindungsprogramm oder ein Kundenclub realisiert wird. Gerade in wettbewerbsintensiven Branchen wird sehr aufmerksam darauf geachtet, ob sich die Wettbewerber in den definierten Grenzen bewegen oder die Möglichkeit besteht, besonders aggressive Marktauftritte durch „Einstweilige Verfügungen" zu unterbinden.

5.6.2 Rahmenbedingungen des UWG

Der Gesetzgeber hatte mit dem Wegfall des Rabattgesetzes und der Zugabeverordnung in Kauf genommen, dass eine unterschiedliche Behandlung der Verbraucher zugelassen wird, es also Privilegierung (Club-Mitglied) und Diskriminierung (Nichtmitglied) geben darf. Gerade dieser neu geschaffene Spielraum sollte durch innovative Formen der Sicherung von Kundenbeziehungen geschaffen werden (vgl. Köhler, Pieper; 2002).

Die grundsätzliche Zulässigkeit von preis- und produktbezogenen Kundenbindungsprogrammen ist insofern nach den allgemeinen Regeln des Wettbewerbsrechts zu beurteilen.

Nach § 3 UWG sind solche Handlungen unzulässig, die als unlautere Wettbewerbshandlungen zu verstehen sind. Der Begriff der „guten Sitten“ des alten UWG wurde nun durch den der Unlauterkeit ersetzt. § 4 UWG zählt Beispieltatbestände auf, die die Generalklausel des § 3 präzisieren sollen, zum Beispiel die Ausübung von Druck, das Ausnutzen geschäftlicher Unerfahrenheit insbesondere von Kindern und Jugendlichen, die Verschleierung des Werbecharakters einer Handlung, das unklare Angeben von Teilnahmebedingungen bei Gewinnspielen mit Werbecharakter.

Für Kundenbindungsprogramme ist § 4 Nr. 4 UWG von Bedeutung, der dem Informationsbedarf des Kunden Rechnung trägt. Unlauter und damit unzulässig ist es, unklare und nicht eindeutige Angaben zu den Bedingungen der Inanspruchnahme von Rabatten, Zugaben und Geschenken zu machen. Neben der Transparenz der Teilnahmebedingungen sowie der Art und dem Umfang der Vorteilsgewährung ist ebenfalls die Preistransparenz zu beachten. Sonderpreise für bestimmte Käufergruppen (zum Beispiel Club-Mitglieder) sind möglich. Nach § 5 UWG ist irreführende Werbung unzulässig; dabei kann unter Umständen bereits von einer Irreführung ausgegangen werden, wenn Tatsachen, die für die Bedeutung einer Kaufentscheidung oder eines Vertragsabschlusses relevant sind, verschwiegen werden.

Die Rechtsfolgen sehen vor, dass wettbewerbswidriges Handeln dazu führen kann, auf Beseitigung, Unterlassung sowie Schadensersatz in Anspruch genommen zu werden. Der im neuen UWG festgelegte Gewinnabschöpfungsanspruch soll vor allem abschreckend wirken und ergänzt die anderen Sanktionsmöglichkeiten. Auch wenn in § 4 UWG Beispiele von unlauterem Wettbewerb aufgeführt sind, wird auch weiterhin der Rechtsprechung im Sinne einer Konkretisierung des Wettbewerbsrechts große Bedeutung zukommen.

5.6.3 Kundenbindungsprogramme und Datenschutz

Die für alle Kundenbindungsmaßnahmen relevanten Methoden der Kommunikation und der Informationsgewinnung sind vor dem Hintergrund einer aktuell immer sensibler geführten Diskussion um den Datenschutz nicht isoliert aus Unternehmenssicht zu betrachten. Die zunehmende Kritik von Verbraucherschützern, insbesondere an Rabatt- und Kundenkarten, bezieht sich vor allem auf die zu pauschale Abfassung der *Einverständniserklärungen* der

Kunden, deren „Unerfahrenheit schamlos ausgenutzt wird" (vgl. Hammer, 2004). So ist es nur verständlich, dass die logische Folge ein permanentes Warnen vor dem Ausfüllen von Fragebögen ist, vor allem mit Daten, die nicht unbedingt für die Abwicklung eines Kaufvorganges erforderlich sind.

Das BDSG regelt, unter welchen Bedingungen die Verarbeitung und Nutzung von Kundendaten zu Marketingzwecken erfolgen darf. Neben der *Informationspflicht des Unternehmens*, welches Kundendaten erhebt und weiterverarbeitet, ist vor allem die *Einwilligung des Teilnehmers* beziehungsweise Mitglieds von besonderer Bedeutung. Eine *umfassende Information im Rahmen der Kommunikation* sollte schon während der Erhebung der Kundendaten erfolgen, um eine *Nachinformationspflicht* zu vermeiden (vgl. Würmeling, o. J.). Da in Kundenbindungsprogrammen und Kundenclubs der Nutzung der Daten besondere Wichtigkeit zugesprochen wird, ist eine aktive Informationspolitik in jedem Fall zu empfehlen. Von Datenschützern wie dem ULD (Unabhängiges Landeszentrum für Datenschutz Schleswig-Holstein) werden als wesentliche Kriterien für eine freie Entscheidung folgende erforderlichen Informationen genannt:

- Benennung der für die Datenverarbeitung verantwortlichen Stelle,
- Aufzählung der verarbeiteten Datenkategorien,
- Darstellung der einzelnen Phasen der Datenverarbeitung und Datenflüsse,
- Adressaten einer Datenübermittlung,
- Benennung der Zwecke der Datenverarbeitung,
- Hinweis auf die Freiwilligkeit und Folgen der Verweigerung,
- Hinweis auf die Widerrufbarkeit der Einwilligung.

Der Bundesbeauftragte für den Datenschutz spricht von der *informierten Einwilligung*, das heißt, die Wirksamkeit der Einwilligung hängt von der Informiertheit des Betroffenen ab (vgl. Jacob/Jost, 2003). Die *Einwilligungsklauseln* sind in der Praxis nicht sonderlich beliebt, da das BDSG besondere Anforderungen an ihre Wirksamkeit stellt:

- in der Regel Schriftform, das heißt Unterschrift des Kunden,
- genaue Beschreibung des Zwecks der Verarbeitung.

Oft scheitert die Wirksamkeit von Einwilligungserklärungen an den Grenzen des Gesetzes über die Allgemeinen Geschäftsbedingungen (vgl. Würmeling, o. J.). Das ULD kritisierte, dass die von den untersuchten Kundenbindungsprogrammen verwendeten Einwilligungserklärungen oft mit Mängeln versehen sind. Am gravierendsten sehen die Datenschützer Verstöße gegen das *Kopplungsverbot*, also die Abhängigkeit der Teilnahme von der Nutzung der personenbezogenen Daten zu Werbe- und Marktforschungszwecken. Die wirksame Einwilligung ist in § 4a BDSG geregelt:

„§ 4a Einwilligung

Die Einwilligung ist nur wirksam, wenn sie auf der freien Entscheidung des Betroffenen beruht. Er ist auf den vorgesehenen Zweck der Erhebung, Verarbeitung oder Nutzung sowie, soweit nach den Umständen des Einzelfalles erforderlich oder auf Verlangen, auf die Folgen der Verweigerung der Einwilligung hinzuweisen. Die Einwilligung bedarf der Schriftform, soweit nicht wegen besonderer Umstände eine andere Form angemessen ist. Soll die Einwilligung zusammen mit anderen Erklärungen schriftlich erteilt werden, ist sie besonders hervorzuheben ..."

Eine gelungene Lösung für die Beschreibung der zu verarbeitenden Daten liefert die folgende Einwilligungserklärung:

„Ich bin damit einverstanden, dass meine obigen Daten und meine Programmdaten (Anzahl gesammelte ... und deren Verwendung; gekaufte Waren und Dienstleistungen; freiwillige Angaben) ..." (vgl. ULD, 2003, S. 77).

Die *Lufthansa* beschreibt dieses Thema für ihre Teilnehmer am *Miles & More*-Programm wie folgt:

„Um Sie als *Miles & More*-Kunden eindeutig identifizieren und oben genannte Kommunikation durchführen zu können, benötigen wir von Ihnen einige persönliche Daten. Diese werden bei Ihrer Anmeldung abgefragt und umfassen Name, Vorname, Geschlecht, Anschrift. Darüber hinaus können Sie uns auf freiwilliger Basis zum Beispiel Geburtsdatum, Telefon-/Faxnummer, E-Mail-Adresse, Handynummer, den von Ihnen präferierten Kommunikationsweg (online/Post) und Ihre bevorzugte Korrespondenzsprache mitteilen. Außerdem können Sie bei Ihrer Anmeldung einwilligen, Informationen und aktuelle Angebote von *Lufthansa*, Mitherausgebern und *Miles & More*-Partnerunternehmen per SMS und/oder E-Mail zu erhalten. Diese Einwilligungen können Sie online beim *Miles & More* Service Center oder direkt beim LH-Konzern-Datenschutzbeauftragten jederzeit widerrufen. Auch der Nutzung Ihrer Postadresse für Werbezwecke können Sie dort widersprechen."

Die bereits beschriebene Grundregel des *Permission-Marketing* macht den Kunden zum Souverän, und so ist es nicht verwunderlich, dass auch der Datenschutzbeauftragte der Bundesregierung Permission-Marketing als den besseren Weg der Kundenbindung befürwortet. Er fordert, die Position des Verbrauchers durch Transparenz und Information zu stärken und nicht mit subtilen Formen der Daten- und Informationsgewinnung den Kunden dem Risiko der Manipulation auszusetzen (vgl. BfD, 19. Tätigkeitsbericht, 2002).

Wenn die Datenschutzfrage zukünftig heißt: „Was erlaubt der Kunde" (vgl. DuD, 2003), so kommt dem Permission-Marketing eine besondere Bedeutung zu. Durch die explizite Beteiligung des Kunden bei der Bestimmung und Festlegung seines Kundenprofils und der permanent gegebenen Möglichkeit zur Veränderung dieses Profils wird dem stark gewachsenen Bedürfnis des Verbrauchers nach seinem persönlichen Datenschutz Rechnung getragen. So kann eine Win-Win-Situation entstehen, die mehr auf gegenseitigem Vertrauen als auf den rechtlichen Grundlagen von Datenschutzbestimmungen basiert.

Auch das Steuerrecht hat noch Regelungen, die für die Betreiber von Kundenbindungsprogrammen bedeutend sind. So ist aus Verbraucher- beziehungsweise Teilnehmersicht gemäß § 3 Nr. 38 EstG (Einkommensteuergesetz) die persönliche Inanspruchnahme von unentgeltich erhaltenen Sachprämien bis zu einem Betrag von 1 080 Euro steuerfrei. Das vorteilsgewährende Unternehmen hat die Möglichkeit, die Prämien einer pauschalen Abgeltungssteuer von 2,25 Prozent ihres gesamten Werts zu unterwerfen.

Dieser pauschale Steuersatz ist in einer Wirtschaftlichkeitsberechnung mit zu kalkulieren.

Key Points

- Das gesamte Kundenclub-Konzept muss auf den aktuellen rechtlichen Rahmenbedingungen basieren.
- Das Mitglied steht der Bereitstellung von weiteren Informationen sehr kritisch gegenüber; deshalb ist deren Erhebung gut zu begründen.
- Der sicherste Weg zur „ehrlichen" Kommunikation mit dem Kunden ist die Erhebung von Permission zum Dialog.

6. Status quo und Marktübersicht

Wo steht der Kundenclub im Jahr 2004? Der Boom der Kundenkarten und Bonusprogramme nach dem Wegfall *des Rabattgesetzes und der Zugabeverordnung* hat sicherlich auch dazu beigetragen, dass es um die Kundenclubs in den vergangenen Jahren ruhiger geworden war. Solon stellte in einer deutschlandweit durchgeführten Studie 2003 fest, dass

- von den Top 100 Werbetreibenden zwölf Marken beziehungsweise Unternehmen,
- von den 50 größten Markenwerten nur drei Unternehmen,
- im Consumer Bereich 45 bis 50 Unternehmen

einen Kundenclub betreiben (vgl. Solon, 2003, S. 7).

Besonders gut sichtbar sind aufgrund der umfassenden Kommunikationsmöglichkeiten die Kundenclubs der *Medienbranche*, die immerhin ein Drittel der BtC-Kundenclubs in Deutschland stellen (vgl. Abbildung 83, Solon, 2003).

Danach folgen die *Spielwarenbranche* und die *Automobilunternehmen*. Unternehmen, die bereits ein Kundenbindungsprogramm betreiben, nennen neben der Ausweitung dieser Aktivität in Richtung eines *Multipartnerprogramms* inzwischen die *Einführung eines Kundenclubs* als die am zweithäufigsten geplante Aktivität (vgl. Roland Berger, 2003, S.11). *Banken* sehen in der Einführung von Kundenclubs auch eine Möglichkeit zur Optimierung der Verkaufsförderung im Segment der Kinder und Jugendlichen. Während die erstgenannten Branchen ein ausreichendes Aktivitätsniveau erreicht haben, sind der *Mode- und Kosmetikbereich* und die *Home-/Interior-Branche* noch am Beginn der Beschäftigung mit einem Club-Konzept.

Für alle aber gilt, dass der Erfolg oder Misserfolg stark von der Genauigkeit der *Zielgruppendefinition* abhängig ist. 44 Prozent der befragten Clubs mussten nie eine Club-Leistung zurücknehmen, weil sie nicht erfolgreich war. Misserfolge waren in der Regel auf eine unklare Definition der Zielgruppe zurückzuführen (vgl. Solon, 2003, S. 18). *Finanzierungsquelle von Clubs* ist, wie Abbildung 84 zeigt, weitgehend das Marketingbudget, während nur knapp zwei Drittel Mitgliedsbeiträge verlangen.

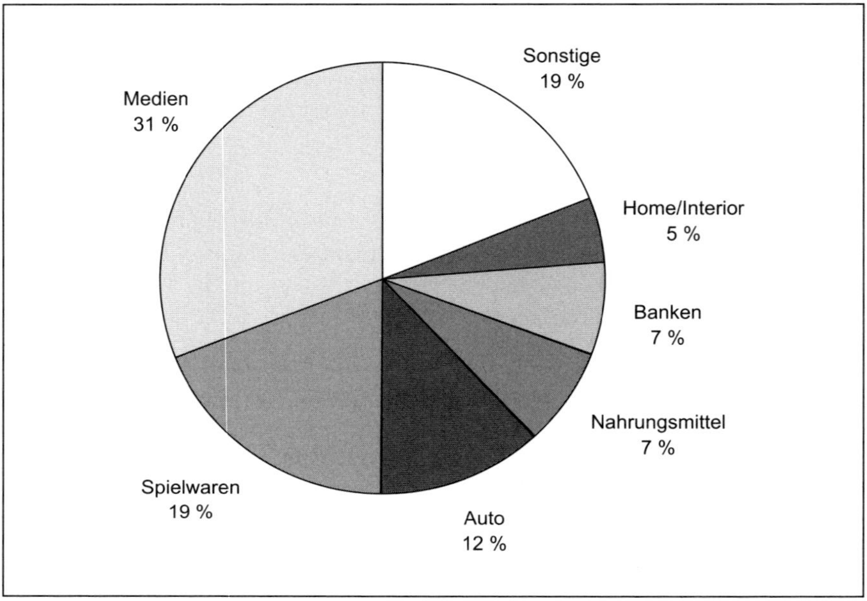

Abbildung 83: BtC-Kundenclubs in Deutschland
Quelle: Solon, 2003

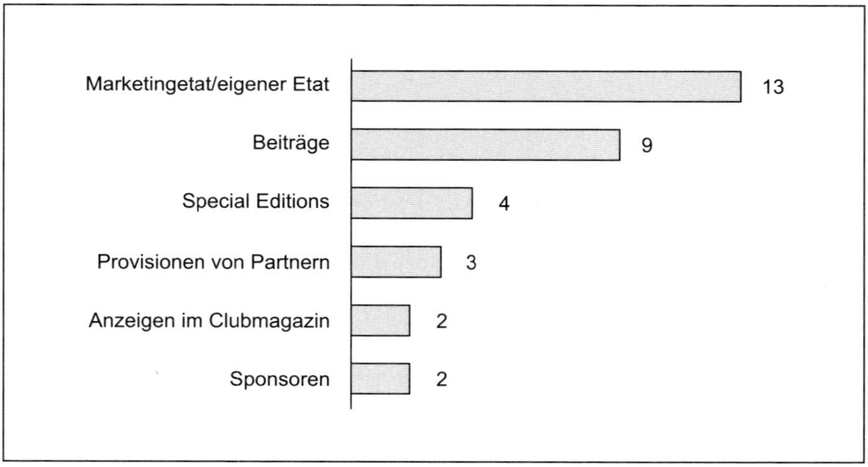

Abbildung 84: Finanzierungsquellen (mehrere Nennungen möglich)
Quelle: Solon, 2003

Im Leistungsspektrum dominiert die *Club-Zeitschrift* neben den in Abbildung 85 gezeigten weiteren meistgenannten Club-Leistungen.

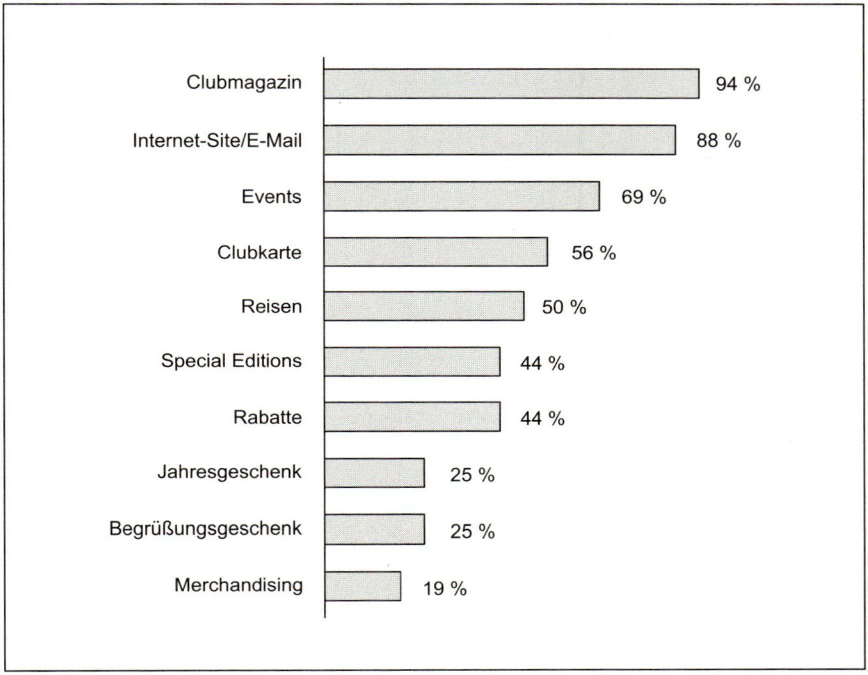

Abbildung 85: Top 10 Club-Leistungen
Quelle: Wichert-Nick, 2003

Diese Leistungen werden je nach Größe des Clubs von *drei bis fünf Mitarbeitern* gemanagt. Externe Partner werden für die *Erstellung und den Versand der Club-Zeitschrift* genutzt, während selten *Call-Center* outgesourct werden. Zwei Drittel der befragten Clubs arbeiten mit *Servicepartnern*, dabei dominieren Reiseunternehmen vor Merchandising-Partnern und Handelsunternehmen, die Rabatte für Club-Mitglieder gewähren.

Ein Grund für die aktuell noch überschaubare *Club-Landschaft in Deutschland*, einen Ausschnitt zeigt Abbildung 86, ist vielleicht auch die Schwierigkeit, Emotionalität in die Kundenbeziehung zu bringen. Dabei ist gerade der Kundenclub eine sehr geeignete Plattform, die Kundenbeziehung emotional aufzuladen.

Clubtyp	Marketingziel	Zielgruppe	Leistungen/Charakt
VIP Forum Gelb (Deutsche Post World Net AG), Club Best Hotels, Airport Club Frankfurt, Jaguar Finest Club, Travelclub	▪ Feste Bindung umsatzstarker Gruppen (Stammkunden, VIPs)	▪ „Gute“ Stammkunden ▪ VIPs aus Gesellschaft, Politik, Wirtschaft	▪ Generell-Exklusivität (insbesondere auch bei Zusatz-/Serviceleistungen) ▪ Geldwerte ideelle Vorteile
Fan Club Barbie Fan Club, DAB Club, Erdinger Weißbier Club, RTL Club, Pro 7 Club, Radio Hamburg Club, Lancia Club, Opel Freunde, Harley Owners Group	▪ Stützung/Verbesserung des Markenimages („Markenpflege“) ▪ Produktvorteil durch Club initiieren	▪ Alle Kunden ▪ „Gute“ Stammkunden	▪ Meetings/gemeinsame Veranstaltungen für die Fans: Einladungen, Präsente, Fanclubpost und Überraschungen ▪ Kommunikation der Mitglieder miteinander
Produkt Interest Club Pampers Eltern Service, Maggi Kochstudio Club, Volkswagen Club, Swarovski Collectors Society, Dr. Oetker Backclub, IBM Help Club, Microsoft Club, Knax Club, Club Biotherm (L'Oreal)	▪ Bindung und Schaffung von Heavy Usern ▪ Abbau von Akzeptanzschwellen bei erkärungsbedürftigen Produkten ▪ Zusatznutzen durch Zusatzleistungen	▪ Das gesamte Kundenpotenzial ▪ Nichtkunden	▪ Dialogkommunikation zu produktbezogenen Themen ▪ Hotline/Clubportal ▪ Clubzeitschrift und -letter ▪ Günstige Sonderprodukte ▪ Exklusive Vorabinformation über Neuheiten ▪ Events
Kundenvorteilsclub Görtz Karte, BSW Bonus & Club, IKEA Family Club	▪ Effektivere Kundenbindung ▪ Verbesserter Dialog (Kundennähe herstellen) ▪ Steigerung der Besucherhäufigkeit/Kauffrequenz	▪ Alle Kunden	▪ Bestellservice ▪ Prämien/Gewinnspiele ▪ Exklusive Angebote ▪ Kooperationspartner ▪ Bonussystem
Lifestyle Club Davidoff Club, R6 Club, Ferrari Club	▪ Bindung und Gewinnung von Kunden mit genau auf diese zugeschnittenen Services	▪ Kundengruppen mit spezifischem, von der Norm abweichendem Lebensstil	▪ Serviceleistungen ▪ „Prestigebringende“ Produkte

Abbildung 86: Club-Typen und Kundenclubs
Quelle: Eigene Darstellung in Anlehnung an Solon, 2003

7. Fallstudien

7.1 Pampers Eltern Service – ein Kundenbindungsprogramm der Marke Pampers

7.1.1 Management Summary

Der *Pampers Eltern Service* ist Ausdruck der *Procter & Gamble*-Philosophie, ein am Verbraucher orientiertes Marketing durchzuführen und den Kunden an allen relevanten Kontaktpunkten zu begegnen. Für das Starprodukt *Pampers* im Segment der Einmalwindeln, das im Jahre 2003 seinen 30. Geburtstag feierte, wurde schon Ende der achtziger Jahre ein Betreuungsprogramm entwickelt, welches der genau definierbaren Zielgruppe relevante Informationen und Services rund um das Thema „Baby Care" zur Verfügung stellt (vgl. Abbildung 87).

Abbildung 87: Windeln von 1973 und 2003
Quelle: Procter & Gamble, 2004

Die Konzeption stellt dabei nicht einen Club im engeren Sinne dar, weil beispielsweise keine Club-Karte als konstituierendes Element ausgegeben wird. Es handelt sich hier folglich eher um einen *virtuellen Club*, weil die Eltern nach ihrer Registrierung kontinuierliche Informations- und Serviceangebote erhalten, die fallweise genutzt werden können. Hierzu ist es entscheidend zu wissen, wann der Kunde von seiner Marke etwas zu hören wünscht. Nur durch einen engen Schulterschluss mit dem Kunden kann es gelingen, die gewünschte „Relevanz der angebotenen Dialoginhalte aus Sicht der Kunden" zu erreichen. Damit handelt es sich im Kern um ein *Dialogangebot*, das sich an den Entwicklungsphasen des Kindes orientiert und den Eltern einen umfassenden Service anbietet.

Dieses Serviceangebot wird in allen europäischen Ländern angeboten, in denen Pampers vermarktet wird. Dabei orientiert man sich an der Leitidee: „so viel Standardisierung wie möglich, so viel länderspezifische Differenzierung wie nötig".

7.1.2 Ausgangslage und Schlüsselherausforderungen der Branche und des Unternehmens

Die Marke *Pampers* wurde 1973 in Deutschland eingeführt und hat sich konsequent zum führenden Produkt im Markt der Windeln positioniert. Fast drei Viertel aller Kinder, die in den letzten 30 Jahren in Deutschland das Licht der Welt erblickten, wurden schon einmal in *Pampers* gewickelt. Aufgrund der sehr guten Zielgruppenfokussierbarkeit wurde schon früh auf Direktmarketing in der Ansprache gesetzt, weil hier die Zielgruppe ohne große Streuverluste angesprochen werden kann.

Die verschiedenartigen Direktmarketing-Aktionen wurden Ende der achtziger Jahre zum *„Pampers Eltern Service"* weiterentwickelt, in dem zur Betreuung der Zielgruppe ein ausgereiftes Programm erarbeitet wurde, so dass heute auf eine Betreuungserfahrung von über 15 Jahren zurückgegriffen werden kann. Dabei stand und steht nicht die Entwicklung eines ganz eigenständigen Club-Konzepts im Vordergrund, sondern ein an den Erwartungen der Mütter orientiertes Servicekonzept, welches zu Fragestellungen „rund um das Produkt" und zur „Entwicklung des Kindes" kompetent Stellung nimmt.

Der Aufbau eines *Beziehungsmanagements* ist die zentrale Philosophie des gesamten Programms, der sich alle Einzelmaßnahmen unterordnen. Hierbei orientiert sich der *Pampers Eltern Service* auch an den Corporate Statements von *Procter & Gamble*, „das Leben des Verbrauchers jeden Tag zu verbessern".

Der Start des Dialogprogramms erfolgte dabei aus einer Position der Stärke heraus, da *Pampers* lange eine dominante Vormachtstellung im Markt besaß. Hier war es im Kern eine *Frage der Positionierung*, ein Betreuungsprogramm aufzusetzen, welches dem Marktführer entsprach. Heute sehen sich viele

Marken generell einer zunehmenden Preissensibilität der auf breiter Front zum Smart Shopper erzogenen Konsumenten gegenüber, wodurch das vorliegende Programm kontinuierlich an Bedeutung gewonnen hat.

Im Windelmarkt gilt, dass die Loyalität mit der Erfahrung im Umgang mit dieser Produktkategorie abnimmt, wobei insgesamt noch höhere Loyalitätsraten erreicht werden als beispielsweise im Segment der Waschmittel. Um hier die Loyalität zu erhalten, wurde – neben dem Service-Angebot – ein Produktsortiment aufgebaut, welches sich an den gesamten Entwicklungsphasen des Wickelkindes orientiert.

7.1.3 Beschreibung des Pampers Eltern Service

Aufgabenstellung und zu erreichende Ziele

Der *Pampers Eltern Service* startet mit der Geburt des Kindes und soll die Eltern dazu motivieren, den Produkten von *Pampers* während der Wickelphase treu zu bleiben und im Idealfall auch den Übergang des Kindes zur Toilettennutzung durch das Anfang 2004 gelaunchte Produkt „Kandoo von *Pampers*" zu begleiten, ein feuchtes Toilettenpapier, in Aufmachung und Produktgestaltung genau auf die Bedürfnisse von Kindern im Alter von drei bis sieben Jahren ausgerichtet. Hierfür wird angestrebt, sich über den relevanten Zeitraum als kompetenten Partner zu positionieren, der nicht nur *hervorragende Produkte*, sondern darüber hinaus *produktbegleitende Services* bereitstellt. Letztlich wird damit ein großes Ziel angestrebt: die *umfassende Hinführung der Eltern an Pampers* und deren *langfristige Bindung*.

Bei der Gewinnung der Eltern wird dabei – neben den klassischen Ansätzen zur Kundengewinnung über breit streuende Kommunikation – verstärkt auf die *Weiterempfehlung des Programms durch die betreuten Eltern* gesetzt. Einen weiteren wichtigen Ansatz stellt die *Einbindung von Multiplikatoren zur Gewinnung von Neukunden* dar, beispielsweise von Krankenhäusern und Hebammen.

Ein *kundenorientiertes Produktangebot* steht und fällt mit der Nähe zum Konsumenten. Deshalb nimmt die Produktforschung bei *Procter & Gamble* einen hohen Stellenwert ein, indem circa 1 800 Eltern mit ihren Babys wöchentlich neue Windeln im Verbraucherkontaktzentrum in Schwalbach am Taunus auf ihre Alltagstauglichkeit testen. Hier wird die Philosophie von *Pampers* zur Realität, „die Welt mit den Augen der Babys zu sehen, den Alltag der Eltern zu verstehen und Produkte für die speziellen Bedürfnisse der Kleinen anzubieten". Deshalb erfolgt hierbei auch keine Beschränkung auf die im Rahmen von *Pampers Eltern Service* betreuten Kunden. Auch über die Verbraucherhotline und das Internet erhält *Procter & Gamble* vielfältiges Feedback von den Produktnutzern, das sehr umfassend ausgewertet wird.

Der Stellenwert des Dialogprogramms ist in den letzten Jahren kontinuierlich gewachsen, weil die „Zapping-Quote" der Konsumenten – quer durch alle Medien – kontinuierlich angestiegen ist. Mit seinem *Service-Angebot* hat der *Pampers Eltern Service* im Windelbereich eine Alleinstellung, da hier kein unmittelbarer Wettbewerber ein vergleichbares Konzept anbietet. Gleichwohl konkurriert dieses Serviceangebot in den Augen der Verbraucher im Segment „Baby Pflege/Baby Food" mit anderen Angeboten, beispielsweise dem *Milupa-Service für Mutter & Kind* (www.rund-ums-baby.de) und mit dem kostenpflichtigen *„HiPP Penaten Baby Club"*.

Gemäß der Philosophie von *Procter & Gamble* gilt: *„Der Konsument ist der Boss."* Aus diesem Grund und um eine Übernutzung der Adressen der Teilnehmer des *Pampers Eltern Service* zu vermeiden, wird nur ein sehr *produktnaher Cross-Selling-Ansatz* im Hinblick auf *Kandoo* von *Pampers* realisiert. Hierbei wird versucht, für die Kinder, die aus dem Wickelalter herauswachsen, ein Hygieneprodukt für die Toilettennutzung anzubieten.

Das Ziel besteht letztendlich darin, ein *hervorragendes Image* beim Kunden bezüglich des Produkts und der begleitenden Dienstleistungen *aufzubauen*, wobei neben dem Dialogprogramm natürlich auch die ganze Palette der weiteren Kommunikationsmaßnahmen von TV-Spots über Anzeigen bis zu den Verkaufsförderungsmaßnahmen am POS darauf einzahlen. Die umfassende Vision dieses Dialogprogramms ist es, möglichst alle Eltern für dieses Programm zu gewinnen und diese zu einer loyalen Produktnutzung über den gesamten Einsatzzeitraum zu motivieren.

Zielgruppe des Pampers Eltern Service

Die Zielgruppe lässt sich in drei zeitlich aufeinander folgende Gruppen einteilen:

- werdende Mütter in den letzten sechs Monaten vor der Geburt,
- Eltern mit Kindern im Wickelalter,
- Kinder, die sich gerade aus dem Wickelalter heraus bewegen.

Dabei wird versucht, möglichst alle diese Zielgruppen umfassend zu erreichen und für die *Pampers*-Produktfamilie und für den *Pampers Eltern Service* zu begeistern. Aufgrund der angestrebten *hohen Zielgruppenabdeckung* wird *keine Betreuungsgebühr* erhoben und auch *kein formeller Aufnahmeantrag* eingesetzt. Die interessierten Eltern müssen lediglich eine formlose Registrierung vornehmen, um in das Dialogprogramm einzusteigen. Ein entsprechendes Formular findet sich unter anderem im Internetauftritt von *Pampers* unter www.pampers.de.

Leistungen des Unternehmens für die betreuten Eltern

Dem Konzept des *Pampers Eltern Service* liegt kein konkreter, dem Kunden gegenüber kommunizierter Leistungskatalog zugrunde. Die Eltern kommen hier vielmehr in den Genuss eines sich *dynamisch entwickelnden Serviceangebots*, das sich sowohl hinsichtlich der Inhalte, der Zeitpunkte der Ansprache und der kreativen Ausgestaltung kontinuierlich weiterentwickelt. Auf diese Weise wird sichergestellt, dass nicht nur die sich wandelnden Anforderungen der Zielgruppe berücksichtigt werden, sondern auch neue Erkenntnisse aus der Forschung zeitnah einfließen können. In Summe basiert das Programm dabei auf folgenden Säulen:

- Mailing-gestütztes Kundenbindungsprogramm,
- Informationsservice,
- Kooperationsaktionen mit dem Handel.

Das *Mailingprogramm* beginnt direkt nach der Geburt. Hierfür ist es entscheidend, die Mutter ganz zeitnah durch die Zusammenarbeit mit den Krankenhäusern und Hebammen zu erreichen, um erste Informationen und Produktmuster bereitstellen zu können. Außerdem steht das Portal www.pampers.de als Anlaufstelle zur Verfügung, bei dem in der Expertenecke beispielsweise Informationen zur kindlichen Entwicklung und Tipps für werdende oder frisch gebackene Eltern bereitgehalten und in einer Spielecke Anregungen für kindgerechtes Spielen vermittelt werden.

Im Rahmen der Mailings werden kontinuierlich Informationen bereitgestellt, die sich am jeweils erreichten Lebensalter der Kinder orientieren. *Pampers* begleitet die Eltern von Anfang an und informiert sie während der ersten zwei Lebensjahre ihres Kindes beispielsweise über die verschiedenen Entwicklungsphasen. Nach der Geburt erhalten die Eltern unter anderem Informationen über die Gefühlswelt ihres Babys. Ab dem dritten Lebensmonat des Kindes erfahren die Eltern etwas darüber, wie Kinder ihre Umwelt immer aktiver wahrnehmen. Und ab dem zwölften Lebensmonat werden dann wertvolle Informationen unterbreitet, wie Kinder beginnen, ihre eigene Persönlichkeit weiterzuentwickeln.

Eingebunden hierin werden immer auch die relevanten Produktinformationen bereitgestellt. Denn *Pampers* verfügt neben dem Klassiker unter den Windeln *Pampers Baby Dry* auch über Produkte, die als *Pampers New Baby, Pampers Active Fit* und *Pampers Easy Up* für jede Entwicklungsphase des Kindes die passende Windel anbieten. Und mit *Pampers Sunnies Swim Pants* werden sogar spezielle Windeln angeboten, die ein Spielen im und am Wasser ermöglichen. Die Produktinformationen werden folglich in spannende redaktionelle Informationen eingebunden, so dass Aussendungen des *Pampers Eltern Service* für die Kunden eine hohe Relevanz besitzen.

Die Informationen des Mailingprogramms werden ergänzt durch einen *Informationsservice*, der zum einen über das *Internet* (vgl. Abbildung 88) und zusätzlich über die gebührenfreie *Telefon-Hotline* 08 00 / 222 65 55 angesprochen werden kann. Unabhängige Experten des *Pampers Instituts* geben hier wertvolle Tipps und Anregungen.

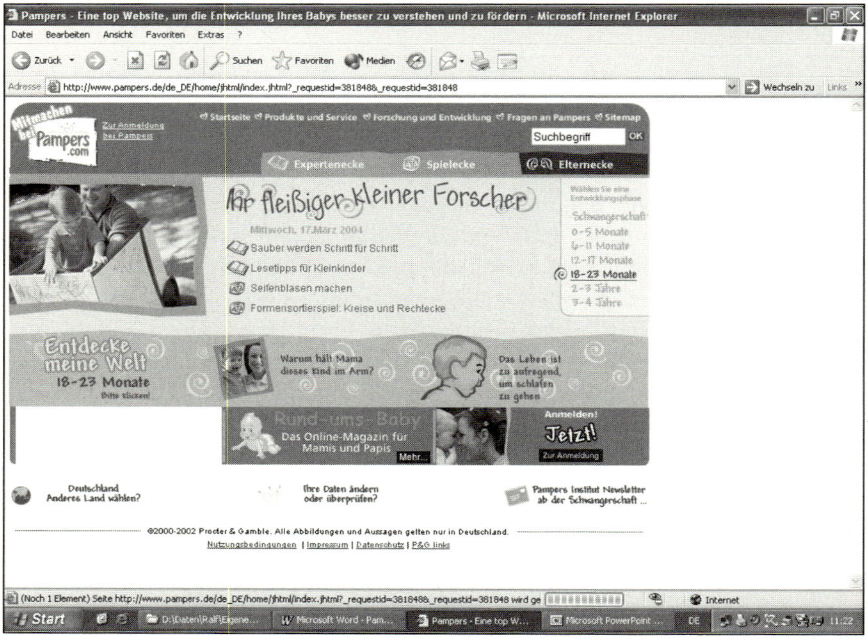

Abbildung 88: Startseite von www.pampers.de
Quelle: www.pampers.de

Dieses Institut ist ein Netzwerk von international anerkannten Experten, die über detaillierte Fachkenntnisse auf den Gebieten der Geburtshilfe, Kinderheilkunde, Dermatologie, Psychologie und Ernährung verfügen. Der Fokus der Beratung ist auch hier produktnah beziehungsweise im Produktumfeld und umfasst Themen wie Schwangerschaft, Geburt und Entwicklungsphasen des Kindes. Über das Internet kann auch ein *E-Newsletter* abonniert werden.

Flankierend hierzu werden immer wieder unterschiedliche *Kooperationen mit dem Handel* durchgeführt, die eine Beschäftigung der Eltern mit der Marke *Pampers* initiieren oder verstärken sollen. Dies kann beispielsweise in der Form erfolgen, dass über einen konkreten Handelskanal ein Fotowettbewerb ausgerufen wird und die Eltern aufgefordert werden, ihre schönsten Babyfotos einzusenden und prämieren zu lassen. Auf diese Weise können Marke, Handel und Konsumenten gleichermaßen profitieren.

Leistungen der Mitglieder

Um in den Genuss der oben genannten Leistungen zu kommen, bedarf es einer *einfachen Registrierung*. Hierbei wird versucht, insbesondere das Geburtsdatum des Kindes zu erfahren, weil sich das gesamte Mailingprogramm an diesem Datum orientiert (vgl. Abbildung 89). Eine Mitgliedsgebühr oder Ähnliches für die Teilnehmer fällt nicht an.

Die Betreuung von *Pampers* in der wickelrelevanten Altersstufe bis zum Kindesalter von circa 36 Monaten setzt eine Aktivität der Eltern nicht voraus. Das heißt, auch wenn die Eltern keine der angebotenen Serviceleistungen abrufen, wird die Betreuung weitergeführt. Sie endet mit Zeitablauf oder wenn die Eltern sich explizit aus der Betreuung abmelden, was ebenfalls formlos erfolgen kann.

Beim *Pampers Eltern Service* handelt es sich folglich um ein *echtes Dialogangebot*; die Entscheidung über die Annahme liegt und bleibt dauerhaft bei den Eltern.

Organisation des Konzepts

Die Steuerung des Konzepts erfolgt über ein *Team „Marketing und Direktmarketing“*, das sich aus den Linienverantwortlichen des Produktmanagements sowie des Direktmarketings rekrutiert. Die Konzeption ist damit im Herzen der Organisation verankert und wird gespeist aus den relevanten Kernkompetenzen, die im eigenen Hause vorhanden sind.

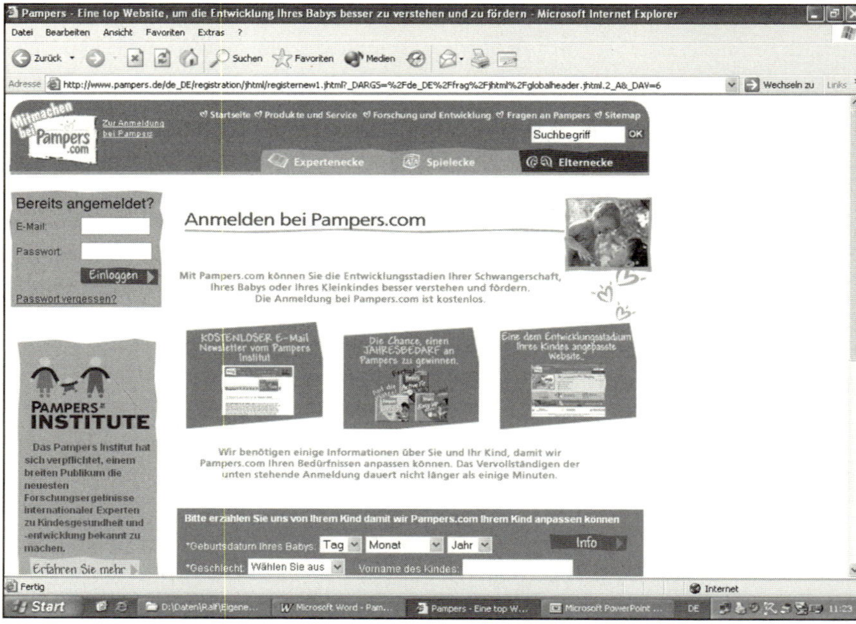

Abbildung 89: Anmeldung für den Pampers Eltern Service im Internet
Quelle: www.pampers.de

Durch diesen *crossfunktionalen Ansatz* gelingt es, mit fünf Personen das Programm für Deutschland und die anderen europäischen Märkte, in denen *Pampers* vertreten ist, zu betreuen. Hierbei gilt – wie auch für die Inhalte des Programms –, dass sich sowohl die Struktur des Teams wie auch die eingesetzten Technologien den neu definierten Anforderungen kontinuierlich anpassen, um die maximale Kundenrelevanz sicherstellen zu können.

Die zentrale Informationplattform für die Kundenbetreuung stellt die *Database* dar, die über Jahre aufgebaut und gepflegt wurde. Hier werden die zentralen Informationen über die Kundenansprache und deren Reaktionen abgelegt, so dass auch differenzierte Erfolgsanalysen über die einzelnen Aktionen durchgeführt werden können. Die Database wie auch das eingebundene *Call-Center* werden von einer Agentur betreut und durch Mitarbeiter von *Procter & Gamble* gesteuert. Die datentechnische Vernetzung ermöglicht dabei einen kontinuierlichen Zugriff auf die relevanten Daten. Besonderes Augenmerk wird dabei auf die Berücksichtigung aller datenschutzrechtlichen Bestimmungen gelegt, weil man die Kunden und deren Adressen als wichtiges Asset des Unternehmens ansieht.

7.1.4 Integration des Programms in die CRM-Strategie von Procter & Gamble

Der *Pampers Eltern Service* ist innerhalb von *Procter & Gamble* eine konsequente Umsetzung eines CRM, weil sich hier aufgrund der genauen Fokussierbarkeit der Zielgruppe und angesichts der Intensität der Produktnutzung ein eigenes Betreuungsprogramm finanziell darstellen lässt. Die Effekte des Programms im Hinblick auf die teilnehmenden Eltern werden seitens *Procter & Gamble* kontinuierlich gemessen. So werden nicht nur die Öffnungsquoten von Mailings bewertet, die durchgängig vergleichsweise hohe oder sehr hohe Werte annehmen, sondern beispielsweise auch die Anzahl der Rückläufer von Aktionen. Unter anderem kann man bei den betreuten Kunden durchgängig eine höhere Kaufabsicht als bei unbetreuten Personen ermitteln. Und in der Zielgruppe funktioniert die Mund-zu-Mund-Propaganda auch besonders gut. Dabei liegt die Kundentreue im Hinblick auf eine exklusive Nutzung von *Pampers* nach neuesten Umfragen bei circa 50 Prozent der Kunden.

In Summe stellt es sich aber auch bei diesem Programm als sehr schwer heraus, die kundenbindenden Effekte oder Imagewerte auf einzelne Betreuungsmaßnahmen herunterzurechnen.

7.1.5 Weitere Entwicklung des Pampers Eltern Service

Bei *Procter & Gamble* hat man sein Ohr sehr nah am Konsumenten und beobachtet beispielsweise den zunehmenden Trend zur *Individualisierung in der Gesellschaft* sehr aufmerksam. Ein Ziel ist es deshalb, der Individualität der Mütter im Zuge der Weiterentwicklung des Programms noch stärker Rechnung zu tragen. Dies soll auch dadurch erreicht werden, dass es immer mehr Möglichkeiten gibt, die *Informations- und Servicebereitstellung zu individualisieren*. Alle diese Schritte dienen letztendlich dem großen Ziel, die Kunden immer länger zu halten.

Der im europäischen Kontext erzielte *Mix zwischen standardisierten und individualisierten Elementen* wird über eine Menüsteuerung kontinuierlich weiterentwickelt. Dabei gilt es, den unterschiedlichen Rahmenbedingungen der einzelnen Länder Rechnung zu tragen und lokale Programmelemente, beispielsweise in Gestalt lokaler Experten, in die *Pampers Institute* und damit auch in die Angebote des *Pampers Eltern Service* einzubinden.

Generelle Leitidee auch für die weitere Entwicklung stellt die Flexibilität des Programms gleichsam als *„lebendes System mit hoher Dynamik“* dar. Das Direktmarketing fungiert dabei als gewünschtes „Chamäleon“, das sich gegenüber den Eltern immer wieder in neuer Gestalt präsentieren kann.

7.2 Swarovski Collectors Society – der weltweit größte Sammlerclub

7.2.1 Management Summary

Mystisch und sagenumwoben übt funkelndes Kristall eine unwiderstehliche Faszination auf den Menschen aus. The „Magic of Crystal“ wird von der *Swarovski Collectors Society* (SCS) gelebt und geliebt. Die SCS verbindet Menschen aller Kulturen mit der gemeinsamen Passion für *Swarovski* Kristall und ist mit über 450 000 aktiven und zahlenden Mitgliedern mittlerweile der *weltweit größte Sammlerclub.*

Die Erfolgsstory begann mit der Kristallmaus, die anlässlich der Olympiade in Innsbruck 1976 präsentiert wurde: Der so genannten „Ur-Maus“ folgten wenig später weitere Tierfiguren. Sie entwickelten sich rasch zu begehrten Sammlerobjekten, so dass die *Swarovski Collectors Society* ins Leben gerufen wurde. Nach ihrem Erfolg in den angelsächsischen Ländern folgte aufgrund der großen Nachfrage ab 1988 die Erschließung der europäischen und asiatischen Märkte.

Mit Events, Reisen und Foren eröffnet *Swarovski* den SCS-Mitgliedern die faszinierende Welt des Kristalls und schafft persönliche Begegnungen sowie unvergessliche Erlebnisse. Als Weiterentwicklung des „Collectors“ berichtet das *Swarovski Magazin* über Themen wie Kristallmode, Inneneinrichtung, Geschenkideen und bringt Interviews mit Designern und anderen Experten. In einem speziellen Sammlerteil des attraktiven Magazins erscheinen Reportagen und Ratgeber rund um die Interessensschwerpunkte der Mitglieder. Auch auf der Homepage finden Mitglieder ihren eigenen Bereich. Menschen überall in der Welt und jeden Alters sind heute Mitglieder der *Swarovski Collectors Society.* Sie widmen sich über alle gesellschaftlichen und geografischen Grenzen hinweg der „Kristall-Leidenschaft“ und erwarten mit Spannung jede neue *Swarovski*-Kreation.

Mit der SCS schafft es *Swarovski*, ihre Produkte vor allem weiter emotional aufzuladen, und ist damit meilenweit von den unzähligen Rabatt- und Schnäppchen-Clubs entfernt. Dass gerade diese *Emotionalität* ein zentrales Element eines Kundenclubs ist, wurde im vorderen Teil bereits mehrfach erwähnt. Wie dies erzielt werden kann, soll anhand dieses Erfolgsbeispiels näher dargestellt werden.

7.2.2 Ausgangslage und Schlüsselherausforderungen von Swarovski

Swarovski ist die *weltweit führende Marke für geschliffenes Kristall.* Das 1895 in Wattens, Österreich, gegründete Familienunternehmen wird in der vierten und fünften Generation von Nachkommen des Gründers *Daniel Swarovski* geführt. Zum konsolidierten Konzernumsatz in der Höhe von 1,61 Milliarden Euro trugen 2003 14 257 MitarbeiterInnen bei. Das Ausgangsprodukt – Kristallschmucksteine – kommt in den Bereichen Mode, Schmuck, Beleuchtung, Interior und Kosmetik zum Einsatz. Seit den siebziger Jahren etablieren sich Geschenk-, Sammler- und Dekorationsobjekte sowie Schmuck als Kristall-Markenartikel. Der Vorstoß in den Luxusmarkt gelang mit Kristalldesign, exklusivem Schmuck und Accessoires. Anlässlich des 100jährigen Bestehens eröffnete *Swarovski* 1995 in Wattens die *Swarovski Kristallwelten*, eine vom Künstler *André Heller* gestaltete *Multimedia-Erlebniswelt*, in der die facettenreiche Schönheit von Kristall auf phantastische Weise dargestellt wird.

Mit neuen Kristallprodukten in hochwertiger Verarbeitung sowie vielfältigen Stilrichtungen und Designs erobert *Swarovski* Menschen verschiedenster Kulturkreise und Lebensarten. Aktuelle Trends werden konsequent in Produktlinien wie Schmuck, Uhren, Accessoires, Home Decors, Geschenk- und Sammlerfiguren mit vielen jährlichen Neuheiten umgesetzt. Mit mehr als 400 Shoperöffnungen seit 1998 und eigenen Vertriebsgesellschaften in 40 Ländern ist *Swarovski* weltweit präsent.

Die Erfolgsstory der *Swarovski Markenwelt* begann 1976 mit funkelnden Tierfiguren (erste Tierfigur: Kristallmaus zur Winterolympiade 1976 in Innsbruck). Die Liebhaber der funkelnden Kristalltiere und -figuren entwickelten sich bald zu leidenschaftlichen Sammlern.

Die wichtigsten Herausforderungen von SCS bestehen darin, die Mitglieder jedes Jahr weltweit von neuem von der Faszination der Kristallfiguren zu überzeugen. Sie tut dies, indem sie über Produktneuheiten informiert, zum Gedankenaustausch anregt sowie zum Thema Kristall informiert. Dass diese Herausforderungen bis heute hervorragend gemeistert wurden, zeigt allein die Tatsache, dass die *Swarovski Collectors Society* mit rund 450 000 (zahlenden und damit aktiven) Mitgliedern der größte Sammlerclub der Welt ist.

7.2.3 Beschreibung des Club-Konzepts der Swarovski Collectors Society

Aufgabenstellung und zu erreichende Ziele

1976 begann *Swarovski* mit der Herstellung von funkelnden Tierfiguren. Diese entwickelten sich rasch zu begehrten Sammlerstücken. So entstanden vor allem im angelsächsischen Markt unabhängige Sammler-Clubs, die ein eigenes „Clubleben“ mit unter anderem eigenen Katalogen führten. Dieser „Marktdruck“ war das überzeugendste Argument für *Swarovski*, 1987 mit der Gründung der *Swarovski Collectors Society* selbst das Zepter zu übernehmen.

Eines der ersten Ziele war es, *den Enthusiasmus der Sammler für Kristallprodukte aufrecht zu erhalten* und *zu verstärken*. Daneben strebt *Swarovski* mit der SCS Ziele an, wie die *Faszination für Kristalle zu steigern*, den *Verkauf* (vor allem von limitierten Sonderausgaben) *zu erhöhen*. Und selbstverständlich sollen durch die Vorstellung immer neuer Kristallfiguren *Up-Selling-Ziele* erreicht werden. Da *Swarovski* neben den Kristallfiguren auch andere Produktlinien (zum Beispiel Modeaccessoires) anbietet, besteht ein Ziel auch im *Cross-Selling* für diese Produkte. Verbindend ist das Material Kristall und die Faszination dafür.

Swarovski hat von Anfang an auch auf die für einen funktionierenden Kundenclub so wichtigen „weichen“ Faktoren gesetzt. Dies beginnt im Namen *„Swarovski Collectors Society“* – heute würde man auch Community sagen. Immer aber standen somit auch „Softziele“ im Zentrum, wie zum Beispiel die *Kommunikation der Sammler untereinander zu fördern* sowie ein *aktives Clubleben* mit hohem Involvement zu ermöglichen.

Damit hat auch die SCS die *Loyalisierung* für Kristallprodukte als Oberziel. Doch was auf den ersten Blick selbstverständlich klingt und einfach aussieht, ist bei genauerer Betrachtung wesentlich komplexer. Die Schwierigkeit in der Aufgabenstellung liegt hauptsächlich darin, dass die *Swarovski Collectors Society* ein *weltweiter Sammlerclub* ist. Hier ein Beispiel für eine der zentralen, damit verbundenen Herausforderungen: Wie in allen Sammlerclubs ist die *jährliche Sammlerfigur* absolut zentral für die Mitgliederbindung und auch -findung. Die jährliche Entwicklung einer attraktiven Sammlerfigur, die an sich schon sehr schwierig ist, wird in einem weltweiten Kontext zur fast unmöglichen Herausforderung. Eine zweite riesige Aufgabe liegt in der *Club-Kommunikation*: Diese erfolgt in 13 verschiedenen Sprachen und verschiedensten (unter anderem asiatischen) Zeichensätzen.

Zielgruppe des Clubs

Die *Swarovski Collectors Society* ist ein *klassischer Sammerclub*, der sich an *Privatpersonen* wendet. Die Idee ist: „Die Kristalldesigns von *Swarovski* verwandeln begeisterte Kunden in Liebhaber und Liebhaber in begeisterte Sammler." Selbstverständlich kann *jede Person* Sammler oder Sammlerin werden. Ein Blick in die Statistik bringt ein paar erstaunliche Details an den Tag: Selbstverständlich fühlen sich tendenziell vor allem Frauen von den Kristallfiguren und Produkten angesprochen. Dies bestätigen auch die Zahlen. Der Frauenanteil an Swarovki Collectors liegt bei 75 Prozent. Auch die Betrachtung der Alterskategorien zeigt Überraschendes: acht Prozent sind im Alter bis 29 Jahre, 35 Prozent sind in der Alterkategorie 30 bis 49 Jahre, 30 Prozent in derjenigen von über 50 Jahren und von elf Prozent sind keine Angaben vorhanden. Damit ist ein zweites Vorurteil, dass Sammlerclubs hauptsächlich etwas für RentnerInnen sind, mindestens bei SCS ebenfalls eindeutig widerlegt.

Spätestens an dieser Stelle muss jedoch auf einen weiteren Aspekt eingegangen werden, nämlich auf die Vertriebsstruktur von *Swarovski.* Diese ist insofern komplex, als dass sie nicht nur zweistufig ist, sondern die Produkte sowohl über eigene als auch fremde (unabhängige) Vertriebspartner vertreibt. Zwar hat *Swarovski* weltweit über 400 eigene Shops eröffnet, doch basiert der weltweite Vertrieb ebenso noch auf unabhängigen und selbstständigen Shops. Damit gehören auch diese so wichtigen *Absatzkanäle* im weitesten Sinne zur Zielgruppe der SCS. Denn die jährlichen Sammlerfiguren können in jedem konzessionierten Shop weltweit bestellt und gekauft werden, was diesen wiederum Umsatz und wertvollen „Store Traffic" sowie die damit verbundene Gelegenheit für Mehrverkäufe bringt.

Leistungen des Unternehmens für die Club-Mitglieder

Eine Mitgliedschaft in der *Swarovski Collectors Society* kann über ein oder drei Jahre abgeschlossen werden. Die Mitgliedschaft beginnt mit der Begleichung des Mitgliederbeitrags von momentan 31 Euro (Deutschland). Mit der SCS-Mitgliedschaft ist keinerlei Kaufzwang verbunden. Mittels diversen Treuegeschenken (exklusive, sonst nicht im Handel erhältliche Sammlerstücke) wird versucht, einerseits eine dreijährige Mitgliedschaft abzuschließen und andererseits eine nahtlose Verlängerung zu erzielen.

Mitglieder der SCS profitieren von diesen Privilegien:

- Jährlich erneuerte *Swarovski-Mitgliederkarte* (ohne Zahlungsfunktion)
- Die Option, die *SCS-Jahresausgabe* (vgl. Abbildung 90) und andere *exklusive SCS-Produkte* zu erwerben (ausschließlich für SCS-Members reserviert). Ein interessantes Detail hierbei ist, dass Trilogien zu bestimmten Themen angeboten werden (zum Beispiel 2002 bis 2004 zum Thema Tanz). Auf das aktuelle Thema wird vor allem auch im Magazin durch verschiedene Beiträge verstärkt eingegangen. Auf diese Weise soll eine noch höhere Erneuerungsquote erzielt werden.

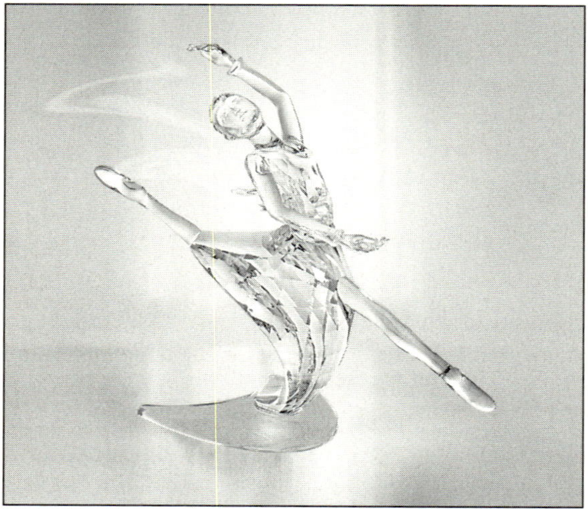

Abbildung 90:
Jahresausgabe „Anna" aus der Trilogie „Magie des Tanzes" von Swarovski
Quelle: Swarovski, 2004

- *Willkommens- und Treuegeschenke* (unter anderem eine exklusive *Swarovski*-Kreation wie zum Beispiel der *Swarovski*-Schwan, vgl. Abbildung 91).

Abbildung 91: Der Swarovski-Schwan als Willkommensgeschenk
Quelle: Swarovski, 2004

- Kostenfreie Zustellung des vierteljährlich erscheinenden *Swarovski Magazins* (vgl. Abbildung 92). Das attraktive und umfangreiche (circa 70 Seiten) Hochglanzmagazin mit einem speziellen Teil für die Sammler unterhält und inspiriert mit Themen wie Kristallmode, Inneneinrichtung oder Geschenkideen. Es bietet Hintergründe sowie Glanz und Glamour mit anregend illustrierten Artikeln und Reportagen über Events, Trends, Neuigkeiten sowie Stylingtipps. Darüber hinaus kommen in Interviews renommierte Designer und andere Experten zu Wort.

Abbildung 92: Swarovski-Magazin
Quelle: Swarovski, 2004

- *Zugang zum SCS-Mitgliedsbereich auf der Swarovski-Homepage* (www. swarovski.com, vgl. Abbildung 93). Einmal eingeloggt haben die Mitglieder direkten Zugang zum geschützten SCS-Mitgliederbereich. Vorteile sind:
  - Insider- und Vorab-Informationen zu speziellen Produkten (zum Beispiel Limited Editions)
  - Teilnahme an speziellen Wettbewerben ausschließlich für registrierte Mitglieder

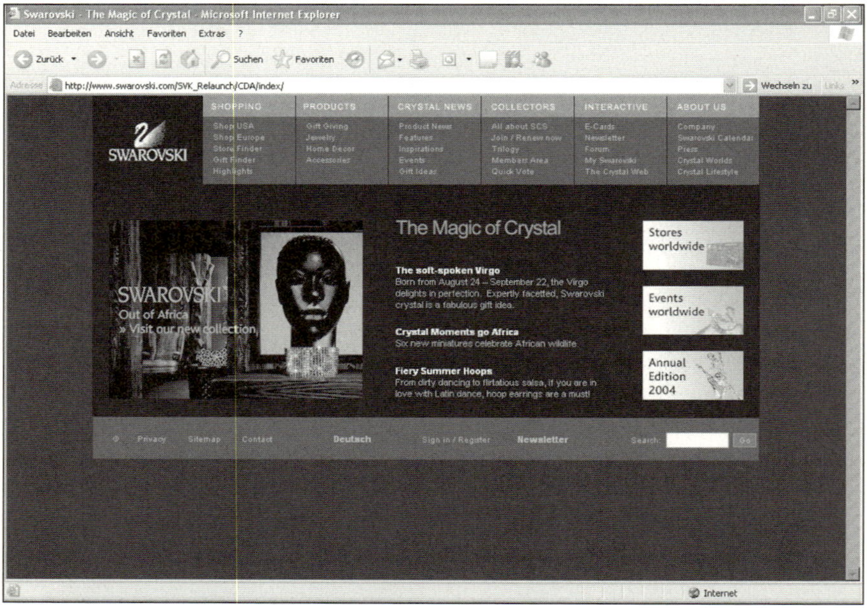

Abbildung 93: Hompepage von Swarovski
Quelle: www.swarovski.com

- Freier Eintritt in die *Swarovski* Kristallwelten (vgl. Abbildung 94) in Wattens (Österreich), inklusive Sonderbetreuung in der VIP-Lounge

- 600 000 Menschen haben im Jahr 2003 die „Kristallwelten“, den Ort kristallener Inspiration, in Wattens, Österreich, besucht. Die *Swarovski Kristallwelten* wurden im Herbst 2003 von *André Heller* um magische Räume erweitert, die der geheimnisvollen Materie Kristall neue Sinneseindrücke entlocken.

- Einladung zu ausgewählten SCS-Veranstaltungen (zum Beispiel 2001: „SCS-Kreuzfahrt“ oder 2004: „Reise auf den Spuren von Daniel Swarovski“).

Abbildung 94: Impressionen der Ausstellung „Kristallwelten“ in Wattens, Österreich
Quelle: Swarovski, 2004

Leistungen der Club-Mitglieder

Eintrittsvoraussetzungen in die *Swarovski Collectors Society* gibt es eigentlich keine – bis auf die *Bezahlung der Mitglieder-Gebühr* (50 Schweizer Franken respektive 31 Euro). Interessant und erfolgreich ist die Möglichkeit, eine Mitgliedschaft zu verschenken (mit allen damit verbundenen Vorteilen). Die Schenker werden frühzeitig darüber informiert, dass die verschenkte Mitgliedschaft bald ausläuft. Selbstverständlich kann der Beschenkte die Mitgliedschaft aber auch selbst erneuern. Noch einmal sei erwähnt, dass mit der SCS-Mitgliedschaft *keinerlei Kaufzwang* (auch nicht der Jahresfigur) verbunden ist.

Mitglied werden kann man via *Online-Registrierung*, aber auch durch *Ausfüllen des Beitrittsformulars*. Dieses kann bei einem *Swarovski*-Fachhändler ausgefüllt werden; die Kundendaten samt zugeteiltem Händler (meist dort, wo sich das Mitglied angemeldet hat) werden dann in der zentralen Mitgliederdatenbank von SCS erfasst. Mit diesem hauptsächlich auf den Händler ausgerichteten Verfahren werden diese wichtigen Ziele erreicht:

- Festigung der Kunden-Händler-Beziehung,
- Involvement und Unterstützung der (eigenen und vor allem auch unabhängigen) Händler,
- Sicherstellung der Datenqualität durch einerseits dezentrale Erfassung (Ländergesellschaften sind mit den lokalen Adress-Standards vertraut) und andererseits Integration in die zentrale SCS Datenbank (nach einheitlichen Standards),
- Verhinderung von Missbrauch bezüglich der exklusiven und wertvollen Sammlerfiguren. Diese werden zentral produziert und nur nach Einsendung des Bestell-/Beitrittsformulars dem lokalen Händler vor Ort zugesandt, woraufhin dieser wiederum den Kunden benachrichtigt. Dies führt in der Regel zu einem erneuten POS-Besuch.

Organisation des Club-Konzepts

Die Organisation einer weltweiten Sammler-Society stellt keine leichte Aufgabe dar. Wie bereits oben erwähnt, gilt es Prozesse zwischen dem Kunden, den Händlern, den Ländergesellschaften und der Zentrale in Einklang zu bringen. Auch ist es wichtig, dass die wichtigsten Standards und Regeln eingehalten werden. Diese zu definieren und umzusetzen, ist Aufgabe der *zentralen Organisations-Einheit*. Zu deren Aufgabengebieten gehört neben der *Weiterentwicklung der SCS-Strategie* auch die *Sicherstellung der weltweiten einheitlichen Umsetzung*. Daneben werden weitere Aufgaben wie die *Erstellung des SCS-Magazins*, das *Führen der zentralen SCS-Database* sowie der *Versand der jährlichen Sammlerfigur* wahrgenommen. Eine ganz wichtige strategische Aufgabe besteht auch darin, die jährliche *Sammlerfigur* respektive eine *neue Trilogie* zu finden. Dazu wird eng mit dem Produktmanagement zusammengearbeitet. Weiter werden von zentraler Seite flankierende Angebote entwickelt und umgesetzt (zum Beispiel Reisen).

Daneben sind aber auch die *Ländergesellschaften* und vor allem die (eigenen und unabhängigen) Händler gefordert. Liegt es doch auch an ihnen, die SCS zu fördern und so ihren eigenen Umsatz zu steigern.

Auf der finanziellen Seite hat *SCS* das Ziel, *kostendeckend zu sein* (nur Basisleistungen, ohne Kauf der jährlichen Sammlerfigur). Mit besseren Auswertungstools und moderneren Datenbank-Lösungen kann diese Zielerreichung auch zunehmend besser überprüft werden.

7.2.4 Integration des Clubs in die CRM-Strategie von Swarovski

Dass SCS von *Swarovski* als ein *CRM-Instrument* betrachtet wird, zeigt sich allein daran, dass SCS organisatorisch der Abteilung CRM unterstellt ist. Doch wie bei vielen (schon länger) bestehenden Kunden- oder Sammlerclubs ist es auch hier so, dass es zuerst den Club und danach den Begriff CRM gab!

Momentan laufen bei *Swarovski* Bestrebungen, eine *länderübergreifende CRM-Strategie* zu formulieren und umzusetzen. Dies mit dem Hauptziel, die Loyalität für *Swarovski* als Marke zu festigen und so auch Cross- und Up-Selling-Potenziale auszuschöpfen. Selbstverständlich spielt bei diesen Zielen die SCS eine wichtige Rolle. Aber es ist auch so, dass dabei vermehrt auch die anderen erfolgreichen *Swarovski*-Produktbereiche (nicht nur Sammler- und Tierfiguren, auf welche die SCS fokussiert) einbezogen werden. Parallel dazu laufen auch Überlegungen, die technische Infrastruktur zu erneuern – doch dies erst nach Entwicklung der weltweiten CRM-Strategie.

Wiederum eine Herausforderung liegt dabei in der *Integration der Händler* – vor allem der unabhängigen. Einerseits gilt es, diesen einen weiteren Nutzen zu vermitteln, um sie zur Unterstützung zu motivieren, andererseits stellt hier insbesondere auch die technische Integration (Ermittlung der Kaufdaten) bei uneinheitlichen Kassensystemen eine riesige Hürde dar.

7.2.5 Weitere Entwicklung der Club-Aktivitäten

Wie oben bereits erwähnt, laufen momentan Bestrebungen in Richtung CRM-Strategie. Bezogen auf die SCS wird dies voraussichtlich zu folgenden Veränderungen/Weiterentwicklungen führen:

- *Inhaltliche Erweiterung:* von den Sammlerfiguren zu Kristallobjekten (zum Beispiel Schmuck, Mode)
- *Erweiterung im Mitgliederbestand:* in Zukunft sollen nicht nur Sammler angesprochen werden, sondern Kristall- und damit alle *Swarovski*-Fans

- *Eventuelle Anpassung des Namens:* von der *Swarovski Collectors Society (SCS)* zur *Swarovski Crystal Society (SCS)*
- Festgehalten wird weiterhin an *exklusiven Jahresfiguren* und an den *Mitgliedergeschenken*, doch sollen diese etwas neutraler sein, das heißt nicht ausschließlich auf den Sammler ausgerichtet.

Mit anderen Worten soll alles etwas „neutraler“ erfolgen und weniger allein auf die Sammler abzielen. Weiter laufen Überlegungen in Richtung *Marketing-Kooperationen*. Hier hat *Swarovski* in der Vergangenheit diverse (nicht nur gute) Erfahrungen gesammelt. Schwierigkeiten gab es immer aus der Internationalität heraus – mit der Konsequenz, dass die Kooperationsangebote (zum Beispiel mit einem Autovermieter) seitens der Mitglieder als zu unattraktiv eingeschätzt wurden. In Zukunft sollen solche Möglichkeiten wieder aufgenommen, aber *lokal* umgesetzt werden. Auch hier gilt damit die Leitidee, eine globale Gesamtstrategie mit „Local Touch“ zu verbinden.

7.3 Der Maggi Kochstudio Club – Kundenbindung, die durch den Magen geht

7.3.1 Management Summary

Der *Maggi Kochstudio Club* besteht seit 1990 und verstärkt die Marke *„Maggi“* und die Idee des von *Maggi* initiierten „Kochstudios“, das bereits seit über 45 Jahren immer wieder neue, überraschende Ideen rund um das Thema „Kochen, Essen und Genießen“ hat. Der Club wurde zehn Jahre lang von der Firma *„Maggi“* selbst betreut, bevor 1999 *Publicis Dialog* und *arvato direct services* die Neu-Konzeption vornahmen. *arvato direct services* setzte anschließend die Neu-Konzeption des Clubs um und übernahm schrittweise die vollständige Betreuung.

Mit der Umstellung des Konzepts wurde aus dem zuvor kostenfreien ein *zahlungspflichtiger* Club, dem die Konsumenten für einen Jahresbeitrag von 12,27 Euro beitreten können. Diese Entscheidung zum kostenpflichtigen Club hatte man sich im Hause *Maggi*, in dem der Verbraucher stets im Mittelpunkt steht, nicht leicht gemacht. Der Erfolg des Clubs, gemessen an den rasant wachsenden Mitgliederzahlen, bedrohte zunehmend seine langfristige Finanzierbarkeit. *Maggi* traf den Entschluss, sich noch mehr auf Fans der Marke und Heavy-User zu fokussieren, um zielgerichteter zu wachsen, eine bessere Wirtschaftlichkeit zu gewährleisten und letztendlich das Fortbestehen des Clubs zu sichern. Im Gegenzug wurden die Club-Leistungen für die Mitglieder deutlich verbessert, um den Mitgliedsbeitrag gegenüber den treuen Mitgliedern rechtfertigen zu können.

Abbildung 95: Probierpaket an alle Club-Mitglieder
Quelle: Maggi, 2004

Der *Maggi Kochstudio Club* bietet die beste Gelegenheit, die ganze Bandbreite von Ideen, Anregungen und Tipps der Firma *Maggi* kennen zu lernen. Mit der Konzeption eines Kundenclubs fokussiert *Maggi* sein Bemühen darauf, durch die *Schaffung von Mehrwerten* für die Kunden diese an die Marke zu binden, um dadurch seine Umsatz- und Renditeziele zu erreichen. So werden den echten „*Maggi*-Fans" durch ihre Mitgliedschaft überraschende Impulse geboten, die den Küchenalltag abwechslungsreicher und einfacher machen sollen. Die Folge der Etablierung des *Maggi Kochstudio Clubs* war die signifikante *Verbesserung der Gewinnung und Bindung von Endkunden* an die Marke *Maggi*.

7.3.2 Ausgangslage und Schlüsselherausforderungen der Branche und des Unternehmens

107 Jahre *Maggi GmbH* in Deutschland – das sind 107 Jahre Tradition, Innovation und Zukunfsorientierung. Für *Maggi* stand stets der Verbraucher mit seinen Wünschen und Bedürfnissen im Zentrum aller Bemühungen. Der daraus resultierende Erfolg zeigt sich in der Tatsache, dass die Verbraucher heute mehr als 800 Millionen Mal im Jahr zu *Maggi*-Produkten greifen. *Julius Maggi* war ein Pionier, der bereits im vorigen Jahrhundert eines der ersten Markenartikel-Unternehmen überhaupt gründete. Er konnte sich in die Situation der Verbraucher versetzen, ihre Bedürfnisse und Möglichkeiten erfassen und erfolgreich sein. Die Tatsache, dass sich schon der Gründer des Unternehmens vor mehr als 100 Jahren als „Helfer und Problemlöser für breite Bevölkerungsschichten" verstanden hat, und die persönlichen Erfahrungen, die Generationen von Verbrauchern mit den *Maggi*-Produkten gemacht haben, tragen dazu bei, dass die Dimensionen Helfen, Wärme, Wohlbehagen, Geborgenheit, Mütterlichkeit und Sicherheit tief im Kern der Marke *Maggi* verankert sind.

Das *Maggi*-Kochstudio entstand 1959 aufgrund einer klaren Nachfrage von *Maggi*-Kunden nach neuen Rezepten in der Küche und im Speziellen der Anwendung von *Maggi*-Produkten. Das Serviceinstrument, *Maggi*-Kochstudio, bediente fortan aktiv seine Kunden mit nützlichen Informationen und wurde bereits in den siebziger Jahren in die klassische Werbung mit eingebunden.

Ausgangssituation der Überlegung, den *Maggi Kochstudio Club* zu gründen, war die Notwendigkeit, den *kontinuierlichen Dialog mit dem Endkunden zu suchen*. Diese entstammte

- dem Wunsch, noch *mehr über seine Kunden zu erfahren*, da deren Verhalten immer schwerer im Voraus zu kalkulieren war,
- der *abnehmenden Markenloyalität*,
- dem *Trend* zur *Individualisierung*,
- der *steigenden Homogenität der Produkte* und
- dem *zunehmenden Preisdruck gegenüber Billigmarken und No-Name-Produkten*.

Darüber hinaus war ebenfalls entscheidend, ein *emotionales Erleben* und *exklusive Serviceprozesse als Differenzierungsmerkmale* zu anderen Marken zu schaffen. Um dieses zu erreichen, integrierte *Maggi* in seinen klassischen Werbe-Mix die Direktmarketing-Konzeption eines Kundenclubs. Wie im gesamten Konsumgüterbereich diente die Gründung dazu, die *Erfüllung der Primär-*

ziele Umsatz- und Renditesteigerung durch das Erreichen der folgenden Sekundärziele zu verbessern:

- *Stärkung des Markenimages,*
- *Erhöhung der Kundenbindung,*
- *Steigerung der Qualität, Effizienz* und *Effektivität der Kundenansprache* und
- *Verbesserung der Neukundengewinnung.*

Nur indem *Maggi* Kundenprozesse noch besser verstand, sich kundengerecht organisierte und die Kunden individuell betreute, konnte es sich auf hohem Niveau am Markt behaupten. Mit dem Einsatz des *Maggi Kochstudio Clubs* konnte die *signifikante Verbesserung von Gewinnung und Bindung von Endkunden* an die Marke sowie eine *positive Aufladung* der Marke *Maggi* erreicht werden.

7.3.3 Beschreibung des Maggi-Kochstudio-Club-Konzepts

Das Konzept des *Maggi Kochstudio Clubs* zielt darauf ab, die *Maggi*-Fans, also die besten Kunden im Sinne einer Dauerverwendung, *stärker an das Unternehmen zu binden*, ihnen einen *Mehrwert zu bieten* und sie nach bestem Wissen und Gewissen *bei ihrem Hobby, dem Kochen, zu unterstützen.* „Helfen und dienen“ steht im Mittelpunkt des Bemühens, um den Kunden „Gelingsicherheit“ wie auch Convenience in der Küche zu bieten. Den *Maggi*-Fans wird somit die Möglichkeit gegeben, *an der Maggi-Welt teilzunehmen.*

Mit dieser Intention wurde im Jahre 1990 *zunächst ein kostenloser Club* gegründet, der bis ins Jahr 2000 bestand. Der Erfolg, gemessen an rasant wachsenden Mitgliederzahlen, bedrohte zunehmend die Finanzierbarkeit des Clubs, so dass man sich 1999 im Hause *Maggi* schweren Herzens entschloss, das Konzept weiterzuentwickeln und zielgerichteter zu wachsen. So entstand *der zahlungspflichtige Club* in seiner heutigen Form. Als Mitglied kann sich der Konsument folgender Leistungen gewiss sein:

- *Willkommenspaket* für alle neuen Mitglieder und jährlich ein neues Paket für alle Mitglieder, die ihre Mitgliedschaft verlängern,
- *Club-Magazin*, dreimal jährlich, mit neuen Rezepten, Tipps und Tricks,
- *Beratung* am gebührenfreien Club-Telefon,
- *personalisierte Club-Karte* mit der Telefonnummer für das gebührenfreie Telefon,
- *Vorteilsangebote* für vom *Maggi* Kochstudio empfohlene Produkte,

- exklusive *Produkte im Club-Shop*,
- jährliche *Treueprämien* als kleines Dankeschön für die Mitgliedschaft,
- keine Bestell- oder Kaufpflicht,
- Möglichkeit, jederzeit zu kündigen.

Die Organisation und Betreuung erfolgt über einen *externen Dienstleister.* Dieser übernimmt dabei mit seinem „One-Stop-Shopping-Konzept" einen „Fullservice", indem er dem Unternehmen in CRM-Consulting, Data Management, Lettershop, Customer Care, Logistics und Finance umfassende Lösungen und Leistungen zur Verfügung stellt. Durch den Einsatz eines *Kundenmanagers* als zentralen Ansprechpartner für *Maggi* wird die Kommunikation und Projektkoordination ohne Reibungsverluste umgesetzt.

Aufgabenstellung und zu erreichende Ziele

Das kurz- beziehungsweise mittelfristige Ziel ist eine dauerhafte Mitgliederbasis von circa 180 000 *treuen Mitgliedern.* Dieses soll unter anderem durch die nachfolgenden Maßnahmen erreicht werden:

- *Ausbau bestehender Wege zur Kundengewinnung,*
- *Erschließen neuer Wege zur Kundengewinnung* (zum Beispiel Optimierung der Maßnahmen in den Shops in Leipzig, Hamburg, Frankfurt),
- *Erweiterung des bestehenden Prämienangebots,*
- *Intensivierung der Member-get-Member-Aktivitäten.*

Das *Club-Image* soll durch die Öffnung zu einer neuen, jüngeren Zielgruppe, zum Beispiel durch die Schaffung eines Studentenangebots, und die Verbesserung der Kommunikation, so zum Beispiel durch den optimierten Einsatz des Internets für den Club, *modernisiert* werden. Die Mitgliederbasis (54 Prozent der Mitglieder sind drei Jahre und länger im Club) soll besonders betreut und deren Zufriedenheit gesteigert werden. Auch will *Maggi* seine *Kundenclub-Mitglieder noch näher kennen lernen*, um diese individueller, beispielsweise durch den verstärkten Einsatz von *Maggi*-Kochstudio-Treffs, zu versorgen und zu betreuen. Alle Aktivitäten sind auf eine *Stärkung der Marke* sowie die *Bindung der wertvollsten Kunden* im Sinne eines ganzheitlichen CRM ausgerichtet.

Zielgruppe(n) des Clubs

Zielgruppe des *Maggi Kochstudio Clubs* sind *Maggi-affine Konsumenten.* So setzen sich die Mitglieder in erster Linie aus *Hausfrauen* und *berufstätigen Frauen* zusammen, wobei heutzutage immer mehr eine Verquickung zwischen beiden Gruppen stattfindet. Während den Hausfrauen wertvolle Tipps rund um das Thema „Kochen, Essen und Genießen", aber auch zur stilvollen Dekoration gegeben werden können, werden berufstätige Frauen besonders darin unterstützt, schnell und lecker zu kochen.

In Zukunft sollen darüber hinaus generell *junge Menschen* und *junge Familien* angesprochen werden.

Leistungen des Unternehmens für die Mitglieder

Der *Maggi Kochstudio Club* bietet seinen Mitgliedern eine Reihe von exklusiven Leistungen:

- Immer neue Ideen direkt in ihre Küche und bequem frei Haus erhalten die Mitglieder dreimal im Jahr in dem rund 32 Seiten umfassenden *Club-Magazin* (vgl. Abbildung 96). Heft für Heft neueste Menü- und Rezept-Vorschläge, jede Menge Anregungen und raffinierte Dekorationstipps, lassen die Herzen der Club-Mitglieder höher schlagen. Für ein garantiertes Gelingen sind alle Rezeptideen ganz einfach und verständlich aufgebaut und werden durch Bilder, Tipps und praktische Nährwertangaben unterstützt.

Abbildung 96: Beispiele von Maggi Club-Magazinen
Quelle: Maggi, 2004

Dabei beachtet der *Maggi Kochstudio Club* bei der Rezeptauswahl saisonale Aspekte und entführt die Mitglieder jahreszeitentsprechend in die Welt kulinarischer Genüsse, wobei grundsätzlich auf Vielfalt und Abwechslung, aber auch auf Internationalität des Angebots geachtet wird. Weitere Rubriken im Magazin sind Ideen für gemeinschaftliche Kocherlebnisse, die so genannte „Cook with friends"-Rubrik und das „Kids Kochstudio" mit Rezeptvorschlägen für Kinder.

- Zu Beginn seiner Mitgliedschaft erhält jedes Mitglied sein *persönliches „Welcome Package"*, das aus einer Auswahl neuer Produkte und aktuellen Rezeptbroschüren besteht. Jedes Mitglied, das seine Mitgliedschaft verlängert, erhält selbstverständlich auch ein neues *Produktpaket* voller Neuheiten und Bestseller aus dem *Maggi*-Sortiment einmal im Jahr *frei Haus*.

- Als Identifikationszeichen für die Mitgliedschaft erhält jedes Mitglied eine *persönliche Kundenkarte*, die es als Club-Mitglied ausweist. Diese Karte hat lediglich imagebildenden Charakter und kann am Point-of-Sale (Handel) nicht eingesetzt werden.

- Das gebührenfreie *Club-Telefon* bietet den Mitgliedern von Montag bis Freitag, 8.00 bis 20.00 Uhr, die Möglichkeit, kompetente Beratung für alle Fragen rund um das Thema Kochen und ums „Club-Leben" zu erhalten. Die *Maggi*-Kochberatung steht den Mitgliedern gegenüber Nicht-Mitgliedern von Montag bis Freitag, 8.00 bis 17.00 Uhr gebührenfrei zur Verfügung. Dieses beginnt bei Tipps zur Menüfolge, geht über Ernährungsberatung bis hin zur individuellen Hilfe bei „Notfällen" in der Küche. Auch können am Service-Telefon Minikochbücher und Kochbroschüren angefordert werden. Im Jahr werden rund 65 000 Anfragen bedient.

- Mit einer Mitgliedschaft macht nicht nur das Kochen und Genießen mehr Spaß. Exklusive Einkaufsmöglichkeiten bietet der *Club-Katalog*, den die Mitglieder einmal im Jahr mit einem Club-Magazin erhalten. In dem Katalog finden die Mitglieder viele exklusive Artikel zu günstigen Angebotspreisen und neue Accessoires aus der *Maggi*-Welt, die das Kochen einfach schöner machen. Bestimmte Artikel sind exklusiv nur im Club-Shop zu erwerben. Fast alle Produkte sind *Maggi* gebrandet und teilweise mit dem Aufkleber „Vom *Maggi* Kochstudio empfohlen" speziell gekennzeichnet. Noch günstiger sind die so genannten „Schnäppchen-Pakete", bei denen *Maggi* verschiedene Artikel kombiniert und diese Pakete zum Vorteilspreis exklusiv anbietet. Zusätzlich finden die Mitglieder mit jeder Club-Aussendung die ein oder andere *Maggi*-Neuheit, exklusiv zum Kennenlernen. Ganz neu ist auch die Möglichkeit für Mitglieder, *Maggi*-Produkte direkt als Set, ohne Einbindung des Handels, mit echten Vorteilspreisen zu bestellen. Die Zahlung kann bei Bestellung per Rechnung, Kreditkarte oder Bankeinzug erfolgen.

- Mit jedem Club-Magazin oder jedem Shop-Katalog bietet *Maggi* seinen Mitgliedern eine *Dialog-Plattform*, um Wünsche, Anregungen oder Kritik zu Produkten, Verpackungen, Accessoires oder dem Service zu äußern.
- *Club-Shop-Bestellungen* sowie den *Club-Magazinen* werden zusätzlich, teilweise vor ihrer „Premiere“ im Supermarkt, verschiedene neue Produkte beigelegt.
- Circa einmal pro Jahr erscheint ein neues *Minikochbuch*, das die Mitglieder direkt nach Erscheinen unaufgefordert mit der Magazinaussendung zugesandt bekommen.
- *Gewinnmöglichkeiten* werden in der *Rubrik „Mein Lieblingsrezept“* geboten, in der eine Jury aus der Vielzahl der Einsendungen zu einem bestimmten Thema die besten Köche auswählt und diese zu einem Tag ins *Maggi*-Kochstudio einlädt. Hier können die Gewinner die Mitarbeiter des Kochstudios kennen lernen, eine Führung durchs Studio erleben und danach die Gewinner-Rezepte zubereiten und verkosten. Auch besteht die Möglichkeit, mit den Mitarbeitern des *Maggi*-Kochstudios ins Gespräch zu kommen und Wünsche, Lob und Kritik zu vermitteln.
- Ein besonderes Kocherlebnis ist ebenfalls einer Auswahl von Mitgliedern vorbehalten. So haben die Gewinner eines einzigartigen *Gewinnspiels* die Möglichkeit, mit Prominenten, wie zum Beispiel Manon Straché, Björn Hergen Schimpf oder Jürgen Drews *gemeinsam im „TV-Maggi“-Kochstudio* ein mehrgängiges Menü *zu kochen.*
- Mitglieder erhalten in der Rubrik *„Mitglieder werben Mitglieder“* bei Verschenken einer Mitgliedschaft eine attraktive Prämie.
- Weitere Prämien wie exklusive Pins oder Einkaufswagenchips werden als *Treueprämie* zum Abschluss eines jeden Jahres an die Mitglieder verschenkt.
- Eine unverhoffte Überraschung erreicht die Mitglieder an ihrem Geburtstag. So erhalten die Geburtstagskinder eine *persönliche Geburtstagspostkarte* mit Gruß und einer Rezeptidee.
- Ein ebenso großes Event sind die in den *„Maggi* Kochstudio Treffs“ Hamburg, Frankfurt/Main oder Leipzig stattfindenden Kochkurse, zu denen die Mitglieder nach Anmeldung herzlich willkommen sind.

- Die Website www.Maggi.de (vgl. Abbildung 97), die von circa 1,5 Millionen Usern jährlich aufgerufen wird, ist zurzeit in all ihren Facetten noch allen Internet-Nutzern zugänglich. Schon in Kürze soll jedoch ein spezieller Mitglieder-Bereich entstehen, der neben dem exklusiven Shop-Angebot weitere medienaffine, also dem Internet entsprechende Nutzen anbietet.

Abbildung 97: Internetauftritt des Maggi Kochstudios
Quelle: www.Maggi.de

Leistungen der Mitglieder

Der Beitritt in den *Maggi Kochstudio Club* erfolgt *ohne jedes Risiko*, da die *Mitgliedschaft jederzeit gekündigt werden kann* und *keine Bestell- oder Kaufpflicht* besteht. Anmelden können sich die Mitglieder problemlos über ein *Anmeldeformular* oder per *Internet unter www.Maggi.de* für 12,27 Euro Mitgliedsgebühr im Jahr. Dabei kann als Zahlungsart zwischen Bankeinzug, Überweisung oder Kreditkartenabbuchung gewählt werden. Bei Beitritt müssen die Mitglieder lediglich ihren Namen und ihre Anschrift angeben. Die Angaben von Geburtsdatum, Telefonnummer und E-Mail-Adresse sind freiwillig.

7.3.4 Integration des Clubs in die CRM-Maßnahmen von Maggi

Die CRM-Maßnahmen des Hauses *Maggi* sind natürlich breiter aufgestellt, als der Club allein an Mitgliedern repräsentiert. Allerdings werden die CRM-Maßnahmen für die Club-Mitglieder zusehends individueller und stellen damit die Spitze der CRM-Entwicklung dar. Gleichzeitig versucht *Maggi* im Rahmen seiner CRM-Strategie auf die große Masse all seiner Kunden einzugehen. Das Direktmarketing wird dabei neben der klassischen Werbung als vollwertiges Instrument in der Kampagnenplanung gesehen.

Breitstreuende CRM-Maßnahmen im Einzelnen sind:

- Auf der Internet-Seite www.Maggi.de finden alle Konsumenten wertvolle Tipps rund um das Thema Kochen.
- Auch das „Service-Telefon" steht allen Kunden zur Verfügung – für Club-Mitglieder selbstverständlich kostenfrei. Darüber hinaus besteht bislang noch die Möglichkeit, *Maggi*-Merchandising-Artikel abseits einer Mitgliedschaft zu erhalten. Auch können Nicht-Club-Mitglieder eine Club-Mitgliedschaft an Freunde und Bekannte verschenken, wofür sie, als kleines Dankeschön, ein reichhaltig gefülltes Probier-Paket erhalten.
- Die Direktmarketing-Maßnahmen werden durch Kochkurse, Beratung und kostenlose Rezeptbroschüren abgerundet. So bietet *Maggi* allen Konsumenten an, in den so genannten „*Maggi*-Markentempeln", den Kochstudio-Treffs Hamburg, Frankfurt am Main oder Leipzig, an den dort stattfindenden Kochveranstaltungen teilzunehmen.
- In den *Maggi Kochstudio Treffs* in Frankfurt und Leipzig wurden im Jahr 2003 mehr als eine halbe Million hochwertige Kundenkontakte gezählt. Diese Zahl dürfte seit der Eröffnung des *Maggi Kochstudio Treffs* in Hamburg Anfang 2004 weiter stark angestiegen sein. Für die Zukunft sind weitere Treffs in Deutschland geplant.

Nur durch ein konsequentes und professionelles Daten-Management ist die gezielte Ansprache der Mitglieder möglich. Dabei setzt der externe Dienstleister eine über die letzten 15 Jahre hausintern entwickelte, speziell auf CRM und Kundenclubs basierende Software, ein.

So können zum Beispiel neben der Adresserfassung auch Historiendaten gespeichert, und diese durch Analysen ausgewertet werden. Zusätzlich zu Standard-Reportings nutzt die Firma *Maggi* Datamining-Möglichkeiten, um ihre Kunden besser zu verstehen und Anhaltspunkte zu gewinnen, um letztendlich die Bedürfnisse der Kunden besser bedienen zu können.

Grundsätzlich lässt sich der Erfolg, wie hier aufgezeigt, in harte und weiche Faktoren aufteilen. Der wirtschaftliche Erfolg insgesamt gibt dem Konzept aber seit vielen Jahren recht. So konnte in den letzten Jahren die Kundenbindung der *Maggi*-Identifikationsträger durch den aktiven und kontinuierlichen Dialog stets verbessert werden.

Über den Club konnten außerdem wertvolle Tipps gesammelt und in der Produktion und Arbeit von *Maggi* verwendet werden. Mit rund 90 500 Artikeln im Jahr konnte *Maggi* sich mit seiner Marke erfolgreich in den Küchen der Fans platzieren. Es wird unter Berücksichtigung harter und weicher Faktoren größtenteils Kostenneutralität gewahrt. Dadurch wird die Nachhaltigkeit des Clubs gesichert und sein Erfolg als Kundenbindungsinstrument innerhalb einer breit angelegten CRM-Strategie unterstrichen.

7.3.5 Weitere Entwicklung des Maggi Kochstudio Clubs

In Zukunft wird eine noch stärkere Vernetzung des *Maggi Kochstudio Clubs* innerhalb der Gesamt-CRM-Strategie angestrebt, um den Kunden noch besser „helfen und dienen“ zu können. Beispiel hierfür ist der im Jahre 2002 ins Leben gerufene Consumer Day.

Hierfür wurden 40 Club-Mitglieder in die *Maggi*-Zentrale nach Frankfurt ins *Maggi Kochstudio* eingeladen. Im direkten Kontakt mit Produktentwicklern und Top-Management konnten diese Kunden ihr Lob und ihre Verbesserungsvorschläge gewinnbringend für die anderen Kunden und *Maggi* direkt einbringen.

7.4 Volkswagen Club – das umfassendste Kundenbindungssystem im Automobilbereich

7.4.1 Management Summary

Der *Volkswagen Club* wurde 1995 unter dem Motto „Emotion und Mobilität" gelauncht, um ein innovatives Kundenbindungsprogramm in die Kfz-Branche insbesondere zur Bindung der eigenen Kunden einzuführen (vgl. Abbildung 98); die gezielte Neukundengewinnung war dagegen kein dominantes Ziel. Mit über 750 000 Mitgliedern ist der *Volkswagen Club* heute eines der größeren Kundenbindungssysteme in Deutschland und gleichzeitig das erfolgreichste Kundenbindungskonzept der Automobilindustrie in Europa.

Abbildung 98: Key Visual des Welcome-Mailings im Volkswagen Club
Quelle: Volkswagen Club, 2004

In die Betreuungskonzeption sind heute mit 2 344 teilnehmenden Unternehmen fast 93 Prozent der Händler als *Club-Partner* in den *Volkswagen Club* eingebunden. Für sie ermöglicht die Teilnahme am *Volkswagen Club* eine sehr hochwertige Kommunikation mit der Zielgruppe, weil nicht nur viermal im Jahr das Volkswagen Magazin und Kontaktmailings mit Co-Branding des

Händlers versandt werden, sondern die Mitglieder in der Volkswagen-Organisation sowie bei einer Vielzahl attraktiver Kooperationspartner geldwerte Treuepunkte erwerben beziehungsweise vielfältige Vergünstigungen erhalten.

Der *Dreh- und Angelpunkt dieses Kundenbindungsprogramms ist der Volkswagenhändler.* Er bestimmt, welchen seiner Kunden eine Mitgliedschaft angeboten wird, und er entscheidet auch darüber, in welchem Umfang seine Kunden – über die standardmäßige Betreuung durch den Club in seinem Namen – weitere Club-Leistungen angeboten bekommen. Beim *Volkswagen Club* sitzt folglich der Händler „im Fahrersitz", das heißt, *der Volkswagen Club wird für den Kunden durch den Händler vor Ort erlebbar.* Die zentrale Guideline ist damit, dass der Händler etwas für seine Kunden tut – und damit auch die Marke.

7.4.2 Ausgangslage und Schlüsselherausforderungen der Automobilbranche und von Volkswagen

Die Initiative zum Aufbau des *Volkswagen Clubs* wurde durch mehrere zentrale Entwicklungen getrieben. Zum einen war bereits über mehrere Jahre eine langsam *abnehmende Markenloyalität* festzustellen, die heute bei circa 60 Prozent liegt. Eine Ursache hierfür ist die zunehmende Ähnlichkeit der Produkte, so dass über ein innovatives Kundenbindungssystem ein zusätzliches Differenzierungspotenzial gesucht wurde. Darüber hinaus hat die zunehmende Qualität der Produkte von Volkswagen dazu geführt, dass sich die durchschnittliche *Besuchshäufigkeit in der Handelsorganisation auf 1,6 Kontakte pro Jahr verringerte.* Dazu tragen auch die immer längeren Wartungsintervalle bei, die bereits im Jahre 2000 von jährlich auf alle zwei Jahre und beim Golf V 2003 sogar auf vier Jahre verlängert wurden. Dies kann gravierende Auswirkungen auf die After-Sales-Umsätze haben, die nach wie vor einen Großteil des Händlerumsatzes ausmachen. Gleichzeitig zeigen Studien allerdings auch, dass die Kunden mindestens einmal im Jahr ihren Händler aufsuchen möchten – was nach der Schaffung zusätzlicher Besuchsanreize ruft.

Parallel hierzu muss branchenübergreifend konstatiert werden, dass die Zufriedenheit mit der Marke beziehungsweise mit dem Produkt oder auch mit dem Service im Autohaus immer weniger eine Gewißheit dafür schafft, dem entsprechenden Unternehmen auch treu zu bleiben. Das *„Variety Seeking"*, das heißt die Lust am Markenwechsel, die Bereitschaft und der Wunsch, einmal etwas Neues auszuprobieren, nahmen kontinuierlich zu. Erleichtert wurde dies durch die Einschätzung der Konsumenten, dass die *Produkte sich im-*

mer ähnlicher werden. So heißt es in der Händlerkommunikation folglich auch selbstkritisch: „Tolle Autos zu bauen und zu verkaufen reicht schon lange nicht mehr."

In diesem Kontext galt es, ein für den Kunden wie für die Händler attraktives Leistungsangebot zu schneidern, welches für die Kunden hohe *„Switching Costs"* mit sich bringt, wenn die Marke gewechselt wird. Und dies gelingt nur dann, wenn beim Kunden eine Begeisterung für die ihm angebotenen Leistungen erreicht werden kann. Und gerade im Automobilbereich lohnen sich solche Investments, denn mit einem Kunden kann im schlimmsten Fall ein Customer Lifetime Value von mehreren 100 000 Euro Umsatz verloren gehen. Und auch bei Volkswagen gilt als Leitidee, dass es sechsmal teurer ist, einen Neukunden zu gewinnen, als einen Stammkunden zu halten.

Ein Blick auf das Wettbewerberumfeld im Automobilbereich zeigt, dass andere Unternehmen sich bisher auf rein *kartengestützte Bindungssysteme* konzentrieren, so etwa mit der *Mercedes Card*, der *Porsche Card* oder der *BMW Card*. Damit stellt der *Volkswagen Club*, zusammen mit dem sehr leistungsverwandten *Audi A Plus-Programm*, nach wie vor das umfassendste Kundenbindungsprogramm in Gestalt eines Kundenclubs im Automobilsektor dar. Ein Erklärungsansatz hierfür kann unter anderem in einer geringeren Club-Affinität der Fahrer der Wettbewerbsmarken gesehen werden.

7.4.3 Beschreibung des Konzepts Volkwagen Club

Aufgabenstellung und zu erreichende Ziele

Die zentrale Zielsetzung für den Aufbau des *Volkswagen Clubs* war die *nachhaltige Steigerung der Kundenbindung*. Durch ein attraktives Leistungsangebot sollen für die Kunden weitere Anreize geschaffen werden, um ihrer Marke und ihrer Serviceorganisation treu zu bleiben. Zusätzlich sollte das *Cross-Sell-Potenzial der Volkswagen-Kunden für den Konzern erschlossen* werden. Mit seinen leistungsstarken Produkten der *Volkswagen Bank*, den Leasing- und Finanzierungsangeboten, der *VVD-Versicherung* sowie der *BKK* bietet sich hier ein spannender Leistungsbogen, der den Volkwagen-Kunden kommuniziert werden kann.

Außerdem galt es, für den Händler eine *hochwertige Kommunikationsplattform zu schaffen*, um für den Kunden immer wieder gute Argumente für eine Kontaktaufnahme zum Händler zu liefern. Gleichzeitig sollte den Club-Partnern eine interessante Alternative zu den nach wie vor gängigen Kleinanzeigen in der lokalen Tagespresse geschaffen werden, indem ein *innovatives Konzept zur One-to-One-Kommunikation* angeboten wird. Denn für die Schaltkosten einer postkartengroßen Anzeige in der lokalen Tageszeitung mit einer Auflage von 100 000 Exemplaren müssen beispielsweise 1 000 Euro bezahlt werden, allerdings noch ohne Entwicklungs- und Gestaltungskosten. Bei einem Betreuungsbetrag von zurzeit 7,67 Euro pro Mitglied und Jahr können für den gleichen Betrag 130 Volkswagenkunden über einen Zeitraum von einem Jahr mit mindestens fünf Anstößen und ohne Streuverluste im Händlerauftritt betreut werden – eine Rechnung, die überzeugt.

Aufgrund des Bekenntnisses von *Volkswagen* zu der Vertriebsorganisation über die Händler war eine der zentralen Aufgabenstellungen zum Launch des Clubs, nicht nur die Kunden, sondern insbesondere auch die Händler für den *Volkwagen Club* zu begeistern. Hierbei galt es auch, eine ganz zentrale Frage zu klären: *Wem gehören die im Club betreuten Adressen?* Die Frage wurde konsequent beantwortet: *dem Kunden*. Der Händler hat das Nutzungsrecht an der Adresse, und er räumt der *Kunden Club GmbH* ein erweitertes Nutzungsrecht ein.

Deshalb entscheidet auch der Händler, welchen seiner Kunden eine Mitgliedschaft im *Volkswagen Club* angeboten wird. Und die teilnehmenden Händler befinden als Club-Partner auch darüber, in welchem Ausmaß der Club für die Kunden vor Ort erlebbar wird. Folglich werden die hier gewonnenen Adressen auch nur für die Zwecke eingesetzt, zu denen der Händler eine ausdrückliche Beauftragung erteilt hat. Dies hat zur Konsequenz, dass auch Werbeaktionen durch Gesellschaften des Volkswagen Konzerns nur dann zulässig sind, wenn zu diesen im Vorfeld eine Zustimmung der Vertreter des Handels im Beirat der *Kunden Club GmbH* als Träger des Systems erteilt wurde.

Zielgruppe des Volkswagen Clubs

Die Zielgruppe des *Volkswagen Clubs* sind grundsätzlich *alle Kunden der Volkswagen Handelsorganisation*. Welche Kunden durch den Volkswagenhändler in das Betreuungsprogramm für vier Jahre eingemeldet werden, liegt in seinem Ermessen. Während die einen nur ihre wichtigsten Kunden durch den Club betreut sehen möchten, nutzen die anderen den Club, um zu möglichst allen Kunden einen leistungsstarken Dialog aufzubauen.

Die Bandbreite der Kundenbetreuung reicht deshalb von den *Neuwagenkäufern* über die *Service- und Ersatzteilkunden* bis hin zu den *Erwerbern von Gebrauchtwagen* oder „nur“ *an Volkswagen interessierten Personen*. Gerade auch Servicekunden stellen eine attraktive Zielgruppe dar, weil sie nicht nur am stärksten durch eine mögliche Abwanderung zu Billigwerkstätten gefährdet sind, sondern auch potenzielle Neuwagenkäufer sind; schließlich kommt jeder zweite Fahrzeugkauf über einen Servicekontakt zustande.

Die Händler können Mitglieder ganz einfach einmelden, entweder über das Intranet, die Neuwagenkäuferdatei oder über ein Meldefax. Bei der Anmeldung größerer Adressbestände können diese auf Papier oder Diskette bereitgestellt werden.

Leistungen von Volkswagen für die Club-Mitglieder

Das zentrale Erkennungsmedium für die Club-Mitglieder stellt die *Kundenkarte des Volkswagen Clubs* dar (vgl. Abbildung 99). Sie identifiziert die Mitglieder und eröffnet dadurch die Möglichkeit, sowohl in der Handelsorganisation von Volkswagen sowie bei den eingebundenen Kooperationspartnern Leistungsvorteile in Anspruch zu nehmen. Diese Club-Karte wird im Zuge eines Welcome-Mailings an die durch den Händler eingemeldeten Mitglieder versandt.

Abbildung 99: Kundenkarte des Volkswagen Clubs
Quelle: Volkswagen Club, 2004

Im quartalsweise erscheinenden *Volkswagen Magazin*, das von der Marke konzipiert und realisiert wird und Themenfelder rund um *Volkswagen*, Mobilität und Lifestyle abdeckt, liegt regelmäßig ein *Club-Beileger* bei, der einen Umfang von zwölf Seiten aufweist (vgl. Abbildung 100). Hier findet der Club die Plattform, um seine Leistungen – im Namen des Händlers – gegenüber den Club-Mitgliedern zu kommunizieren. Deshalb ist auch jeder Beileger mit einem händlerindividualisierten Editorial versehen. Dort findet sich die Vorstellung von Club-Reisen ebenso wie der Club-Shop, der jedes Quartal wechselnd ein interessantes Angebot aufweist, das beispielsweise vom Pocket-Taschenmesser über ein Wellness-Weekend-Set bis zum „Club-Membär" reicht.

Abbildung 100: Club-Beileger des Volkswagen Magazins
Quelle: Volkswagen Club, 2004

Zusätzlich erhalten die Mitglieder pro Jahr ein *Kontaktmailing*, das nach Jahreszeit differenziert wird und Themen wie Fahrzeug, Familie und Freizeit hat (vgl. Abbildung 101). Diese Mailings sollen weitere Anlässe zum Besuch im Autohaus schaffen und sind – wie auch der Club-Beileger – mit Logo, Namen und Unterschrift des betreuenden Händlers personalisiert. Außerdem werden pro Jahr – je nach den Bewegungen auf den Punktekonten – bis zu sechs *Kontoauszüge* versandt.

Abbildung 101: Kontaktmailing an Club-Mitglieder des Volkswagen Clubs
Quelle: Volkswagen Club, 2004

Ob ein Mitglied in den Genuss aller dieser Leistungen kommt, entscheidet wiederum der Händler. Neben der *Vollbetreuung*, die alle Leistungen beinhaltet, gibt es auch eine *Teilbetreuung*, bei der das Magazin beispielsweise bei Kunden mit mehreren Fahrzeugen entfällt; und bei der *reduzierten Vollbetreuung* entfällt das jährliche Kontaktmailing, weil der Händler hier gegebenenfalls eigene Konzepte nutzt.

Der *Volkswagen Club im Internet* findet auf zwei Ebenen statt. Über die Internet-Adresse www.vw-club.de kann die interessierte Öffentlichkeit Informationen über den Club erhalten. Ein geschlossener Benutzerkreis ist den Club-Mitgliedern nach Eingabe von Mitgliedsnummer und Password vorbehalten. Im 2. Quartal 2004 wurde dieser Bereich um eine inhaltliche Dimension erweitert, die es dem Mitglied ermöglicht, seine eigenen Stammdaten zu aktualisieren, den Punktestand zu überprüfen und gegebenenfalls auch Prämien abzurufen.

Zusätzlich steht den Mitgliedern als zentrale Anlaufstelle das *Club Service Center* telefonisch zur Verfügung. Unter der Nummer (1805) 25 45 45 ist es 365 Tage im Jahr von 8.00 bis 20.00 Uhr erreichbar. Neben Fragen zur Adressänderung, zu Treuepunkten und Reiseangeboten eröffnet es den Mitgliedern ein breites Serviceangebot:

- **Not- und Pannendienst**
  Diese Anlaufstelle für Notfälle ist rund um die Uhr verfügbar, da außerhalb der regulären Zeiten eine Anrufweiterschaltung existiert.

- **Lotsendienst**
  Das Club-Mitglied kann sich telefonisch zum gewünschten Zielort lotsen lassen.

- **Stautelefon**
  Durch eine direkte Verbindung zur Verkehrsleitzentrale der Polizei können hier aktuelle Informationen über die Staulage auf deutschen Autobahnen bereitgestellt werden.

- **Routenplanung**
  Für Mitglieder werden hier individuelle Reiseplanungen für Ziele in ganz Europa erstellt und die notwendigen Reisekarten kostenlos beigefügt.

- **Städte/Ferienregionen/Länder Informations-Service**
  Hier werden nützliche Informationen nicht nur über 76 deutsche Großstädte, sondern auch über Urlaubsgebiete in Deutschland und Europa sowie Tipps und Info-Pakete für Auslandsreisen bereitgestellt.

- **Ticketservice**
  Per Anruf können hier Eintrittskarten für zahlreiche Veranstaltungen in aller Welt reserviert werden.

Zusätzlich werden den Mitgliedern als ganz zentrales Element der Club-Konzeption geldwerte *Treuepunkte* auf Services, Reparaturen sowie auf Original-Ersatzteile und Zubehörumsätze durch die teilnehmenden Volkswagenhändler gewährt. Die Finanzierung dieser Punkte übernimmt dabei die Marke. So werden beispielsweise für einen Bruttoumsatz zwischen 100 und 150 Euro 150 Treuepunkte gewährt; und 100 Treuepunkte haben den Wert von einem Euro. Darüber hinaus können die Händler nach eigenem Ermessen weitere Aktionen mit Treuepunkten versehen, um die Kundenaufmerksamkeit auf bestimmte Angebote zu lenken.

Da die Einlösung der Treuepunkte schwerpunktmäßig im Autohaus erfolgt, werden hier zusätzliche Kundenkontakte ausgelöst – und die Bindung an das Autohaus gestärkt. Aus rechtlichen Gründen muss auch eine Bareinlösung angeboten werden, die wiederum im Autohaus oder über das Club Service Center angestoßen werden kann.

Darüber hinaus hat der *Volkswagen Club Kooperationspartner* aus den folgenden Bereichen verpflichtet, bei denen Club-Mitglieder Leistungsvorteile erhalten, seien es Sonderkonditionen oder Treuepunkte:

- **Freizeit & Reise**
  So gelten beispielsweise in der Autostadt, im Hamburger Dungeon und in der Bavaria Filmstadt für Club-Mitglieder Sonderkonditionen, während bei Buchungen im *Hapag-Lloyd* Reisebüro und für Einkäufe bei *Rossmann* Online Treuepunkte erworben werden.
- **Hotels & Unterkunft**
  Bei Partnern wie Eurocamp sowie in mehreren Hotels, beispielsweise *Holiday Inn, Novotel, Mercure, Sofitel, Ramada,* werden zum Teil Direktrabatte, Treuepunkte und/oder Sonderservices wie etwa Upgrades oder kostenloses Parken angeboten.
- **Auto & Bahn**
  Treupunkte werden gewährt bei der *DB AutoZug*, bei *Euromobil* und *Europcar.*
- **Finanzen & Kommunikation**
  Beim Abschluss von Versicherungen gewährt der *Volkswagen Versicherungsdienst* Treuepunkte, und die *Volkswagen Bank direct* wie auch *Volkswagen TeleCom* gewähren besonders attraktive Konditionen. Zusätzlich erhalten Club-Mitglieder die Mastercard und/oder *Visa Card* preisgünstig von der Volkswagen Bank, im ersten Jahr sogar kostenlos.

Eine weitere entscheidende Club-Komponente sind Angebote, die die *Kunden Club GmbH* des Volkswagen-Konzerns konzipiert und den Händlern zur Teilnahme anbietet. De facto wird hier ein *modulares Leistungsangebot* erstellt, aus dem die Händler orientiert an ihren eigenen Zielen einzelne Elemente für die Betreuung ihrer Kunden auswählen können:

- Der *Club Presse Service* unterstützt die Händler beispielsweise dabei, mit maßgeschneiderten Pressemeldungen, Presseverteilern und Anschreiben in die regionale Zeitung zu kommen.
- 2003 wurde den Händlern ein sehr erfolgreiches Voucher-Heft angeboten, das den Mitgliedern händlerindividualisiert zugesandt wurde und neben Vorteilen bei den Kooperationspartnern auch individuell gestaltete Händlerangebot beinhaltete (vgl. Abbildung 102).
- 2004 konnte der Händler ausgewählte Mitglieder zur Kieler Woche einladen, wo nicht nur eine zünftige Bordparty gegeben wurde, sondern auch an der Segelregatta mit Kapitänswettstreit teilgenommen wurde. Dabei konnten verschiedene Händlerteams im Wettbewerb gegeneinander antreten. Zum Abschluss gewann das erfolgreichste Händlerteam den „*Volkswagen Club* Cup 2004", einen Wanderpokal, der bis Mai 2005 im Betrieb ausgestellt werden kann.

Abbildung 102: Händler-individualisiertes Voucher-Heft
Quelle: Volkswagen Club, 2004

Leistungen der Volkswagen-Club-Mitglieder

Da die Kunden durch den Händler eingemeldet werden, entsteht durch den Versand des Welcome-Mailings zunächst eine *„Mitgliedschaft auf Widerruf"*. Die beiliegende Mitgliedskarte ist aktiv geschaltet und bleibt aktiv, solange sich der Kunde nicht gegen die entsprechende Betreuung ausspricht.

Die Kosten für die Club-Mitgliedschaft werden von Hersteller und Händler gemeinsam getragen, das heißt *eine Mitgliedschaftsgebühr für den Kunden entfällt*. Das Mitglied geht folglich auch keinerlei Verpflichtung mit seiner Mitgliedschaft ein. Deshalb kann ein Kunde seine Mitgliedschaft auch jederzeit kündigen.

Organisation des Volkswagen-Club-Konzepts

Die Trägerorganisation des *Volkswagen Clubs* ist die *Kunden Club GmbH* des *Volkswagen Konzerns*, die mit rund 15 Mitarbeitern die gesamten Aktivitäten des Clubs steuert. Die *Kunden Club GmbH* gehört zu 100 Prozent dem *Volkswagen Konzern*. Der Beirat der GmbH stetzt sich neben Vertretern der Marke *Volkswagen* sowie der *Financial Services AG* auch aus Mitgliedern des Händlerbeirates von *Volkswagen* zusammen. Die *Kunden Club GmbH* selbst wird als *Cost Center* geführt und verwaltet die seitens der Händler und der Marke auf Basis der Anzahl der betreuten Mitglieder bereitgestellten Budgets treuhänderisch.

In dieser Gesellschaft laufen die Fäden bezüglich der Betreuung der outgesourcten Dienstleistungen im Frontoffice des *Call-Centers* wie auch die der *Datenbank-Führung* im Backoffice zusammen. Hier werden auch der *Magazin-Beileger*, die *Welcome- und Kontakt-Mailings* konzipiert. Außerdem erhalten die Händler von der *Kunden Club GmbH* monatlich eine Rechnung für die Betreuungsleistungen und eine Nachweisliste, aus der die Zu- und Abgänge der Kunden hervorgehen. Dazu erhalten sie zweimal jährlich noch eine Gesamtliste, um jederzeit einen Überblick über die betreuten Kunden zu haben und auch zu sehen, wie viele Treuepunkte die Mitglieder jeweils gesammelt haben. Aus dieser Liste geht auch hervor, wann ein Betreuungszyklus beginnt, so dass der Händler über die Beendigung oder Fortführung der Betreuung entscheiden kann; diese Liste ist seit dem 2. Quartal 2004 per Web-Download verfügbar.

Für Fragen der Händlerschaft stehen insgesamt sechs *Club-Partner-Betreuer* zur Verfügung, die zur Vorstellung und Schulung der Club-Konzeption, aber auch zur Lösung von Fragestellungen rund um den Club durch die Händler angefordert werden können.

7.4.4 Integration des Volkswagen Clubs in die CRM-Strategie des Unternehmens

Zwischen Marken- und Handels-CRM findet eine enge *Abstimmung hinsichtlich der relevanten Kommunikationstermine* statt. Die engste Verzahnung zwischen der Club- und der Marken-Kommunikation findet beim *Volkswagen Magazin*, dem Imagemagazin von Volkswagen, statt. Von der Gesamtauflage werden circa 750 000 in Namen des Händlers an die betreuten Mitglieder versandt. Marken- und Club-Welt erfahren hier eine idealtypische Verzahnung. Darüber hinaus wird die Club-Kommunikation inhaltlich und terminlich mit dem *Werbebriefprogramm der Händler* abgestimmt, in dem jahreszeitlich differenziert spezielle Leistungsangebote der Händler ausgelobt werden.

Da sowohl die grundsätzliche Frage, ob ein Kunde in den *Volkswagen Club* eingemeldet wird, als auch die Intensität des Club-Lebens vor Ort allein durch den Händler bestimmt werden, findet *keine weiterführende Integration des Clubs in die Massenkommunikation von Volkswagen* statt. Eine Nennung des Clubs in klassischen Anzeigen wie auch in TV-Spots erfolgt nicht; auf der Homepage von Volkswagen ist in der Kategorie „Erlebnis“ ein Link zum *Volkswagen Club* zu finden.

Gleichwohl ist es ein konkretes Ziel des Konzerns, dass möglichst viele Kunden durch den Club betreut werden. Deshalb werden die Kosten für die Club-Betreuung, die der Händler zu bezahlen hat (zurzeit 7,67 Euro pro Jahr bei Vollbetreuung, 4,09 Euro bei Teilbetreuung und 7,06 Euro bei reduzierter Vollbetreuung) voll auf die im Händlervertrag festgelegten Werbekosten angerechnet.

Die Erfolgsmessung des Kundenbindungsprogramms gestaltet sich auch hier grundsätzlich schwierig, da die Club-Betreuung nur *ein* Element der auf den Kunden einwirkenden Kommunikation darstellt. Allerdings konnten aufgrund umfassender Studien, die regelmäßig zur Erfassung der Club-Effekte durchgeführt werden, trotzdem signifikante Unterschiede festgestellt werden.

Bereits die Gewährung einer Mitgliedschaft allein zeigt bei Mitgliedern eine 20 Prozent höhere Loyalität im Vergleich zu Nicht-Mitgliedern, auch wenn noch keine Club-Leistungen in Anspruch genommen wurden. Bei den Mitgliedern, die zusätzlich noch Leistungen beim Händler abrufen, steigert sich die Loyalität nochmals um 30 Prozent. Da Händler zum Teil aber nur die bereits besonders loyalen Kunden einmelden, können diese Ergebnisse unter Umständen auch über einen *„Händler-Selektionseffekt"* erklärt werden.

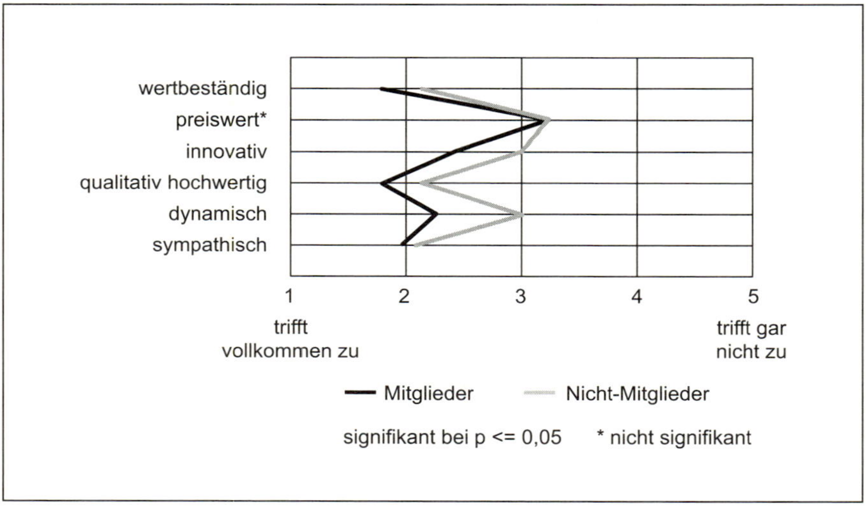

Abbildung 103: Einstellung zu Volkswagen von Mitgliedern und Nicht-Mitgliedern
Quelle: Kunden Club, 2003, S. 6

Eine Untersuchung der Universität Eichstätt hat gezeigt, dass Club-Mitglieder Volkswagen als innovativer, dynamischer und sympathischer ansehen als Nicht-Mitglieder (vgl. Abbildung 103). Außerdem zeigen Mitglieder insgesamt auch eine deutlich höhere Zufriedenheit mit Volkswagen (vgl. Abbildung 104).

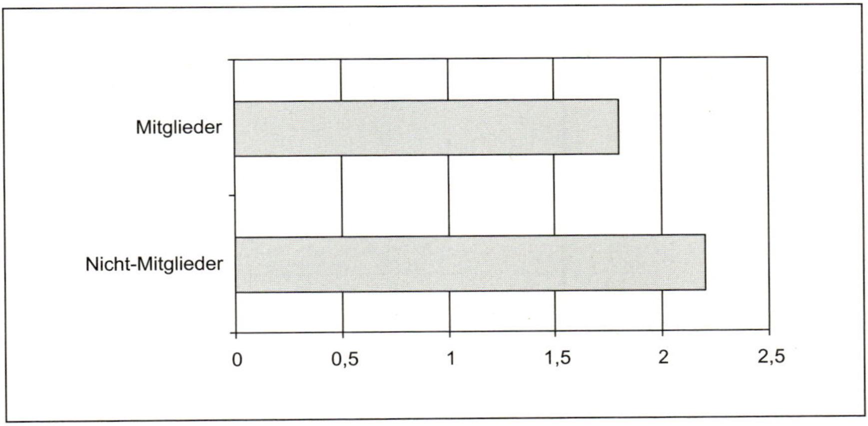

Abbildung 104: Zufriedenheit mit Volkswagen von Mitgliedern und Nicht-Mitgliedern
Quelle: Kunden Club, 2003, S. 6

Und trägt der Club zur Steigerung der Kundenzufriedenheit durch eine funktionierende Club-Abwicklung im Handel bei, dann gewinnen Volkswagen und die Händler auf ganzer Linie. Denn nicht nur die Verbundenheit und die Identifikation mit Volkswagen, sondern auch das Vertrauen in die Marke und insbesondere die Bereitschaft zur Weiterempfehlung und die Wiederkaufabsicht sind bei zufriedenen Kunden signifikant höher als bei unzufriedenen (vgl. Abbildung 105).

Das authentischste und direkteste Feedback bezüglich der Attraktivität von Club-Leistungen erhält man allerdings auf den vielfältigen Club-Veranstaltungen. Hier springt die Begeisterung der Kunden für „ihre Marke", „ihren Club" beziehungsweise „ihren Händler" am schnellsten über, etwa wenn in der VIP-Lounge gemeinsam das Fußballfieber steigt, weil der Vfl Wolfsburg wieder einmal zu Höchstform aufläuft.

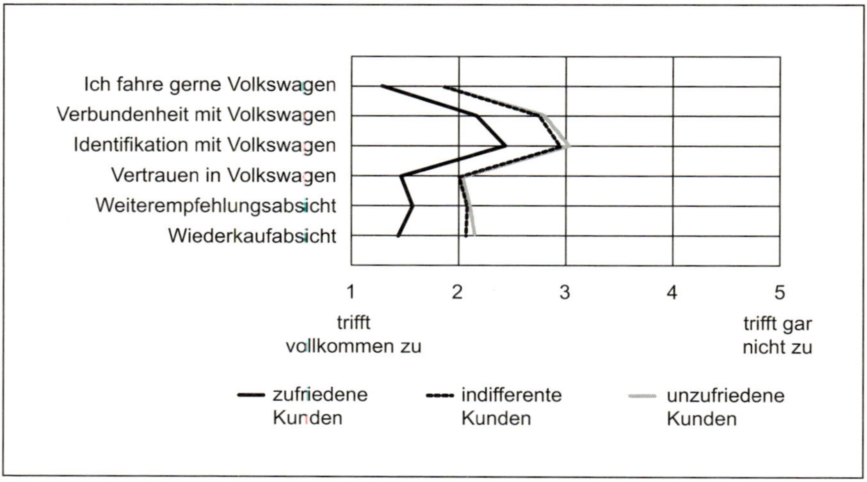

Abbildung 105: Bewertungsunterschiede von zufriedenen und unzufriedenen Kunden
Quelle: Kunden Club, 2003, S. 6

Ein echtes „Club-Leben“ im Sinne eines „Club-Erlebens“ mit „Touch & Feel“ hat bisher immer die nachhaltigsten Wirkungen auf die Mitglieder gehabt – besonders wenn den Teilnehmern deutlich wird, dass bestimmte Angebote exklusiv den Mitgliedern des *Volkswagen Clubs* vorbehalten sind. Und da der betreuende Händler bei solchen Aktionen in der Regel immer vor Ort ist, wirkt sich diese Begeisterung auf Handel und Marke gleichermaßen aus.

Von den 750 000 betreuten Mitgliedern sind circa 50 Prozent im letzten Jahr aktiv geworden, indem Leistungsangebote des Clubs in Anspruch genommen wurden. 280 000 Kunden haben Guthaben auf ihren Treuepunktekonten, und circa 500 000 Kunden haben während ihrer Mitgliedschaft bereits andere Club-Angebote genutzt.

Die Hitliste der Nutzung von Club-Leistungen führt seit Jahren das Magazin an, gefolgt von der Treuepunktegewährung, der kostenlosen Routenplanung bis hin zur Inanspruchnahme von Leistungen der Kooperationspartner *Hapag-Lloyd* und *Rossmann* Online.

7.4.5 Weitere Entwicklung der Volkswagen Club-Aktivitäten

Die weitere Entwicklung des Clubs steht unter den Stichworten

- weitere Händlerindividualisierung,
- höhere Interaktivität und
- gesteigerte Regionalität.

Die Steuerung der Club-Aktivitäten durch die Vertriebspartner und damit verbunden die *Händlerindividualisierung* hat sich in den letzten Jahren immer mehr gesteigert. Dies drückt sich auch in der Präsenz des Händlers auf den Kommunikationselementen des Clubs aus.

Nachdem bereits alle Mailings im Namen des Händlers versendet und auch der Club-Beileger mit einem personalisierten Händlereditorial verschickt wird, sollen jetzt auch die Mitgliedskarten noch stärker händlerindividualisiert werden. Dazu ist geplant, dass einzelne Händler oder Händlergruppen die Vorderseite der Club-Karte individuell gestalten können und das Club-Logo auf der Rückseite zu finden sein wird.

Darüber hinaus werden die Online-Medien in der nächsten Zeit noch stärker in die Mitglieder- und Händler-Kommunikation eingebunden. Auf diese Weise wird der *One-to-One-Anspruch des Clubs durch gesteigerte Interaktivität* kontinuierlich ausgebaut. Und die noch weitere *Regionalisierung* orientiert sich an der Leitidee, den Club bei den Händlern noch stärker erkennbar zu machen. Dazu werden in Zukunft noch mehr regional zu nutzende Angebotsmodule erarbeitet werden.

Und die Internationalisierung des *Volkswagen Clubs*? Während Club-Konzepte bereits in den USA, in der Ukraine und in Ägypten sehr erfolgreich laufen, sind jetzt auch Gespräche in China angelaufen. Ein Transfer in weitere europäische Länder ist in Klärung.

7.5 S-points – das innovative Kundenbindungssystem der Sparkassen

7.5.1 Management Summary

S-points ist das exklusive Kundenbindungs- und Bonusprogramm für die Privatkunden der Sparkassen. Es wurde am 14.04.2003 von den *Sparkassen* Bonn, Essen und Wuppertal gestartet. Am 13.10.2003 folgte die Kreissparkasse Köln, und im Mai 2004 hat die Sparkasse Münsterland Ost *S-points* ebenfalls eingeführt. Es ist damit das größte in Deutschland betriebene Bonusprogramm von Geldinstituten (vgl. Abbildung 106).

Abbildung 106:
Key Visual von S-points
Quelle: S-points, 2004

Unter dem Claim „S-points ... Wünsche und mehr" bietet das Programm für die Sparkassen-Kunden kostenlos einen attraktiven Leistungskranz, der sich von der Bonifizierung der Inanspruchnahme von Leistungen der beteiligten *Sparkassen* bis zur unterschiedlichen Vorteilsgewährung durch regionale und nationale Kooperationspartner spannt.

Besonders hervorzuheben sind die sehr gelungene Integration der Mitarbeiter in den Launch dieses Kundenbindungssystems wie auch die konsequente Einbindung in das CRM der *Sparkassen*. Auf diese Weise kann eine Nutzbarmachung der Systemvorteile insbesondere in den definierten Zielgruppen der „vermögenden Privatpersonen" und der „jungen Erwachsenen" erreicht werden.

Das System ist inhaltlich wie prozessual offen für eine kontinuierliche Weiterentwicklung wie auch für einen über den regionalen Bereich weit hinausgehenden Einsatz.

7.5.2 Ausgangslage und Schlüsselherausforderungen der Branche und der Sparkassen

Wie für viele andere Banken waren die letzten Jahre auch für die Sparkassen verbunden mit einer *abnehmenden Kundenloyalität*. Viele Sparkassenkunden führen heute Zweit- und Drittkonten bei anderen Kreditinstituten. Besonders ausgeprägt sind diese Mehrfachverbindungen bei der besonders interessanten Zielgruppe der vermögenden Privatkunden. Über 30 Prozent dieser Kundengruppe hat mehr als eine Bankverbindung. Und dieser Trend setzt sich auch bei jungen Kunden fort. Wie sich dies in Marktanteilen niedergeschlagen hat, zeigt Abbildung 107. Demnach gingen insbesondere in den Altersgruppen „20 bis 29“ und „30 bis 39“ die Marktanteile deutlich zurück.

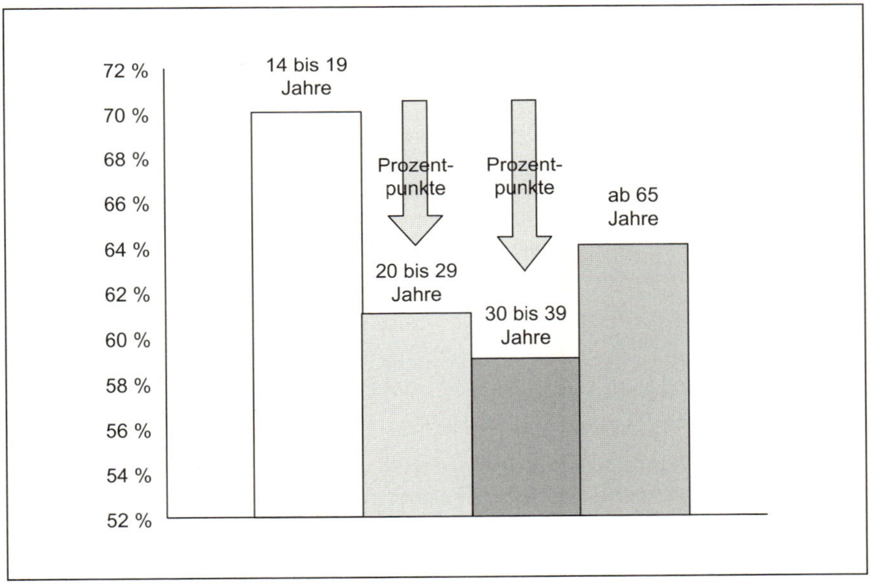

Abbildung 107: Entwicklung der Marktanteile nach Alter der Zielgruppen
Quelle: Vgl. o. V., Februar/März 2003, S. 16–17

Gleichzeitig zeigt Abbildung 108, dass gerade in diesen oben genannten Alterssegmenten eine deutliche Ansprachelücke klafft. Deshalb ist die Stabilisierung dieser Kunden eine zentrale Herausforderung für die *Sparkassen*, zumal das *Aufkommen des Internetbanking* in Verbindung mit *aggressiven Wettbe-*

werbern die langfristige Stabilität der Kundenbeziehungen bereits deutlich verringert hat. Gleichzeitig war eine *abnehmende Kundenfrequenz in den Geschäftsstellen* zu beobachten.

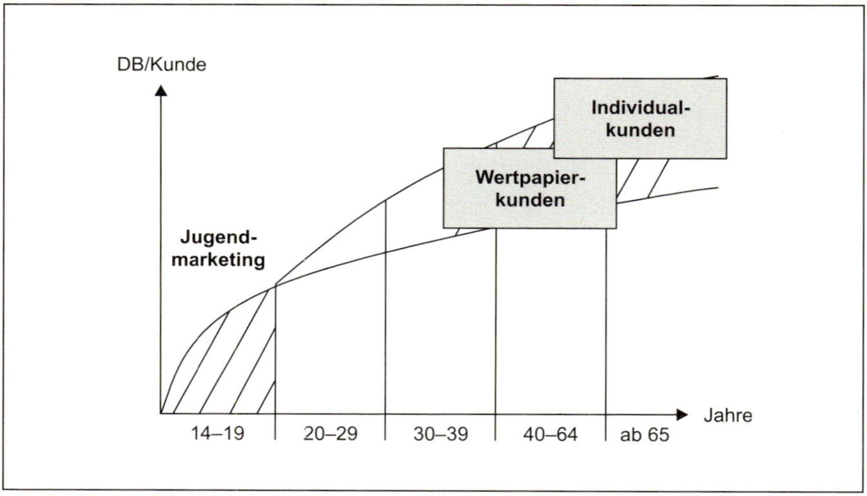

Abbildung 108: Fokussierung der Direktmarketing-Aktivitäten der Sparkassen heute
Quelle: Vgl. o. V., Februar/März 2003, S. 16–17

Zusätzlich kam es in vielen Bereichen auch zu einer *Margenerosion*, da der Kunde durch vielfältige Impulse – auch außerhalb der Finanzdienstleistungsbranche – konsequent zum Smart Shopper erzogen und auf durchgängige Preisvergleiche hin ausgerichtet wurde.

Die Herausforderung bestand deshalb darin, ein Konzept zu entwickeln, das langfristig zur *Sicherung und Stabilisierung der Erträge* der *Sparkassen* beitragen kann, indem den anspruchsvoller und kritischer gewordenen Kunden ein innovatives Kundenbindungsprogramm angeboten wird. Und indem über *S-points* immer wieder attraktive Gesprächsanlässe geschaffen werden.

7.5.3 Beschreibung des Kundenbindungskonzepts S-points

Aufgabenstellung und zu erreichende Ziele

Der zentrale Ausgangspunkt für den Aufbau von *S-points* war die Weiterentwicklung der Vertriebssteuerung der *Sparkasse*. Dabei standen mehrere Ziele im Zentrum. Der *langfristige Erhalt der Wettbewerbsfähigkeit* der *Sparkassen* wird durch *S-points* angestrebt, weil Kundentreue hier systematisch belohnt und damit gezielt Wechselbarrieren aufgebaut werden, indem die Erreichung von Prämien in einem exklusiven System für die Sparkassenkunden organisiert wird. Auf diese Weise soll auch eine *Reduzierung von Geldabflüssen* gesichert werden. Gleichzeitig soll durch *S-points* auch die *Kundenfrequenz in der Geschäftsstelle gesteigert* und dem Trend zum „HomeBanking“, der einerseits gefördert wird, eine attraktive Ergänzung gegenübergestellt werden. In Summe soll somit eine zumindest partielle *Immunisierung gegenüber den Wettbewerberangeboten* erreicht werden. Folglich hatte bei der Konzeption von *S-points* das Ziel der Loyalisierung der bestehenden Kunden eine wesentlich höhere Bedeutung als die Gewinnung neuer Kunden.

Gleichzeitig wird eine *Ertragsoptimierung durch die Bonifizierung ausgewählter Produkte* angestrebt. So können beispielsweise gezielt einzelne Angebote, etwa Anlagen im Deka-Struktur-Fonds, über einen Monat doppelt bepunktet werden, um die Aufmerksamkeit der Kunden und der Verkaufsberater auf diese Angebote zu lenken. Gleichzeitig wird die *Steigerung des Cross- und Up-Selling* durch eine gezielte Bonifizierung angestrebt, da dem Kunden ein zusätzlicher Anreiz gegeben wird, weitere Leistungen der Sparkassen zu beziehen, und damit eine höhere Wertschöpfung mit *einem* Finanzpartner zu erzielen. Für die Erreichung dieses Ziels wird an die Sammelleidenschaft der Kunden appelliert. Denn durch einen kontinuierlichen Dialog mit dem Kunden sollen immer wieder Anreize gesetzt werden, wie die noch fehlenden Punkte für eine angestrebte Prämie erreicht werden können. Hierdurch wird die *Ausschöpfung bestehender Kundenpotenziale* angestrebt, indem das Leistungsangebot ganz gezielt an die für die *Sparkassen* besonders interessanten Zielgruppen herangetragen wird.

Dies wird auch dadurch erleichtert, dass *S-points* ein zusätzliches *Ansprachesystem für eine dauerhafte Kommunikation* schafft, um letztendlich mehr Kontakte mit den Kunden zu pflegen und diese über *S-points* auch zu verstetigen. Wenn es gelingt, dass die Kunden dieses mit hohem Involvement wahrnehmen, erhöht sich hierdurch auch die kommunikative Wirkung, insbesondere dann, wenn für den Empfänger die Kundenvorteile zeitnah „schwarz auf weiß“ sicht- und damit auch erlebbar werden. Gleichzeitig kann die *S-points-Karte* zum *Werbemedium mit Dauerkontakt* werden, wenn es gelingt, diese Karte in den Portemonnaies der Kunden zu positionieren.

Gleichzeitig wird die *Gewinnung von „frischem Geld“* für die *Sparkassen* dadurch erleichtert, dass die Mitarbeiter im Kundendialog ein „Geschenk“ anbieten können, welches die guten Basisleistungen der *Sparkasse* ergänzt, Anreize für Zusatzkäufe bietet und Treue entsprechend belohnt. Dies wird unter anderem dadurch erreicht, dass Vertriebsmitarbeiter im Rahmen von Produktabschlüssen zusätzliche Punkte vergeben dürfen, um den Kunden so über mögliche Abschlussbarrieren hinwegzuhelfen.

Hier wird es auch möglich, statt Preisreduktionen (etwa bei Eurocard-Gebühren), die nur einen Kurzzeiteffekt haben, als Alternative *S-points* zu gewähren, die auf dem Kundenkonto angespart werden und hier eine längerfristige Bindungswirkung entfalten können. Auf diese Weise soll gleichzeitig durch die *Senkung der Preissensibilität* der Preiserosion entgegen gewirkt werden. Und auch im Zuge eines Beschwerdemanagements können fallweise zusätzliche Punkte durch die Mitarbeiter vergeben werden. Hierdurch soll gleichzeitig eine Steigerung der Kundenzufriedenheit erreicht werden.

In Summe kann mit *S-points* folglich eine *positive Einstellung zur Sparkasse* aufgebaut werden, weil der Kunde einen nachweisbaren Mehrwert – und dies nicht nur bei den teilnehmenden *Sparkassen*, sondern auch bei ausgewählten Koopertionspartnern – erhält, ohne dass dafür eine Gebühr anfallen würde. Die Gesamtheit des Leistungsprogramms von *S-points* ist unter dem Claim „S-points ... Wünsche und mehr.“ zusammengefasst (vgl. Abbildung 109).

points...
Wünsche und mehr.

Abbildung 109: Claim von S-points
Quelle: S-points, 2004

Zielgruppe von S-points

Die Zielgruppe von *S-points* sind zunächst *alle Privatkunden der angeschlossenen Sparkassen*; damit steht *S-points* grundsätzlich allen Kunden der Sparkasse offen. Die Kernzielgruppe stellen allerdings die *vermögenden Personen* sowie die *jungen Erwachsenen* dar, weil gerade in diesen Segmenten die Loyalität besonders gefährdet ist und hier in den letzten Jahren Marktanteile verloren gingen. Deshalb liegt hier der Fokus zur Stabilisierung der Kundenbeziehungen.

Da die eigenen Mitarbeiter die wichtigsten Multiplikatoren für ein Kundenbindungsprogramm darstellen, wurde im Vorfeld des Launches eine ausgefeilte *Kampagne zur informatorischen und motivatorischen Einstimmung der Mitarbeiter* umgesetzt.

Dazu wurden allen Mitarbeitern im Abstand von circa drei Wochen die folgenden Postkarten an ihre Privatadresse zugesandt. Auf diese Weise sollten sie auf eine große *Eröffnungsveranstaltung* aufmerksam gemacht werden, die sich ganz an der Leitidee „Wünsche und mehr“ orientierte (vgl. Abbildung 110 und 111).

Abbildung 110: Erste Stufe der Mitarbeiter-Teaser-Kampagne
Quelle: S-points, 2004

Abbildung 111: Dritte Stufe der Teaser-Kampagne
Quelle: S-points, 2004

Im Rahmen eines Infotainment-Programms wurden nicht nur die zentralen Inhalte von *S-points* vermittelt, sondern eine Begeisterung für dieses Programm bei den Mitarbeitern erzeugt. Bei einem Gewinnspiel wurden zentrale Fragen zu *S-points* gestellt – und den Gewinn (bis 500 Euro) konnten sich die Mitarbeiter dabei frei wählen, auch hier ganz nach dem Motto „Wünsche und mehr" (vgl. Abbildung 112).

Zum Launch des Programms wurde die ganze Klaviatur der Kommunikation zum Schwingen gebracht. Über eine Teaser-Kampagne wurde die breite Öffentlichkeit neugierig gemacht, flankiert von einer Stadt-Plakatierung, Funk-Spots und Anzeigen (vgl. Abbildung 113). Zusätzlich wurde das Programm in einer Pressekonferenz den Medien präsentiert.

Außerdem erhielten die definierten Zielkunden ein Akquisitions-Mailing. Besonderes Augenmerk wurde dabei auf die Eurocard-Kunden gelegt, die beispielsweise von der bisherigen Umsatzbonifizierung in *S-points* hinübergeführt werden sollten.

Mit den richtigen Antworten Ihren Wünschen ein Stück näher

1. S points ist
- das neue Bonusprogramm der Sparkasse
- ein Gewinnspiel für Kunden der Sparkasse
- ein neues Internetangebot für Kunden der Sparkasse

2. Welche Kunden können an S points teilnehmen?
- alle Kunden der Sparkasse
- alle Privatkunden ab dem 12. Lebensjahr
- vermögende Privatkunden ab dem 40. Lebensjahr

3. Was erhält der Kunde nach seiner Anmeldung per Post zugesandt?
- eine Teilnahmeurkunde
- ein Welcome-Package mit Kundenkarte
- eine Wunschliste für Prämien

4. Welches „Dankeschön" erhält der Kunde für seine Anmeldung zu S points?
- 50 Stunden kostenlose Internetnutzung
- einen Geschenkgutschein in Höhe von 5,- Euro
- 500 Punkte Startguthaben

5. Ab wann kann der Kunde S points-Punkte gegen Prämien einlösen?
- frühestens nach einem Jahr
- ab einem Guthaben von 2.500 Bonuspunkten
- sobald er über eine ausreichende Punktezahl für eine angebotene Prämie verfügt

6. Wie lange sind die Bonuspunkte gültig?
- keine zeitliche Begrenzung
- 3 Jahre lang ab Gutschrift
- jeweils bis zum Jahresende

7. Der Kunde erfährt seinen aktuellen Punktestand
- nur am Kontoauszugsdrucker
- tagesaktuell im Internet
- halbjährlich über eine S *points*-Punkteübersicht

8. Wie identifiziert sich der Kunde als S points-Teilnehmer beim Call-Center?
- mit seinem Geburtsdatum
- mit seiner PIN
- mit seinem Kennwort

9. Welche Prämienwelt wird im S points-Programm angeboten?
- Essen & Trinken
- Trends & Technik
- Drive & Flight

10. Welche Aussage trifft auf die Teilnahme von Sparkassenmitarbeitern an S points zu?
- nur Vertriebsmitarbeiter können teilnehmen
- die Teilnahme ist erst zu einem späteren Zeitpunkt möglich
- toll, wenn sich alle Mitarbeiter morgen anmelden

Name | *Personalnummer*

Meine „Wünsche und mehr"-Gewinnchance.
Wenn heute Abend mein Los gezogen wird, wünsche ich mir... *(im Gegenwert von max. 500,- Euro)*

00364
Losnummer

Abbildung 112: Fragebogen des Mitarbeiter-Gewinnspiels
Quelle: S-points, 2004

Abbildung 113: Teaser- und Plakat-Motiv zum Launch von *S-points*
Quelle: S-points, 2004

Leistungen der Sparkassen für die Mitglieder

Die Grundlage des Programms und die „Eintrittskarte“ für die Kunden stellt die *S-points-Kundenkarte* dar. Um möglichst viele Kunden von der Leistungsfähigkeit von *S-points* zu überzeugen, erhält jeder Kunde als Dankeschön für seine Anmeldung 500 Punkte Startguthaben. Dieses wird bei der Anmeldung sowohl im Internet, im Call-Center sowie beim Berater der teilnehmenden Sparkasse gewährt. Der Kunde erhält nach seiner Anmeldung ein Welcome-Package mit der persönlichen *S-points-Karte*, einer Infobroschüre sowie einen ersten Prämienkatalog. Mit der persönlichen PIN wird dann der Zugang fürs Internet sowie durch ein Kennwort auch die Nutzung der Service-Hotline ermöglicht.

Abbildung 114: Die S-points-Kundenkarte – der Ausweis zu allen Leistungen
Quelle: S-points, 2004

Die Relevanz der Angebote von *S-points* für die Kunden resultiert aus einem überzeugenden Mix unterschiedlicher Vorteilsgewährungen. Diese fußen nicht nur auf einer *Bonifizierung eines Bezuges von Kernleistungen der Sparkassen*, sondern werden auch durch *Vorteilsgewährungen bei Sparkassen-externen Partnern* abgerundet. Die *Inanspruchnahme von Leistungen der Sparkassen* wird durch *S-points* wie folgt bonifiziert:

- **Umsätze mit der S-Mastercard (bisher die S-Eurocard)**
  Jeder Euro Umsatz, den der Privatkunde mit der Mastercard tätigt, wird mit 0,5 Punkten bonifiziert.

- **Geldanlage in Sparkassen-Produkten**
  Einmalanlagen und Ansparverträge werden im Schnitt mit zehn Prozent Punkten versehen, das heißt bei einer 10 000-Euro-Anlage erhält der Kunde 1 000 Punkte. Bei speziellen Aktionen kann die Punktzahl auch verdoppelt werden.

- **Finanzierung**
  Auch bei der Haus- und Baufinanzierung gilt die Zehn-Prozent-Regel; das heißt, für die Aufnahme eines 50 000 Euro-Kredits werden hier 5 000 Punkte gutgeschrieben.
- **Wertpapiergeschäfte**
  Die Eröffnung von Depots wird mit 2 000 Punkten belohnt, der Kauf von Wertpapieren und Fonds wiederum mit zehn Prozent Punkten.
- **Vorsorge und Versicherungen**
  Der Abschluss von Bausparverträgen, Lebens- und Unfallversicherungen wird ebenfalls nach einer Staffel gezielt bonifiziert.
- **Weitere individuelle Aktionen**
  Das System ist offen, um weitere Leistungsbezüge individuell zu belohnen.

Die Leitidee dieser Punktegewährung ist es, für den Kunden ein System zu schaffen, das ganz einfach nachvollziehbar macht, welcher zusätzliche Leistungsbezug die erwünschte Prämie Wirklichkeit werden lässt. Die Punktekonten werden von der Betreibergesellschaft *S-points Servicegesellschaft für Kundenbindung mbH* geführt.

Zur Abrundung des Angebots von *S-points* wurden zusätzlich *Sparkassen-fremde Händler und Leistungspartner* integriert, die den Teilnehmern ebenfalls Vorteilsangebote oder Bonuspunkte anbieten. Hierbei ist das Ziel, sowohl Partner aus den jeweiligen Geschäftsgebieten der angeschlossenen *Sparkassen*, wie auch national agierende Marktpartner zu gewinnen. Innerhalb von wenigen Monaten wurden bereits über 100 Unternehmen aus den Einzugsgebieten der teilnehmenden *Sparkassen* sowie nationale Marktpartner als Kooperationspartner für das Programm gewonnen. Dabei sind unterschiedliche Formen der Zusammenarbeit möglich.

Bei *Partnern für Sofortrabatte und exklusive Angebote* werden gemäß dem Prinzip „show your card" unmittelbar Vorteile gewährt. Das heißt, jeder *S-points*-Teilnehmer erhält bei Vorzeigen seiner Karte die ausgelobten Vergünstigungen. Diese können sowohl bei überregionalen Anbietern (etwa bei *FOCUS Magazinverlag, Phantasialand, Das Teehaus, Stars in Concert*) sowie auch lokalen Partnern (zum Beispiel Kinos, Parfümerien, Autohäusern, Freizeit-Clubs, Sportveranstaltungen) abgerufen werden. So gewähren die Kinos beispielsweise ermäßtigen Eintritt an bestimmten Tagen, und bei den teilnehmenden Parfümerien werden jeweils zehn Prozent Rabatt gewährt; und bei *McDonald's* gibt es für *S-points*-Teilnehmer bei Kauf eines Big-Mäc-Menüs ein Menü dazu.

Gleichzeitig besteht die Möglichkeit der *Nutzung von S-points als eigenes Kundenbindungsprogramm durch einen Kooperationspartner.* Dieser kann Rabatte, Sonderkonditionen oder exklusive Vorteile gewähren. Soweit Bonuspunkte für ausgewählte Umsätze (beispielsweise bei EC-Cash-Zahlungen) gewährt werden, kommen individuelle Bonusregelungen zur Anwendung. Eine Gutschrift erfolgt auch hier bei der *S-points GmbH*. Der Handelspartner erhält durch diese Kooperation eine zusätzliche Werbeplattform zur Verkaufsförderung ausgewählter Produkte. Auf diese Weise bietet *S-points* mittelständischen Unternehmen die Möglichkeit, sich an einem leistungsstarken Kundenbindungsprogramm zu beteiligen. Diese Zusammenarbeit mit den Leistungspartnern wird zunächst für einen Zeitraum von zwölf Monaten festgeschrieben.

Alle Vorteilsangebote werden in einem *S-points-Vorteilsguide* veröffentlicht, der zweimal jährlich aktualisiert wird. Gleichzeitig sind alle Partnerschaften auch im Internet unter www.S-points.de präsent (vgl. Abbildung 115).

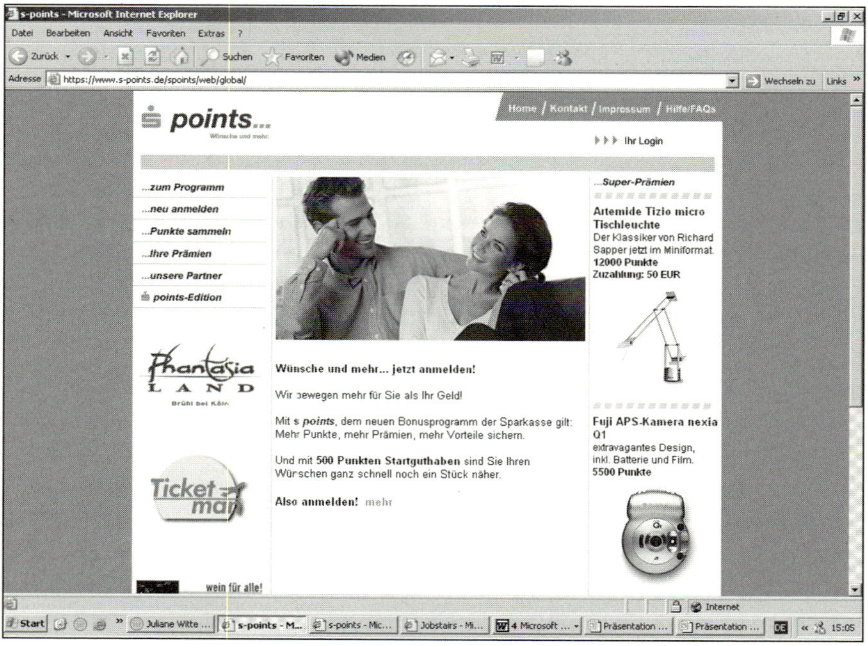

Abbildung 115: Internet-Auftritt von S-points
Quelle: www.S-points.de

Außerdem steht die Service-Telefonnummer 0 18 03 / 776 46 87 beziehungsweise die Vanity-Nummer 0 18 03-spoints für Auskünfte zu den Partnerschaften zur Verfügung. Flankierend hierzu werden die Angebote und Aktionen auch über Newsletter und Beileger zum vierteljährlich verschickten Punkteauszug kommuniziert.

Für die bei *S-points* gesammelten Punkte, die innerhalb von drei Jahren eingelöst werden müssen, können die Teilnehmer Prämien aus den folgenden Bereichen auswählen:

- *Trends und Technik:* Für 4 800 Punkte kann man sich beispielsweise eine Digital-Kamera auswählen.
- *Geld und Zukunft:* Bei einem Einsatz von 4 500 Punkten „vergoldet" sich die Mastercard.
- *Freizeit und Reisen:* Ein Reisetaschensystem ist für 5 700 Punkte im Angebot.
- *Sport und Wellness:* So gibt es schon für 6 800 Punkte einen Herzfrequenzmonitor.
- *Leben und Genießen:* Für 9 900 Punkte und 50 Euro Zuzahlung wechselt ein Siemens Kaffeeautomat seinen Besitzer.
- *Spenden:* Die angesparten Punkte können beispielsweise für die Deutsche Krebshilfe gespendet werden.

Das Prämienangebot wird dabei zentral entwickelt und durch lokale Zusatzprämien angereichert, die es nur bei der jeweiligen Sparkasse gibt. Hierzu zählen beispielsweise Tickets für Veranstaltungs-Highlights, Theaterkarten oder Einkaufsgutscheine. Grundsätzlich gibt es keine Untergrenzen für Prämienangebote. Da es jedoch das Ziel von *S-points* ist, den Sammeltrieb der Kunden anzusprechen, werden zurzeit Prämien ab 1 000 Punkten angeboten.

Leistungen der Mitglieder von S-points

Die Eintrittsvoraussetzungen für die Teilnahme an *S-points* wurden bewusst sehr niedrig gehalten. Das Programm *S-points* ist für die Kunden der teilnehmenden *Sparkassen kostenlos*. Die einzige Voraussetzung ist damit, dass man Kunde bei einer der teilnehmenden *Sparkassen* und mindestens zwölf Jahre alt ist.

Um in den Genuss von *S-points*-Vorteilen zu kommen, müssen die Kunden ausgewählte Produktkäufe in der Sparkasse tätigen. Die Vorteilserlangung bei Kooperationspartnern ist dort ebenfalls an bestimmte Kaufakte gebunden.

Gleichzeitig muss immer die *S-points-Karte* vorgelegt werden, um sich als leistungsberechtigt auszuweisen. Eine Gewinnung weiterer Daten über die teilnehmenden Kunden ist zum momentanen Zeitpunkt nicht vorgesehen, weil für die Mitgliedschaft keine Filter aufgebaut werden sollen. Da *S-points* nur an aktiven Teilnehmern interessiert ist, werden Konten, auf denen ein Jahr lang keine Bewegung stattgefunden hat, gelöscht. Auf diese Art können Kosten für die Betreuung von „schlummernden Mitgliedern" vermieden werden.

Organisation Bonusprogramms

Die zentralen Aufgaben für die Realisierung von *S-points* sind in der *S-points Servicegesellschaft für Kundenbindung mbH* mit Sitz in Bonn gebündelt. Die Gesellschafter dieser GmbH sind die *WestLB* und die Initialteilnehmer des *S-points*-Launches, das heißt die *Sparkassen* Bonn, Essen, Wuppertal, Köln und Münsterland Ost. Zukünftig teilnehmende *Sparkassen* können, müssen aber für eine Nutzung nicht Gesellschafter werden.

Zum Start des Programms waren hier „ausgeliehene" Mitarbeiter der teilnehmenden Sparkassen aktiv, die sukzessiv durch festangestellte Mitarbeiter ersetzt werden. Das siebenköpfige Team steuert in intensiver Zusammenarbeit mit den Sparkassen die gesamte *Kundenkommunikation*, inklusive Newsletter, Internet-Auftritt und Prämien-Management. Hier liegt auch die Verantwortung für das Projektmanagement bei der Anbindung zusätzlich teilnehmender Sparkassen.

Gleichzeitig ist die *S-points GmbH* auch für die *Akquisition überregionaler Partner* verantwortlich, während die regionalen Partner durch die teilnehmenden Sparkassen selbst rekrutiert werden. Zusätzlich wird die outgesourcte *Datenbank* sowie das eingebundene *Call-Center* gemanagt. Die *S-points GmbH* ist als *Profitcenter* organisiert. Sie refinanziert sich durch Betreuungsbeiträge, die die *Sparkassen* pro Kunde an die GmbH entrichten. Zusätzliche Erlöspotenziale liegen beispielsweise im Prämieneinkauf sowie in der Zusammenarbeit mit externen Partnern.

7.5.4 Integration des Kundenbindungsprogramms in die CRM-Strategie des Unternehmens

Es wurde bereits deutlich, dass die intensive kommunikative Einbindung der eigenen Mitarbeiter eine zentrale Rolle bei der Einführung von *S-points* gespielt hat. Auf diese Weise waren alle Mitarbeiter mit Kundenkontakt *vor* Programm-Start über die Inhalte von *S-points* informiert; außerdem können sie uneingeschränkt an diesem Programm teilnehmen. Hierdurch wurde eine maximale Identifikation mit *S-points* durch die Mitarbeiter erreicht. Bis heute nehmen circa 80 Prozent aller Mitarbeiter an *S-points* teil. Bereits hier wird deutlich, welchen Stellenwert das Programm für die teilnehmenden Sparkassen hat.

Dies zeigt sich auch in der Leitidee, dass sich *S-points in allen Formen der Kommunikation wiederfinden* soll. Hier wird konsequent auf eine Integration des Kundenbindungsprogramms mit den Inhalten der Produktkommunikation hingesteuert (vgl. Abbildung 116).

Abbildung 116: Klassische Anzeige mit S-points

Quelle: Bonner Generalanzeiger, 14.02.2004

So sollen bei einer Werbung für eine Vermögensanlage die erreichbaren Punkte immer mit genannt werden. Parallel soll die Kommunikation für *S-points* aber weiterlaufen, um dieses Programm nachhaltig im Bewusstsein der Zielgruppe zu verankern.

Eine Synergie zwischen bisherigen und neuen Medien soll auch dadurch erreicht werden, dass das „Esprit-Magazin" für die Eurocard-Gold-Kunden bei der Sparkasse Bonn durch ein *S-points-Magazin* abgelöst werden soll. Auch hier wird das Zusammenwachsen der unterschiedlichen Leistungsbausteine deutlich.

Bis Ende März 2004 haben sich bereits 200 000 Kunden zum Programm angemeldet; das entspricht einer *Kundenpenetration von 30 Prozent.* Bei der anvisierten Kernzielgruppe sieht die Durchdringung entsprechend höher aus. Die Kunden haben bisher bereits rund 250 Millionen Bonuspunkte angesammelt und lösten bereits 4 000 Prämien ein.

Aufgrund der relativ kurzen Laufzeit von *S-points* konnten noch keine validen Ergebnisse bezüglich der festgestellten Wirkungen erhoben werden. Es zeichnet sich allerdings bereits jetzt ab, dass die teilnehmenden Kunden eine höhere Produktnutzung aufweisen als die anderen Kunden. Ob dies ein „Selbstselektionseffekt" in dem Sinne ist, dass sich zunächst die besonders loyalen und *Sparkassen*-affinen Kunden für *S-points* begeistern konnten, oder ob hier erste Lenkungseffekte sichtbar werden, kann zu diesem frühen Zeitpunkt noch nicht gesagt werden.

7.5.5 Weitere Entwicklung der Kundenbindungsaktivitäten

Die *Vision von S-points* ist es, das heute erst bei ausgewählten *Sparkassen* zum Einsatz kommende System neben *Payback* und *Happy Digits* zum *führenden Kundenbindungssystem in Deutschland* zu entwickeln. Wenn alle Sparkassen in das vorliegende Konzept eingebunden werden, könnten bald über 50 Millionen Kunden *S-points* sammeln. Die zentrale Zielsetzung ist es, *S-points* vom regional fokussierten Angebot zum *bundesweit vertretenen System* weiterzuentwickeln. Mit den bereits gefundenen überregionalen Leistungspartnern ist hierfür schon eine tragfähige Basis geschaffen. Gleichzeitig besteht eine grundsätzliche Offenheit, mit anderen Bindungsprogrammen zusammenzuarbeiten.

Zusätzlich soll das Leistungsangebot weiterentwickelt werden. Im Fokus steht hier das Händlergeschäft, das heißt konkret die *Bonifizierung aller mit der EC-Karte getätigten Umsätze.* Durch dieses Leistungsmodul soll das für *S-points* notwendige „Grundrauschen" an Bonifizierung geschaffen werden, das den Kunden dazu motiviert, seine *S-points-Karte* tatsächlich immer parat zu haben. Ob dafür die *S-points-Karte* mit der EC-Karte einmal verschmolzen wird, ist dabei noch nicht entschieden.

7.6 Payback – das führende Kundenbindungssystem/Bonusprogramm in Deutschland

7.6.1 Management Summary

Die *Loyalty Partner GmbH* wurde 1998 in München gegründet und hat mit dem Bonusprogramm *Payback* ein schlagkräftiges, *branchen- und medienübergreifendes Kundenbindungs- und Marketing-Instrument* geschaffen. *Payback* ist dabei der Produktname, mit dem sich das Leistungsangebot an die Endverbraucher richtet. Das Programm funktioniert im klassischen Handel und auch online wie eine elektronische Bonuskarte, mit der beim Einkaufen Punkte gesammelt werden können.

In Deutschland sind zurzeit fast *26 Millionen Payback-Karten im Umlauf*, die bei einer Vielzahl von Handelspartnern akzeptiert werden. Durch diesen branchenübergreifenden Ansatz wird bei den Kunden eine viel höhere Aufmerksamkeit erreicht, als dies bei Stand-alone-Programmen der Fall ist. Die Idee des *„Vorteils-Pooling" bei verschiedenen Handelspartnern über eine Karte* stellt dabei einen zentralen Erfolgsfaktor von *Payback* dar. Und mit Partnern wie *Galeria Kaufhof, Obi, real,-, Europcar* und *dm-drogerie markt* hat *Payback* auch Flaggschiffe der deutschen Handelslandschaft als Partner gewinnen können.

Während viele Handelsunternehmen bisher hauptsächlich in Werbung per Zeitungsbeilage investiert und dabei hohe Streuverluste in Kauf genommen haben, bietet *Payback* die Möglichkeit einer *direkten Kundenansprache*, differenziert nach den bisherigen Kaufaktivitäten bei den teilnehmenden Unternehmen. Dabei werden neben klassischer Werbung und einer umfassenden Präsenz an den Point-of-Sale (POS) der Partnerunternehmen insbesondere Mailing-Kampagnen mit unterschiedlichsten Coupon-Varianten und auch Online-Medien mit E-Mail-Newslettern, Homepages der Partner und SMS-Kampagnen konsequent in die Kommunikation eingebunden.

Durch dieses integrierte Marketing werden extrem hohe Responsequoten erreicht. Das heißt, die Produktwerbung der Partner wird um eine *pro-aktive Verkaufsförderung* durch *Payback* ergänzt, die die notwendigen Interaktionsmöglichkeiten zwischen Anbieter und Kunde schafft. Das Vernetzungsinstrument hierfür ist die *Payback-Kundenkarte*.

Welchen Stellenwert *Payback* im relevanten Markt der Kundenbindungssysteme heute einnimmt, wird anhand der folgenden Abbildung 117 deutlich.

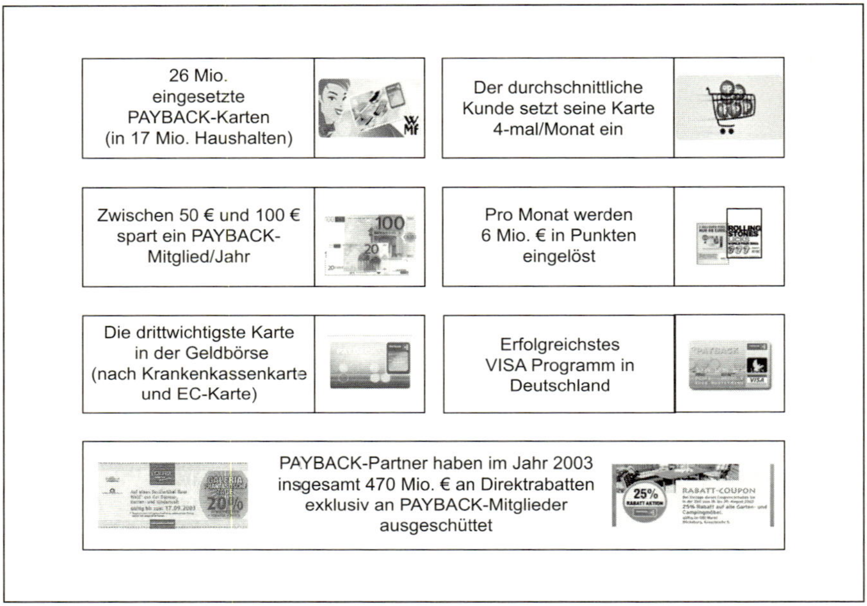

Abbildung 117: Stellenwert von Payback in Deutschland – heute
Quelle: Payback, 2004

Eine aktuelle EMNID-Untersuchung (Juli 2003) belegt die Schlagkraft des Punktesammelns, denn das beliebteste Sammelobjekt der Deutschen sind Bonuspunkte. Bereits mehr als jeder Zweite (54 Prozent) sammelt Punkte; und das populärste Programm ist dabei mit großem Abstand *Payback*. Mehr als jeder Vierte in Deutschland sammelt Punkte mit diesem Programm, das auch bei der Popularität und der Kundenzufriedenheit ganz vorne liegt (vgl. Abbildung 118). Diese exzellente Bewertung schlägt sich auch in der Teilnahmequote am Programm nieder (vgl. Abbildung 119).

Angaben in %	Welche der folgenden Programme bzw. Sammelmöglichkeiten kennen Sie?[2]	Welches der Bonusprogramme ist Ihnen am sympathischsten?[3]	Was glauben Sie, welches Programm bringt Ihnen die meisten Vorteile?[3]
PAYBACK	72	35	39
Lufthansa Miles&More	51	15	25
Aral-Aktionen	51	12	11
Ikea Family Card	40	11	5
Happy Digits	38	14	14
Rewe Haushaltskarte	38	8	9
Douglas Card	35	6	4
Shell Club Smart	32	5	3
P&C Kundenkarte	24	7	5
Görtz Kundenkarte	7	7	2
Sonstiges	13		
k. A.	6		

1 Telefonische Befragung (deutschsprachige Bevölkerung ab 16 Jahren) durch TNS Emnid im Dezember 2003
2 Basis: alle Befragten, n=1.795
3 Basis: Befragte, denen das jeweilige Bonusprogramm bekannt ist, n=800

Abbildung 118: Payback im Kontext anderer Kundenbindungssysteme
Quelle: EMNID, Dezember 2003

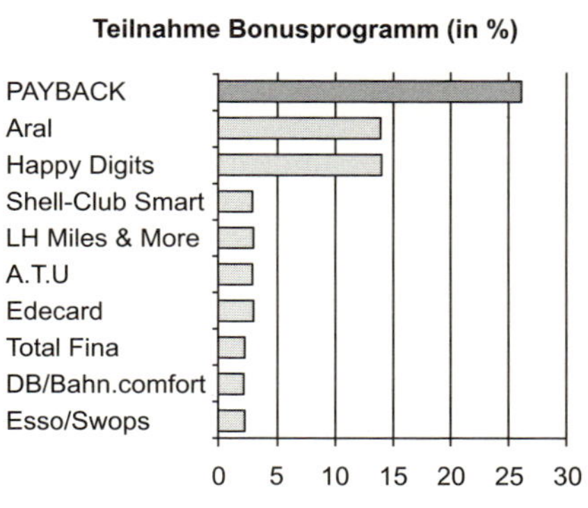

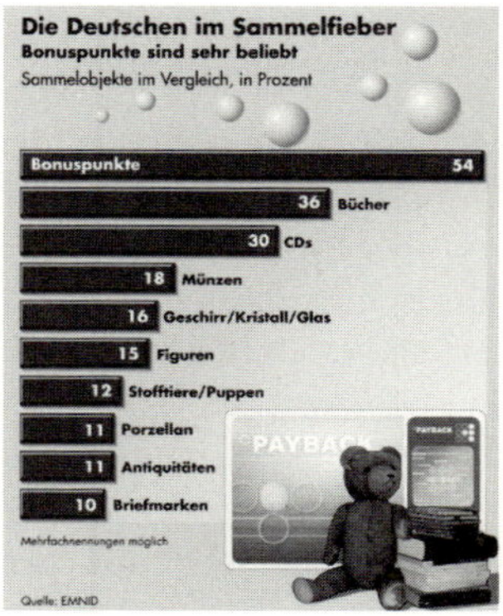

* EMNID führte im Juli 2003 eine Studie zum Sammelverhalten in Deutschland durch.

Abbildung 119: Sammelfieber in Deutschland
Quelle: EMNID, Juli 2003

7.6.2 Ausgangslage und Schlüsselherausforderungen von Payback

Die Ausgangssituation für den Aufbau von *Payback* wurde von Alexander Rittweger (2004), Gründer und Geschäftsführer von *Loyalty Partner*, auf den Punkt gebracht: „Jahrzehnte konnten Marketing, Kommunikation und Vertrieb ehernen Leitlinien folgen: Pull- und Push-Konzepte stachelten Angebot und Nachfrage an. So wurden einerseits – zumindest über den Preis – Differenzierungsmerkmale geschaffen, um Kunden anzuziehen. Zum anderen entfachten die Massenmedien Konsumentenbedürfnisse, ohne allerdings die Kunden persönlich ansprechen zu können. Das klassische AIDA-Modell (Awareness, Interest, Desire, Action) leitete „top-down" den Konsumenten vom Marktangebot zum Produktkauf. Dies reichte aus, um Verkaufserfolge und Wachstum zu erzielen. Im Zeitalter reifer, reichhaltiger Märkte, geprägt von Vergleichbarkeit der Güter sowie anspruchsvollen Verbrauchern, erfährt AIDA eine Erweiterung. Aus dem Top-down-Prozess wird ein „Alles fließt", in dem die Phase nach dem Kauf in den Fokus gerückt wird. Das „Ownership" (Besitz, Erwerb, inklusive Nutzung) eines Produktes kann genutzt werden, um weitergehende Dialoge mit dem Kunden aufzubauen und im richtigen Moment ein neues Angebot zu formulieren.

Die Kunst des zeitgemäßen Verkaufens besteht darin, das Konzept der Push-Strategie zu erweitern, um undifferenziertem ein differenziertes Marketing durch aktive Kundendialoge zur Seite zu stellen. Die Technik muss jedoch im Hintergrund intelligent wirken, um den Konsumenten und seine Bedürfnisse in den Vordergrund zu stellen.

Marketing wird von Menschen für Menschen gemacht. Es lebt nicht allein vom Datenmanagement, sondern vielmehr von Fantasie, Kreativität, Einfühlungsvermögen, Emotionalität. Erfolg bringt zumeist nicht die Statistik, sondern das richtige Bauchgefühl, das hilft zu erspüren, was Kunden mit ihrer individuellen Persönlichkeit tatsächlich wollen. CRM steht für Customer Relationship Management ... und bezeichnet ... eine Systemlösung, die helfen soll, die richtigen Ideen oder Impulse bedarfsgerecht und vor allem „automatisiert" an relevante Zielgruppenempfänger zu vermitteln, deren Response zum Sender zurückzuleiten und diesen Vorgang zu dokumentieren. Nicht mehr, nicht weniger."

Diese Überlegungen von *Loyalty Partner* trafen in Deutschland auf eine Handelssituation, die durch mehrere Entwicklungen bestimmt war und ist. Zum einen muss seit mehreren Jahren eine *deutliche Kaufzurückhaltung* der Konsumenten bis hin zu einem regelrechten *Käuferstreik* diagnostiziert werden. Das heißt, es fehlt nicht nur an Kaufkraft, sondern selbst bei vorhandener Kaufkraft ist die Kauflust gebrochen – mit der Konsequenz, dass die Handelsumsätze auch in 2003 stagniert beziehungsweise zurückgegangen sind.

Zum anderen *stehen die Handelsspannen seit Jahren unter Druck* und zwingen die Unternehmen unter anderem dazu, nach leistungsfähigeren Konzepten zur Kundenakquisition und -bindung zu suchen. Außerdem bringen die bisher beschrittenen Wege einer breiten klassischen Kommunikation in Verbindung mit Beilagenstreuung über Zeitungen immer weniger die erwünschten Akquisitionserfolge; in Konsequenz bedeutet dies eine *kontinuierliche Verteuerung der Neukundengewinnung*. Außerdem leisten derartige Konzepte auch *keinen geeigneten Beitrag zur Kundenbindung*, so dass – ohne entsprechende Gegenmaßnahmen – die Kunden „ungeschützt" den Wettbewerbern überlassen würden. Dabei versteht sich *Payback* allerdings nicht als Wettbewerber zur klassischen Werbung, sondern versucht diese vielmehr zu ergänzen, denn die Handelstreibenden müssen auch morgen noch in den Massenmedien Flagge zeigen. Allerdings fällt es angesichts der wachsenden Sendervielfalt und der steigenden Ausgaben für TV-Werbung immer schwerer, tatsächlich die Aufmerksamkeit des Verbrauchers zu gewinnen.

Angesichts der *engen Margensituation im Handel* war ein Konzept gefordert, das die Kunden gezielt motiviert, ein höheres Einkaufsvolumen im Kreise der Partner zu tätigen, damit die Kosten für die Systemteilnahme überkompensiert werden. Deshalb musste die Karte mit einer sehr hohen Attraktivität für den Endkunden ausgestattet sein, weil nur dann eine signifikante Lenkung der Kundenströme erreicht werden kann, etwas, was durch TV- und Print-Werbung immer weniger gelingt.

Aufgrund des inflationären Angebots an unterschiedlichsten Kundenbindungsprogrammen musste gleichzeitig eine Konzeption gewählt werden, die für die Kunden eine höhere Relevanz erreichen konnte als bestehende Ansätze. Insbesondere Stand-alone-Konzepte, bei denen lediglich Käufe in *einem* Vertriebskanal bonifiziert werden – und dies gegebenenfalls bei nur drei bis fünf Besuchen pro Jahr – versuchen vielfach vergeblich, in die Portemonnaies der Kunden zu gelangen. Dieser Aspekt wird auch in Abbildung 120 deutlich.

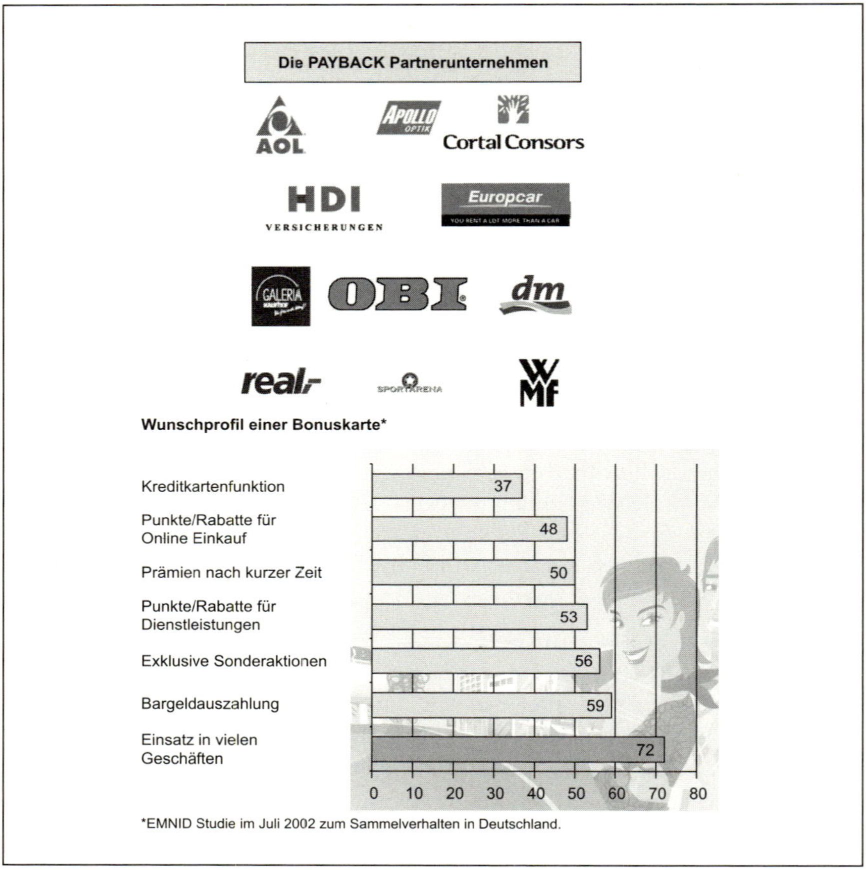

Abbildung 120: Branchenübergreifender Charakter von Payback und Wunschprofil einer Bonuskarte
Quelle: EMNID, Juli 2002

7.6.3 Beschreibung des Kundenbindungskonzepts Payback

Aufgabenstellung und zu erreichende Ziele

Loyalty Partner tritt am Markt gegenüber den Konsumenten mit der Produktmarke „*Payback*" auf, während die Betreibergesellschaft, die mit den teilnehmenden Partnern zusammenarbeitet, im Hintergrund bleibt. Zielsetzung ist es, über dieses Programm bei den teilnehmenden Partnern mehr Erlöse zu erwirtschaften, als diese für die Nutzung des Konzepts ausgeben. Um dies zu erreichen, muss die Bonuskarte so attraktiv sein, dass *die betreuten Kunden ihr Einkaufsvolumen im Kreis der Partner erhöhen.*

Dieses Oberziel kann nur dann erreicht werden, wenn auf Konsumentenebene die folgenden vier Subziele erreicht werden (vgl. Rittweger, 2004):

- Hierzu zählt zum einen der *„First Mover Advantage"*, bei dem es gilt, das Vertrauen der Kunden für das Programm zu gewinnen, einen sicheren Umgang mit dem System zu ermöglichen und sich dadurch als das zentrale Bonusprogramm zu etablieren.
- Zusätzlich muss eine *hohe Programmattraktivität* durch eine zielgruppenrelevante Bonuspunkte-Sammelmöglichkeit mit kurzen Sammelzyklen geschaffen werden. Dabei soll die emotionale Kundenbindung durch exklusive Angebote und die Einführung von Zusatzservices noch weiter gesteigert werden.
- Außerdem gilt es, über die *Marketing-Präsenz* das Kundenbonus-Programm für die emotionale Aufladung der Marke zu nutzen. Durch eine gezielte Kommunikation über alle zielgruppengemäßen Medien wird dabei eine hohe Kundenaufmerksamkeit geschaffen.
- Und schließlich wird die *personalisierte Kundenbeziehung* dann entstehen, wenn relevante, kundenbezogene Informationen (zum Beispiel über personalisierte Angebote) bereitgestellt und mehrere personalisierte Kommunikationskanäle angeboten werden (beispielsweise Vertriebsbeauftragte, E-Mail, Direct Mail, Kundenmagazine).

Und den teilnehmenden Handelsunternehmen ermöglicht *Loyalty Partner* die Beantwortung der *zentralen Fragestellungen*:

- Wer sind meine Kunden?
- Welche Leistungsmerkmale schätzen sie?
- Welche Kunden sind am profitabelsten?
- Wie kann ich meinen Umsatz steigern?
- Wie kann ich den Ressourcen-Einsatz optimieren?

Durch hier zu findenden Antworten kann die gesamte Unternehmenskommunikation weiterentwickelt und auf die lohnenden Zielsegmente ausgerichtet werden. Und durch die differenzierte Incentivierung des Kaufverhaltens einzelner Zielgruppen beziehungsweise bezüglich ausgewählter Produkte können die gewünschten Vermarktungsimpulse ohne große Streuverluste gesetzt werden. Damit zielt das Programm letztlich auf folgende große Ziele für die teilnehmenden Partner:

- Gewinnung von Marktanteilen,
- Bindung und Intensivierung der Bestandskunden,
- Umsatzsteigerung durch Neukunden,
- Steigerung der Reichweitenausschöpfung.

Somit bietet *Payback* Vorteile für Partner und Kunden (vgl. Abbildung 121).

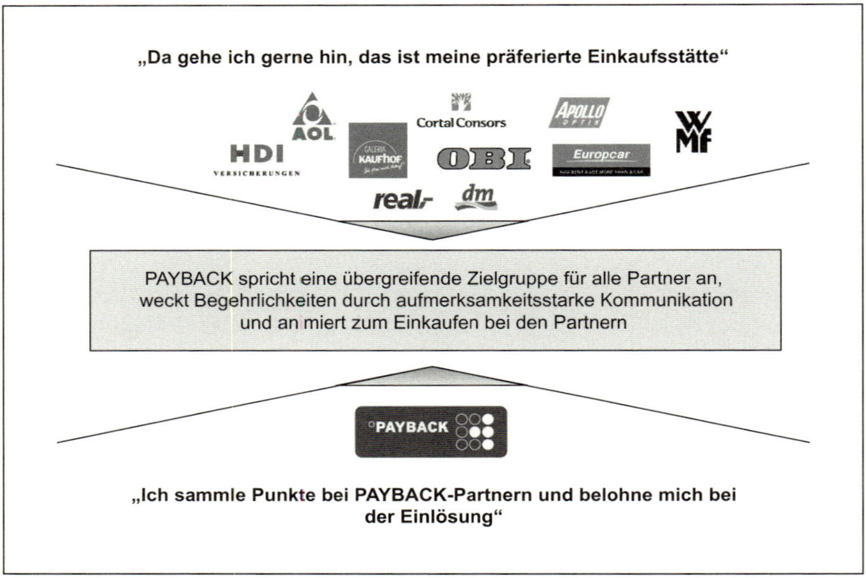

Abbildung 121: Payback schafft Vorteile für Partner und Konsumenten
Quelle: Rittweger, 2004

Zielgruppe von Payback

Die *Zielgruppe für Payback* sind die *urbanen, größeren Familien mit höheren Einkommen.* Für die Werbekampagnen werden als *Kernzielgruppe* die *Verbraucher zwischen 29 und 55 Jahren* definiert. Darüber hinaus wurde aber auch festgestellt, dass die über 55-Jährigen viel Zeit haben, sich mit Bonusprogrammen zu beschäftigen, das „Rabattmarken-Sammeln" bereits gewohnt sind und in größerem Maße über hohe Einkommen verfügen. In Summe gehört damit jeder Kunde, der konsumiert, zur Zielgruppe von *Payback.*

Die *angestrebte Reichweite bei den teilnehmenden Unternehmen* wird deutlich, wenn man die Kassenbons analysiert (vgl. Abbildung 122). Setzt das *Pay-*

back-Mitglied seine Karte bei der Bezahlung ein, wird die Anzahl der gewonnenen Punkte auf dem Bon ausgewiesen (hier beim *Carsch Haus* der *Galeria Kaufhof* zwanzig Punkte). Hat der Kunde keine *Payback-Karte*, dann macht ihm der Aufdruck auf dem Bon deutlich, dass er auf einen geldwerten Vorteil verzichtet hat (bei *Galeria Kaufhof* immerhin vier Punkte). Auf diese Weise sollen die Karteninhaber zu einer kontinuierlichen Nutzung und die Unentschlossenen zur Teilnahme motiviert werden.

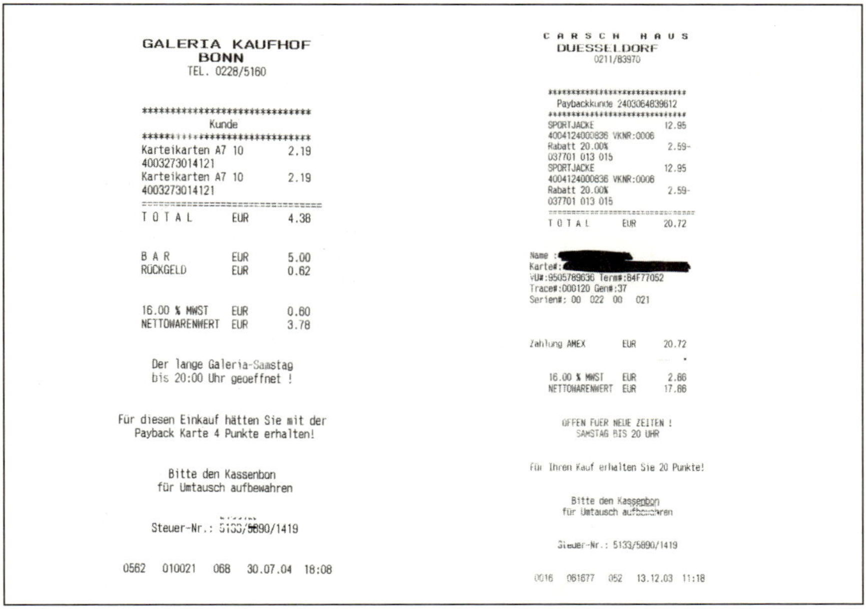

Abbildung 122: Bons von Payback-Handelspartnern mit und ohne Einsatz der Payback-Karte durch den Kunden
Quelle: Eigene Darstellung

Leistungen für die Payback-Mitglieder

Die generelle Leitidee von *Payback* ist es, in einer engen Zusammenarbeit zwischen dem Programmanbieter *Payback* und den eingebundenen Handelsunternehmen eine *zentrale Navigationshilfe für den Konsumenten* zu schaffen (Rittweger, 2004). Aufgrund der Informations-, Preis(reduktions)- und Angebotsüberflutung unserer Multiple Option Society suchen die Kunden nach Halt, nach Orientierung und nach Vertrauen. Genau hier setzt *Payback* an.

Das zentrale Erkennungsmedium, nach dem bei den teilnehmenden Partnern auch konsequent gefragt wird, ist die *Payback-Karte* (vgl. Abbildung 123). Sie ist im neutralen blauen *Payback*-Design wie im „Look" einiger großer Partner erhältlich. Dabei unterscheidet sie sich lediglich im Design, nicht in ihrer Funktion. Mitglieder erhalten bei ihrer Vorlage nicht nur eine *Basisincentivierung von bis zu zwei Prozent Rabatt auf Umsatz*, der bei den zwölf teilnehmenden Partnern getätigt wird, sondern darüber hinaus auch *exklusive Angebote* (mit bis zu 20 Prozent Rabatt, beispielsweise über Coupons). Beim Einsatz der *Payback-VISA-Kreditkarte* kann jedes Mitglied sogar weltweit bei der Bezahlung Punkte sammeln, die monatlich gutgeschrieben werden.

Abbildung 123: Payback-Karten im Co-Branding
Quelle: Eigene Darstellung

Zusätzlich bieten sich den Mitgliedern eine *Vielzahl von Dialogmöglichkeiten*. Diese beziehen dabei Push- und Pull-Elemente mit ein, indem Mailings mit Response-Elementen ebenso wie die klassischen Massenmedien in der Kommunikation genutzt werden. Dabei gibt es folgende Ausprägungen:

- *Klassik* (Print-Anzeigen, TV, Radio),
- *Systemkommunikation* (Anmeldepaket, Welcome-Mailing, Angebotsmailings, Punkteübersicht, Coupons, weitere Messages),

- *Internet und Mobile* (Homepage unter www.payback.de, Homepages der Partner, E-Mail-Newsletter, SMS/MMS),
- *POS* (Dispenser, POS-Terminal, Shop in Shop, Aktionsumsetzung, Promotoren),
- *Service* (Call-Center unter 01 80 / 510 51 11, Mitarbeiter, Prämienbestellungen etc.).

In welchem Umfang dabei kommuniziert wird, macht Abbildung 124 deutlich. In Summe wurden im Jahr 2003 über die verschiedenen Kanäle circa 100 Millionen qualifizierte Kundenkontakte realisiert. Dabei gilt: „Integrierte Kommunikation als Erfolgsfaktor für Kundenmanagement meint demnach im erweiterten Sinne die Zusammenführung und Koordination sämtlicher Kommunikations- und Vertriebsaktivitäten eines Unternehmens oder einer Organisation über alle Medien-, Informations- und Kommunikationsplattformen hinweg. In ihrem Fokus steht das synergetische Zusammenspiel von strategischer Planung, ganzheitlichen Konzepten für Inhalte und Mediaplanung, kreativer Umsetzung im Verkauf und visionärer Markenführung. Das Ziel lautet: Die Durchgängigkeit des Markenbildes und der Botschaft gewährleisten!" (Rittweger, 2004).

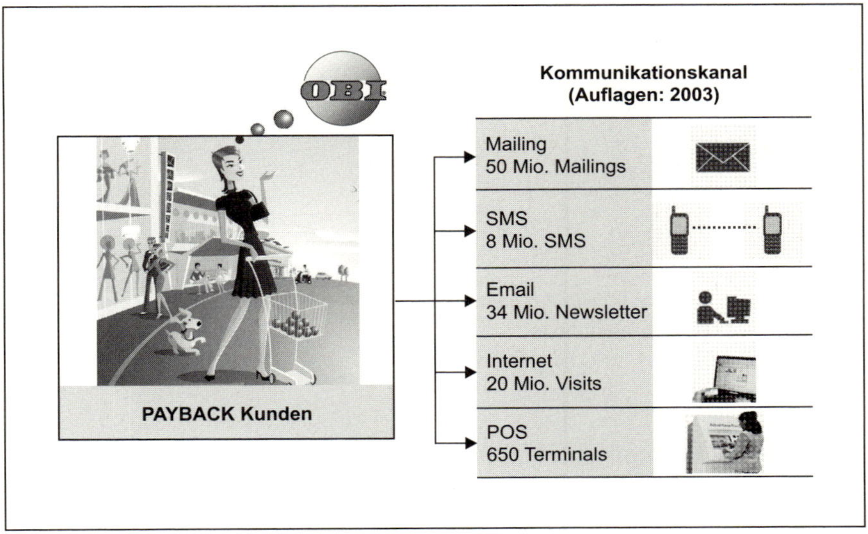

Abbildung 124: Payback-Systemkommunikation über verschiedene Kanäle
Quelle: Loyalty Partner, 2004

Eine erfolgreiche Kundenkommunikation setzt dabei voraus, dass die Kunden nur dann Informationen und Angebote erhalten, wenn sie dies auch wünschen. Die Grundlage der Services von *Payback* bilden deshalb die Angaben zur Person, zu ihren Einkaufspräferenzen und zu den Aktivitäten im Rahmen des Bonusprogramms. Hier ist das gesamte Programm dynamisch angelegt, und es passt sich den im Zeitablauf wandelnden Kundenbedürfnissen an.

Und auch für die *Punkteeinlösung* bietet *Payback* eine große Vielfalt, wobei ein *Payback*-Punkt dem Wert von einem Cent entspricht und bereits ab 1 500 gesammelten Punkten die folgenden Möglichkeiten genutzt werden können (vgl. Abbildung 125):

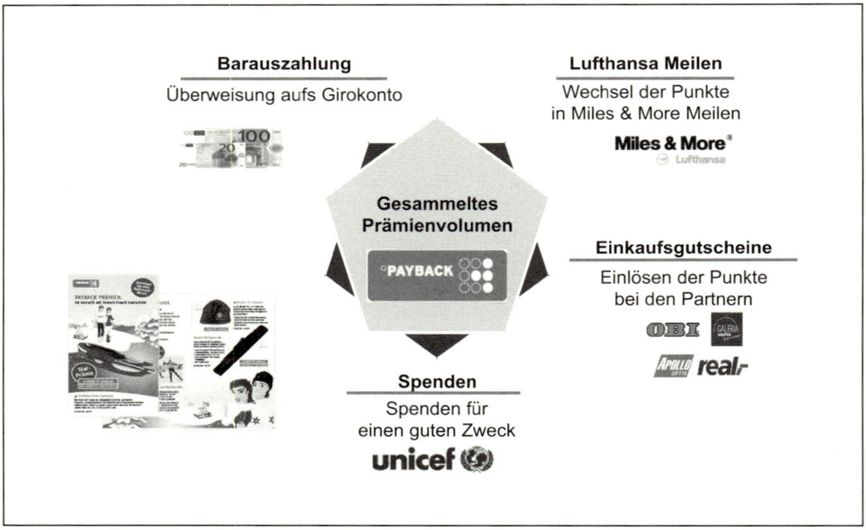

Abbildung 125: Attraktive Einlösemöglichkeiten als Motor eines funktionierenden Bonusprogramms
Quelle: Loyalty Partner, 2004

Leistungen der Mitglieder von Payback

Die *Teilnahme am Payback-Programm* ist für die Mitglieder *kostenlos* und *unverbindlich*. Sie kann auf Wunsch der Mitglieder auch jederzeit wieder beendet werden. Die Mitteilung weiterer Informationen, beispielsweise über den Familienstand oder die Anzahl der Kinder, ist freiwillig und keine Voraussetzung für die Teilnahme. Gleichwohl wird unter anderem bei der Neuregistrierung versucht, den Kunden durch die Möglichkeit, an einem Gewinnspiel teilzunehmen, zur Beantwortung der in Abbildung 126 zu findenden Fragen zu motivieren.

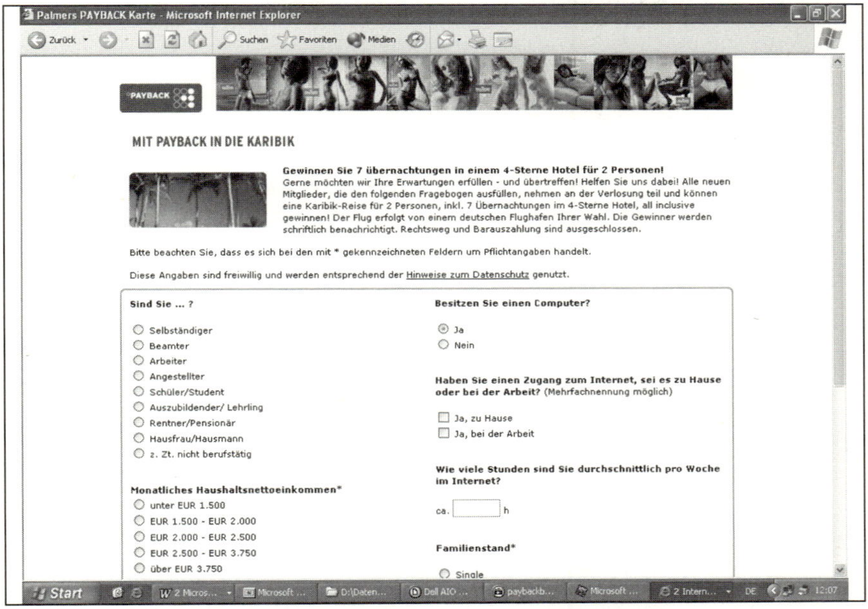

Abbildung 126: Gewinnung weiterer Informationen durch Incentivierung über ein Gewinnspiel
Quelle: www.palmers.de

Außerdem kann der Kunde durch eine *Permission orientierte Kommunikation* zu jedem Zeitpunkt entscheiden, ob er beispielsweise den *Payback* E-Mail-Newsletter abonnieren und/oder auch an SMS-Diensten teilnehmen möchte. Die Entscheidung hierfür wird mit 100 zusätzlichen Punkten belohnt.

Organisation von Loyalty Partner und Payback

Das Bonusprogramm *Payback* wird getragen von der *Betreibergesellschaft Loyalty Partner GmbH*, die zurzeit 180 Mitarbeiter beschäftigt. Hier werden Marketing-, Vertriebs- und IT-Know-how gebündelt und den Partnern aus unterschiedlichsten Branchen zur Verfügung gestellt. Die Gesellschafter sind die *Deutsche Lufthansa AG*, die *Metro AG*, *Alexander Rittweger* selbst sowie *Roland Berger*.

Loyalty Partner finanziert sich einmal durch die Gebühren, die die Handelspartner für die Mitarbeit entrichten. Bei den weiteren Aktionen generieren sich die Erlöse von *Loyalty Partner* aus einer Abwicklungsgebühr, die sich aus dem realisierten Umsatzvolumen des Kunden beim Partner errechnet. Für die Handelspartner sind diese Kosten damit komplett variabel, weil sie nur anfallen, wenn entsprechende Umsätze erzielt wurden.

Entscheidend hierfür ist, dass es *Loyalty Partner* in den Jahren seit Gründung gelungen ist, parallel zur *Direktmarketing orientierten Funktionskompetenz* insbesondere auch eine *Prozesskompetenz* aufzubauen. Diese umfasst die Konzeption und Realisation komplexer, hochindividualisierter Mailingkampagnen ebenso wie die kostenorientierte Steuerung der Call-Center-Aktivitäten oder die Führung der zentralen Kundendatenbank; die gesamte Verwaltung und Pflege hiervon erfolgt durch *Loyalty Partner.*

Das im Zuge der Umsetzung von *Payback* gewonnene Know-how stellt *Loyalty Partner* auch anderen Unternehmen bei der Entwicklung neuer Kundenbindungsprogramme zur Verfügung. So betreibt *Loyalty Partner* jetzt auch die gesamte Abwicklung des Serviceprogramms „bahn.comfort" der *Deutschen Bahn AG*.

7.6.4 Integration von Payback in die CRM-Strategie der Unternehmen

Die Teilnahme an *Payback* ermöglicht es den Unternehmen, ihr gesamtes Kundenmanagement erfolgreicher zu gestalten. Im Zuge der *Akquisition* erleichtern es die gewonnenen Erkenntnisse, die richtigen Kunden anzusprechen und zu aktivieren. Im Prozess der *Konsolidierung* lernt man die Kundenwünsche kennen. Zur *Kundenentwicklung* tragen Up-Selling- und Cross-Selling-Maßnahmen bei, die den Kundenwert kontinuierlich steigern sollen.

Durch die immer mehr auf Vorlieben des Kunden zugeschnittene Kommunikation erfolgt die *Kundenbindung* über den Ausbau und die Pflege der Kundenbeziehung, die auf Vertrauen und gegenseitiger Wertschätzung basiert. Auf diesen Daten aufsetzend erfolgt die *Rückgewinnung* ehemaliger Kunden sowie von temporären Nicht-Käufern. Und schließlich tragen die *Belohnungsmechanismen* über Sonderpunkte, Direktrabatte oder Sonderaktionen dazu bei, den *Payback*-Mitgliedern kontinuierliche Vorteile zu verschaffen.

Die Wirkungen von *Payback* für die Partner lassen sich am Beispiel der regelmäßig versandten Kontoauszüge, die die Mitglieder über ihren Punktestand informieren, verdeutlichen. Bei deren Versendung wird Werbung der Partner beigelegt, etwa in Form von Coupons. Dabei erhalten die Mitglieder bei Vorlage beispielsweise fünffache Punkte, 10 oder 20 Extraprozente etc. Der Response der Kunden auf solche Anreize ist bereits über lange Zeit stabil hoch und beschert den Partnern Mehrumsätze von bis zu drei Prozent. Bezüglich der Höhe der erreichten Responsequoten seien hier einige Beispiele genannt (Rittweger, 2002):

- Eine Responsequote von zwölf Prozent erzielte zum Beispiel eine Coupon-Beilage mit dem Hinweis „Sie waren noch nicht bei *Payback*-Partner A". Sie wurde an 260 000 potenzielle Kunden in der Punkteübersicht versendet.
- 15 Prozent reagierten mit Kauf auf ein Mailing an 10 000 Kunden mit vierwöchiger Inaktivität bei einem Partner.
- Und eine Quote von 60 Prozent wurde mit einem regionalen Mailing an 7 000 Kunden erreicht mit dem Inhalt „Danke für Ihr Vertrauen – waren Sie eigentlich schon einmal in unserer neuen Filiale, die noch näher in Ihrer Umgebung ist?"

Eine Voraussetzung hierfür ist es, tatsächlich in signifikantem Ausmaß in die Portemonnaies der Kunden zu gelangen. Wenn die *Payback-Karte* dort heute nach der obligatorischen Krankenversicherungs- (auf Platz 1) und der EC-Karte (auf Platz 2) *bereits an dritter Stelle rangiert*, unterstreicht dies die Bedeutung in den Augen der Kunden.

Eine aktuelle Fallstudie zeigt, wie das Programm beim Partner *real,-* wirkt, der über ein Drittel der heute über 25 Millionen eingesetzten *Payback-Karten* beigesteuert hat. Ein *Payback*-Kunde weist bei *real,-* eine mehr als doppelt so hohe Bonsumme wie ein Nicht-*Payback*-Mitglied auf. 50 Prozent der *real*-Bons laufen bereits über *Payback* und erzielen damit 61 Prozent des *real*-Umsatzes von 7,4 Milliarden Euro in Deutschland. Und auch die Fremdakquisition – das heißt die Zuführung von Neukunden durch andere teilnehmende Partner – hat bei *real,-* sehr gut funktioniert. So sind circa 35 Prozent der *Payback*-Kunden von *real,-* in diesem Sinne „fremdakquiriert", das heißt, sie stammen aus dem *Payback*-Partnerpool (vgl. o. V., 02.10.2003).

Datenschutz hat für *Loyalty Partner* bei der Konzeption und Umsetzung des *Payback*-Programms höchste Priorität. Kunden wird auch explizit das Recht eingeräumt, der Verwendung ihrer Daten für Werbezwecke zuzustimmen oder diese abzulehnen. Die Adresse des Mitglieds ist lediglich *Payback* und dem Partner bekannt, bei dem sich der Kunde angemeldet hat. Sie wird nicht an außerhalb des Programms stehende Unternehmen weitergegeben. Mailingaktionen der Partner erfolgen über *Payback*. Die Guideline von *Loyalty Partner* ist deshalb: „Unser Interesse ist, den Kunden das zu bieten, was sie wollen – und das immer nur in dem Rahmen, in dem sie es zulassen."

7.6.5 Weitere Entwicklung von Payback

Das ursprünglich von *Payback* anvisierte Ziel, 20 Millionen Karten in Deutschland zu distribuieren, wurde bereits 2003 erreicht. Trotzdem ist die Vision auch hier auf eine *weitere Expansion der Mitgliederzahlen* ausgerichtet. Und führt man sich vor Augen, dass 60 Prozent der Bundesbürger in der für *Payback* definierten Kernzielgruppe der 29- bis 55-jährigen Konsumenten bereit sind, an einem Bonusprogramm teilzunehmen, dann wird das noch ansprechbare Kundenpotenzial sichtbar. Gleichzeitig gilt es, *weitere renommierte Partnerunternehmen zu integrieren*, die sich in für die Kunden relevanten Segmenten bewegen.

Langfristig liegt der Benefit von *Payback* in der *Verfügbarmachung eines weiteren Vertriebskanals zur direkteren Kundenansprache*. Durch das immer intelligenter genutzte Marketinginstrument *Payback* kann der Kunde mit für ihn immer noch attraktiveren Angeboten und Informationen versorgt werden. Und dadurch wird wiederum eine weitere *Verbesserung der erzielbaren Responsequoten* sicher gestellt. Für diesen notwendigen *Paradigmawechsel* leistet *Payback* einen wichtigen Beitrag, indem die dialogorientierten Angebote immer stärker in die klassische Marken- und Markt-Kommunikation eingebunden werden, um schließlich eine *integrierte Kommunikation* zu erreichen. Und damit ist die Richtung klar: „*Payback* wird zum Katalysator für die Beziehung" (vgl. Rittweger, 2004).

7.7 Der Open Business Club (openBC) – elektronisches Networking im Business-to-Business

7.7.1 Management Summary

openBC ist ein recht junger Club. Er *startete* in Hamburg am *1. November 2003* (Gründer *Lars Hinrichs*) und ist ein erfolgreiches Beispiel dafür, wie in der „Post-New-Economy-Ära" neben Schwergewichten wie amazon oder eBay Internetbusiness auch im BtB profitabel gestaltet werden kann, denn *openBC* ist ein Beispiel für eine *„paid content application"* – also für Bezahlinhalte im Internet.

Die Idee von *openBC* ist der Aufbau von *Kooperationen durch (Power)-Networking*. Viele Menschen treffen sich auf einer BtB-Plattform, um sich auszutauschen, Kontakte zu knüpfen oder gezielt Business zu machen. Im Grunde genommen ist *openBC* eine Software, die soziale Beziehungen sichtbar macht. Deshalb spricht man auch gern von *„social software"*. Zurzeit zählt *openBC* circa 70 000 Mitglieder (Stand Mai 2004) und ist damit Europas führende Business Networking Plattform mit stark wachsender Tendenz. *openBC finanziert* sich *allein* aus *Mitgliedsbeiträgen* und arbeitet seit dem zweiten operativen Monat profitabel. Empfehlungen im Rahmen eines Viral-Marketing-Ansatzes führen 95 Prozent der neuen Mitglieder zu.

7.7.2 Ausgangslage und Schlüsselherausforderungen von openBC

„Networking" – Das *professionelle Knüpfen von Kontakten* auf persönlicher Basis gibt es schon länger. Clubs in Deutschland, wie beispielsweise die *Atlantik-Brücke*, die *Young Entrepreneurs Organization (YEO)* sowie der *Übersee-Club*, vereinen heute mehr als 400 000 Mitglieder und bieten so die Möglichkeit für einen persönlichen und geschäftlichen Austausch unter Ausschluss der Öffentlichkeit. Die Tatsache, dass der *Bedarf* an *netzwerkorientierten Institutionen* stetig weiter *wächst*, lässt sich auf verschiedene Faktoren zurückführen. Die Anforderungen und Herausforderungen für Entscheider, das mittlere Management und Freiberufler in der Wirtschaft nehmen ständig zu. Getrieben durch die zunehmende Geschwindigkeit des Daten- und Informationsaustausches, verstärkt durch immer innovativere Kommunikationsmedien, *entwickeln* sich projektbezogene *Arbeits- und Organisationsformen* zu effizienten *Geschäftsmodellen* der Zukunft. Diese sind allerdings, um langfristig bestehen zu können, auf die persönlichen Kompetenzen und Fähigkeiten derer angewiesen, die mithilfe von branchenübergreifenden Kontakten businessrelevante Schnittstellen bilden (vgl. Abbildung 127). *openBC* bietet alle Voraussetzungen für ein *professionelles Networking* und stellt sie jedem Mitglied zur Verfügung.

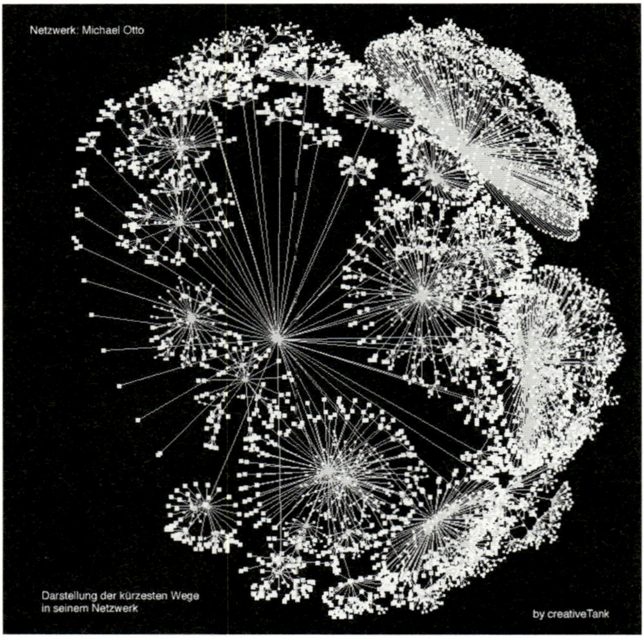

Abbildung 127: Darstellung eines professionellen Networking am Beispiel von Michael Otto
Quelle: openbc, 2004

Die Entstehung von Businessmodellen wie *openBC* (weitere Player sind zum Beispiel *Spoke.com, Linkedin Ryze*) ist als Internetplattform ideal und basiert auf folgenden gesellschaftlichen und businessrelevanten Trends:

- Es ist seit jeher bekannt, dass „wen du kennst" wichtiger ist, als „was du weißt". Heute ist die Antwort auf die Frage am wichtigsten, „woher kennst du jemanden" beziehungsweise „wie komme ich an jemanden heran".

- Die wahre *Chance des Internets* liegt nicht in der Entstehung von „Online Communities“, sondern vielmehr in der *technischen Vereinfachung* der *Zusammenarbeit von „Offline Communities“*.
- Mit *Hilfe des Internets* können *Verbindungen sichtbar gemacht* und genutzt werden.
- *Technologien*, die unsere *Fähigkeit* zum *Networken* erleichtern beziehungsweise erweitern, werden *persönliches und gesellschaftliches Wachstum* bringen.
- Projektorientierte Arbeit wird am stärksten von der Vernetzung profitieren (vgl. Abbildung 128).

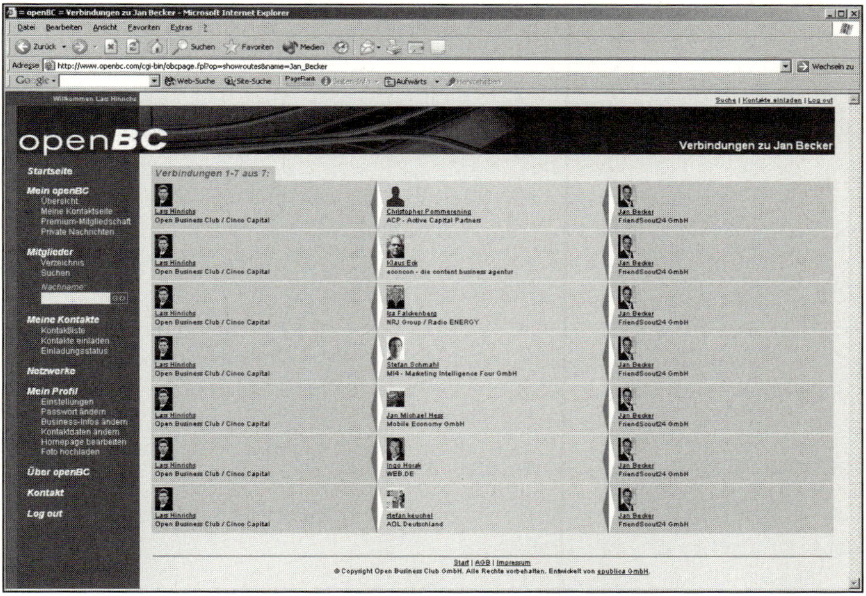

Abbildung 128: Teil des Netzwerkes von Lars Hinrichs im *openBC*
Quelle: www.openbc.com

7.7.3 Beschreibung des Club-Konzepts des openBC

openBC als klassischen Club zu charakterisieren fällt schwer, denn es fehlen im Grunde genommen all die Inhalte (zum Beispiel typische Printansprache in der Regelkommunikation, Bindungsansätze im Rahmen ausgefeilter Kundensegmentierungen, Intensivierung von Cross-Selling-Aktivitäten, stärkere Bindung an eine Marke), die das tradierte Clubverständnis prägen. So verwundert es nicht, dass sich für *openBC* auch keine dezidierten CRM-Aktivitäten nachweisen lassen, da es kein Konto gibt, auf das eine CRM-Strategie für *openBC* einzahlen könnte. Es stellt sich also spätestens an dieser Stelle die Frage, warum *openBC* dennoch als Club zu bezeichnen ist. Am einfachsten lässt sich *openBC* als *„digitaler Club"* beschreiben.

openBC entwickelt den Ansatz „six degress in degrees of connection" weiter. Oder noch spitzer formuliert: *openBC bietet eine technische Infrastruktur für „digitale Netzwerker"*. Und wenn sich diese hier treffen, hat das auch soziale Facetten im Rahmen eines Clubs. „Man muss nur die richtigen Leute ansprechen, dann verbreitet sich eine Nachricht ganz von selbst, behaupten Soziologen. Netzwerk-Forscher wollen solche „Superspreader" gezielt aus der Menge fischen und neue Wege in Marketing und Wahlkampf beschreiten. Wie menschliche Netze funktionieren, das interessiert Forscher heute mehr als je zuvor. Das Internet hat ihrer Arbeit neuen Schub verliehen. Erstmals können sie darin Netze schnell und effizient analysieren. Ob E-Mail-Verkehr, Foren, Web-Logs oder Links zwischen Websites – per Software lassen sich Beziehungen und Verknüpfungen leicht ermitteln" (Spiegel Online, (http://www.spiegel.de/wissenschaft/mensch/0,1518,286678,00.html, 17. Februar 2004).

Aufgabenstellung und zu erreichende Ziele

Für *openBC* lässt sich aus den vorhergehenden Aussagen fast nur ein einziges kaufmännisches Ziel ableiten:

openBC strebt an, die führende Social (Business) Networking Site in Europa und Asien zu werden.

Auf *Organisationsseite* sind die entsprechenden Kapazitäten dafür überschaubar und mit einfachsten Mitteln und Ressourcen planbar, denn *openBC ist ein virtuelles Unternehmen*. Fast alle Aufgaben sind als Prozesse definiert und konnten outgesourced werden (zum Beispiel Programmierung, Support, Accounting, Payment, Hosting, Übersetzungen). *Prozessaspekte*, wie zum Beispiel Neumitgliederbewerbung, entfallen ganz, da *openBC* auf das bereits erwähnte Viral-Marketing setzt (vgl. Abbildung 129).

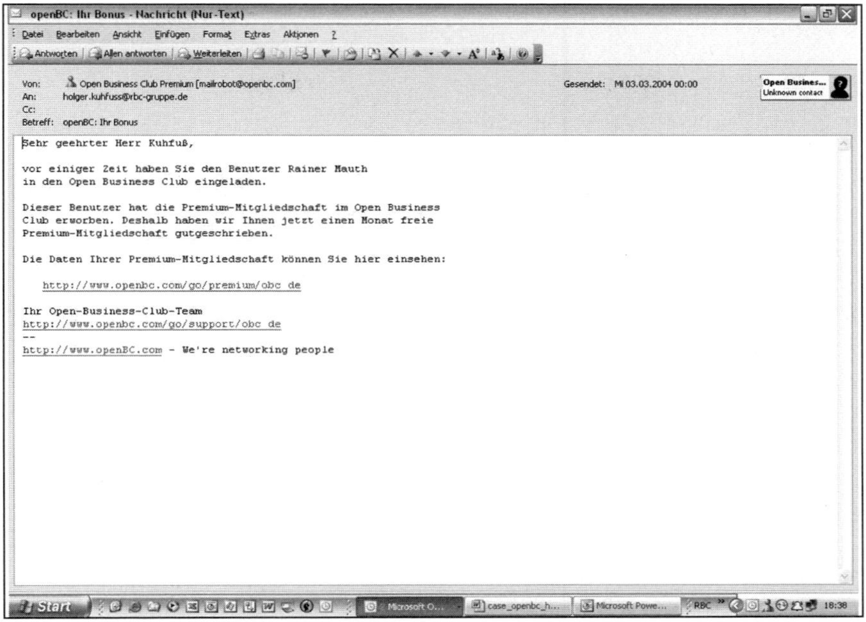

Abbildung 129: Freundschaftswerbung bei openbc
Quelle: www.openbc.com

Die Spielregeln des *openBC* sind für die Mitglieder in der so genannten „Club-Etikette" mit zehn Tipps und Tricks zusammengefasst:

- **Vervollständigen Sie Ihr Profil**
  Je mehr Sie über sich schreiben, desto leichter können andere Mitglieder Sie finden. Vergleichen Sie Ihre Profilseite mit denen anderer Mitglieder. Je mehr Sie in das Netzwerk einbringen, desto mehr profitieren Sie vom Netzwerk.

- **Einstellungen der Kontaktanbahnung**
  Mit Hilfe der Funktion „Einstellungen" definieren Sie, wer Sie kontaktieren darf oder zu welchen Anlässen *openBC* Ihnen eine Benachrichtigung per E-Mail schickt. So können Sie zum Beispiel wählen, ob Sie eine Mitteilung erhalten möchten, wenn Ihnen ein anderes Mitglied etwas in Ihr Gästebuch einträgt. Alle Einstellungen können Sie jederzeit ändern.

- **Jemanden als Kontakt hinzufügen**
  Mit der Funktion „Kontakt hinzufügen" können Sie andere Mitglieder in Ihr Netzwerk eintragen. Bitte benutzen Sie diese Funktion nur, wenn Sie

ein Mitglied schon kennen oder Sie diesem Mitglied einen spezifischen Nutzen bringen können – vorher sollten Sie dem Mitglied dann jedoch immer eine Nachricht schicken.

- **Jemandem eine Nachricht schicken**
  Als Premium-Mitglied können Sie jedes Mitglied kontaktieren. Achten Sie darauf, dass Ihre Anfrage immer mit den Interessen beziehungsweise den Inhalten „Ich suche" beziehungsweise „Ich biete" des anderen Mitglieds übereinstimmen. Nicht personalisierte Anfragen oder wahllos verschickte Nachrichten werden als Spam gewertet.

- **So laden Sie Ihre Geschäftspartner ein**
  Vergrößern Sie Ihr persönliches Netzwerk und laden Sie Ihre Geschäftspartner zum *openBC* ein. Für jedes neu gewonnene Premium-Mitglied erhalten Sie einen Monat kostenlose Premium-Nutzung im *openBC* (vgl. Abbildung 129). Sie wollen viele Kontakte einladen? Nutzen Sie die Funktion „personalisierte Einladungen".

- **Wer sieht Ihre Kontaktdaten?**
  Ihre Kontaktdaten, wie Telefonnummer oder E-Mail-Adresse, können Sie anderen Mitgliedern freigeben. Gehen Sie dazu auf die Kontaktseite des jeweiligen Mitglieds und klicken Sie unter dem Foto die Kontaktdaten an, die Sie freigeben möchten.

- **Finden Sie die richtigen Kontakte**
  Über die Suche haben Sie 17 verschiedene Suchmöglichkeiten, andere Mitglieder zu finden. Jede Suchanfrage können Sie mithilfe weiterer Kriterien eingrenzen, zum Beispiel „Unternehmerin, Hamburg, in der Branche Marketing".

- **Passwort verloren?**
  Sie haben Ihr Passwort vergessen? Bei einem fehlerhaften Login beachten Sie den Hilfetext, um sich Ihr Passwort anhand von Benutzernamen oder E-Mail-Adresse zuschicken zu lassen.

- **Verbote**
  - jede Form von Multilevel-Marketing,
  - Verschicken von Spam-Nachrichten,
  - jede Form von Übergriffen gegen unsere Mitglieder.

  Ein Verstoß gegen diese Regeln führt zur Deaktivierung des Zugangs zum *openBC*.

- **Verbesserungsvorschläge**
  Ihr Feedback ist uns wichtig. Bitte schicken Sie uns Ihre Verbesserungsvorschläge, Kritik oder Fragen zu *openBC* gern zu: de-support@openbc.com

Zielgruppe des Clubs

Eine explizite Zielgruppendefinition, zum Beispiel anhand einer Kundensegmentierung oder einer Customer-Lifetime-Value-Betrachtung im Rahmen einer CRM-Strategie, existiert nicht. Vielmehr hat *jeder Zugang zu openBC*, der sein *Netzwerk pflegen und erweitern* möchte.

Derzeit (Stand Mai 2004) lassen sich zu den Zielgruppen folgende Aussagen treffen:

- 80 Prozent der Mitglieder sind männlich.
- Davon sind 15 Prozent Freiberufler, 60 Prozent Angestellte, 25 Prozent Unternehmer.
- Die Mitglieder kommen aus 106 Ländern der Welt.
- Geplant bis Ende 2004 sind 250 000 Mitglieder, bis Ende 2007 zehn Millionen.

Leistungen des Unternehmens für die Club-Mitglieder

openBC bietet seinen Mitgliedern die folgenden *Leistungen* (Stand Mai 2004):

- „N-Degrees of Connection“,
- multiple Sprachen (derzeit Englisch, Spanisch und Deutsch),
- Profile-Information (Business-Infos und Kontakt-Infos),
- Kontaktmanagement zwischen Nutzern,
- Suche,
- Diskussions-Foren,
- Kommunikation zwischen den Nutzern (zum Beispiel eigener E-Mail-Account),
- Bezahlfunktionen (Amexco, Visa, Mastercard),
- Eventmanager für private, öffentliche und virtuelle Events (Telefonkonferenzen).

Gründe, warum sich Teilnehmer registrieren:

- Sie profitieren von dem internationalen und breit gefächerten Know-how der eingetragenen Experten.
- Ihren Bedürfnissen entsprechend können sie zielstrebig neue Kontakte knüpfen und bestehende weiter vertiefen.
- Hier finden sie qualifizierte Partner für Projekte oder zukünftige Mitarbeiter für offene Stellen.
- *openBC* kann helfen, bisherige Vertriebserfolge zu optimieren.
- Alte Geschäftskontakte können wiedergefunden und neue belebt werden.

Auch an die Sicherheit wird gedacht. Es existieren Spam- und MLM-Kontrolle. Der Datenschutz unterbindet eine Weitergabe der persönlichen Daten; außerdem wird durch individuelles Einstellen der Zugang zu der Privatsphäre geregelt.

Leistungen der Club-Mitglieder

Die einzige Leistung, die Club-Mitglieder erbringen müssen, ist ihre *Aktivität zum Beitritt* und die *Bereistellung von Profildaten* nach dem Prinzip: „Ich suche, ich biete". Je mehr Daten eingegeben werden, desto leistungsfähiger kann das Netzwerk werden. Je weniger Daten eingegeben werden, desto weniger interessant ist ein Teilnehmer für andere Mitglieder und desto geringer wird die entsprechende Resonanz ausfallen.

Wird nur die Option auf eine eingeschränkte Kommunikationsmöglichkeit genutzt, so entfällt auch eine *Mitgliedsgebühr.* Eine solche fällt erst für die ab 1. November 2003 angebotene *Premium-Mitgliedschaft* an; hier beträgt der Beitrag 5,95 Euro pro Monat (Stand Mai 2004).

Kosten-Nutzen-Betrachtung des *openBC*

Seit Dezember 2003 schreibt *openBC* schwarze Zahlen. Auf 500 bis 700 Neuanmeldungen pro Tag kommen drei bis fünf Kündigungen. Es ist ein small world Netzwerk (vgl. http://www.nature.com/nsu/001026/001026-7.html und http://encyclopedia.thefreedictionary.com/Metcalfe's%20law), das heißt, schon im heutigen *openBC* gibt es 4 900 000 000 Business Opportunities.

7.7.4 Weitere Entwicklung der Club-Aktivitäten

In Planung für *openBC* sind folgende Entwicklungen (Stand Mai 2004):

- Nutzung von *openBC* auf mobilen Endgeräten,
- Integration von weiteren sechs Sprachen bis Ende 2004,
- Adress-Synchronisation mit *openBC*,
- ASP-Lösung für geschlossene Benutzergruppen, zum Beispiel Offline-Clubs, Alumnis bis hin zu Unternehmen, die ein Interesse haben, ihre Kunden zu vernetzen,
- günstige Telefonverbindungen sowie Möglichkeiten von Videokonferenzen mit bis zu sechs Teilnehmern.

7.8 Görtz – das führende Kundenkarten-programm im Schuheinzelhandel

7.8.1 Management Summary

Das Unternehmen *Görtz* wurde 1875 von *Ludwig Johann Goertz* in Hamburg gegründet. Heute beschäftigt es 3 000 Mitarbeiter und ist mit 240 Filialen in über 90 Städten in Deutschland und Österreich präsent. Dabei vermarktet *Görtz* für mode- und qualitätsbewusste Menschen die Storebrands:

- GÖRTZ (der führende Schuhmodeanbieter vor Ort),
- GÖRTZ 17 (Trendsetter für junge Schuhmode),
- GOERTZ-SHOP.DE (aktuellste, bezahlbare Schuhmode im Internet),
- HESS (Schuhmode günstig; SB-Preis-Görtz).

Das Leistungsversprechen von *Görtz* lässt sich dabei auf einen einfachen Nenner bringen (vgl. Abbildung 130).

Abbildung 130: Leistungsversprechen von Görtz
Quelle: Jacobs, 2004, S. 3

Im Zentrum steht bei *Görtz* eine integrierte Kommunikation zum Kunden, in die sich auch die Überlegungen zur Stärkung der Kundenbindung einfügen (vgl. Abbildung 131). Dies erfolgte seit 1995 zunächst durch den Aufbau eines eigenständigen Kundenbindungsprogramms und wird seit Mai 2004 in der Zusammenarbeit mit *Payback* fortgeführt.

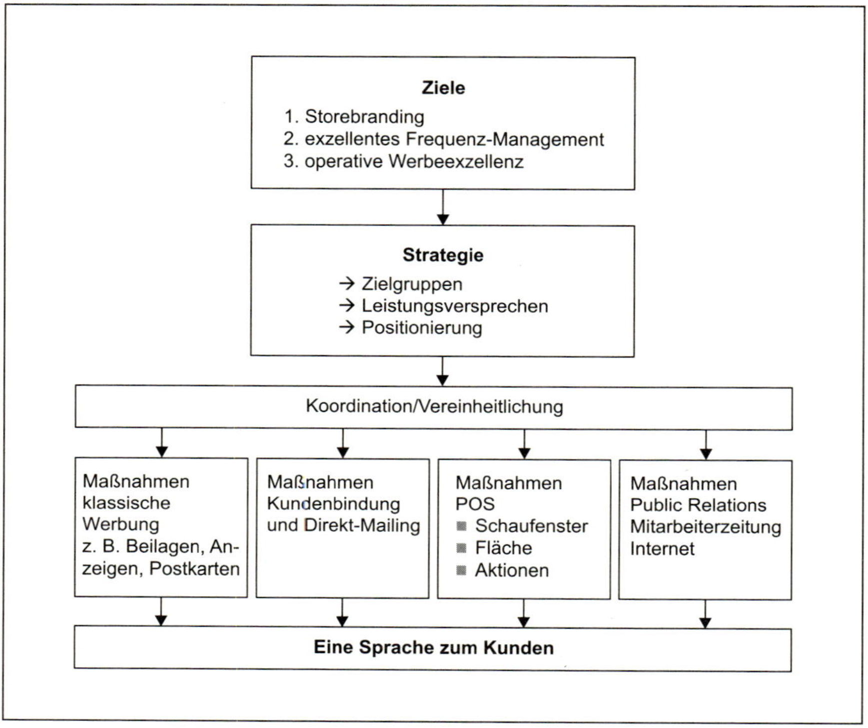

Abbildung 131: Integrierte Kommunikation bei Görtz
Quelle: Jacobs, 2004, S. 11

7.8.2 Ausgangslage und Schlüsselherausforderungen bei Görtz

Die strategische Ausgangssituation bei *Görtz* war herausfordernd. Es ging um die Frage, wie sich das Unternehmen im wettbewerbsintensiven Schuhmarkt positionieren sollte. Dabei standen grundsätzlich drei strategische Ausrichtungen zu Diskussion:

- Preisführer,
- Qualitätsführer,
- Spezialist.

Görtz hat sich für die *Qualitätsführerschaft* entschieden und deshalb konsequent den Ausbau der Kundenbindung als strategischen Erfolgsfaktor abgeleitet. Denn im Zentrum der Qualitätsführerschaft steht die konsequente *Differenzierung im Wettbewerberumfeld*, die zum einen durch die *Produkt- und Qualitätswahrnehmung*, zum anderen durch die *Steigerung der Beziehungsintensität* und damit den *Aufbau von Wechselbarrieren* gekennzeichnet ist. Hierdurch galt es, Mehrkäufe zu initiieren und damit das angesprochene Kundenpotenzial intensiv auszuschöpfen. Auf die angestrebte Qualitätsführerschaft ist auch die Kommunikation des Unternehmens ausgerichtet (vgl. Abbildung 132).

Abbildung 132: Kommunikativer Auftritt von Görtz
Quelle: Jacobs, 2004, S. 11

7.8.3 Beschreibung der Kundenbindung bei Görtz

Aufgabenstellung und zu erreichende Ziele

Das zu entwickelnde Kundenbindungssystem war konsequent auf die Unterstützung der Unternehmensziele auszurichten. Im Mittelpunkt stand dabei die *Qualitätsführerschaft*, die eine *Alleinstellung im Markt* anstrebt und den *Aufbau von Storebrands und Eigenmarken* unterstützen soll. Die Kundenbindung sollte durch eine *systematische Auswertung von Kundenwissen* erreicht werden, wozu eine Datenbank beitragen sollte. Hierbei galt es, die Marktforschung sowie das im Hause vorhandene Vertriebswissen konsequent in die Systementwicklung und -realisation einzubinden (vgl. Abbildung 133).

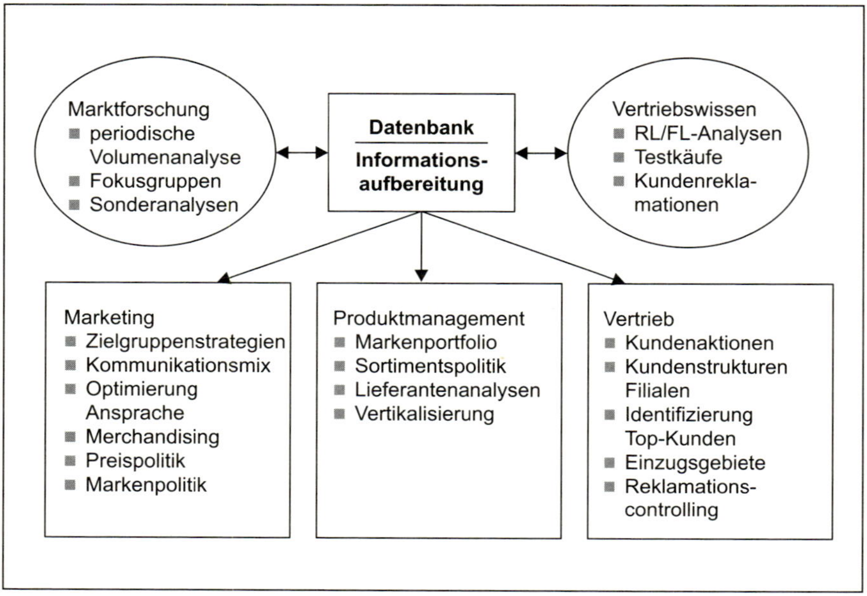

Abbildung 133: Kundenwissen im Praxiseinsatz
Quelle: Jacobs, 2004, S. 38

Durch eine kundenorientierte Anpassung der Produktsortimente, einhergehend mit einer *individuellen und direkten Kundenansprache*, wurde über das Zwischenziel *„Kundenzufriedenheit"* eine *kontinuierliche Umsatzsteigerung* und eine *Erhöhung der Profitabilität pro Kunde* angestrebt.

1995 wurde bei *Görtz* die VIF (Very Important Feet)-Karte eingeführt, gefolgt von der Einführung der *Hess*-Kundenkarte in 1999. Und 2002 wurde mit der Platinum-Karte das Portfolio abgerundet (vgl. Abbildung 134).

In Summe wurden dabei 1,5 Millionen Karten ausgegeben, wobei 800 000 aktive Kartenkunden zu verzeichnen waren. Dies entsprach einem Anteil am Gesamtumsatz von 25 Prozent. Die Kartenkunden wiesen dabei gegenüber den anderen Kunden einen um 42 Prozent höheren Umsatz pro Bon aus.

Abbildung 134: Karten-Portfolio
Quelle: Jacobs, 2004, S. 18

Zielgruppe von Görtz

Die *Zielgruppe* von *Görtz* sind mode- und qualitätsorientierte Kunden im mittleren bis gehobenen Marktsegment. Hierbei liegt der Schwerpunkt bei Frauen, und die Kernzielgruppe ist zwischen 25 und 55 Jahre alt.

Leistungen für die Görtz-Kunden

Zur Erreichung der oben genannten Ziele gliederte sich der Inhalt des *Görtz*-Kartenprogramms für die Kunden in ein *Service- und Preisvorteilsprogramm* und umfasste die folgenden Leistungen:

- exklusive Informationen und Veranstaltungen,
- Mode- und Trendnews,
- exklusive VIF-Aktions-Preisvorteile,
- exklusive Gewinnspiele,
- Teilnahme am Gewinnspiel „Kunde des Jahres“,
- Grundrabatt, orientiert am realisierten Jahresumsatz (von zwei bis fünf Prozent),
- kostenlose Service-Hotline.

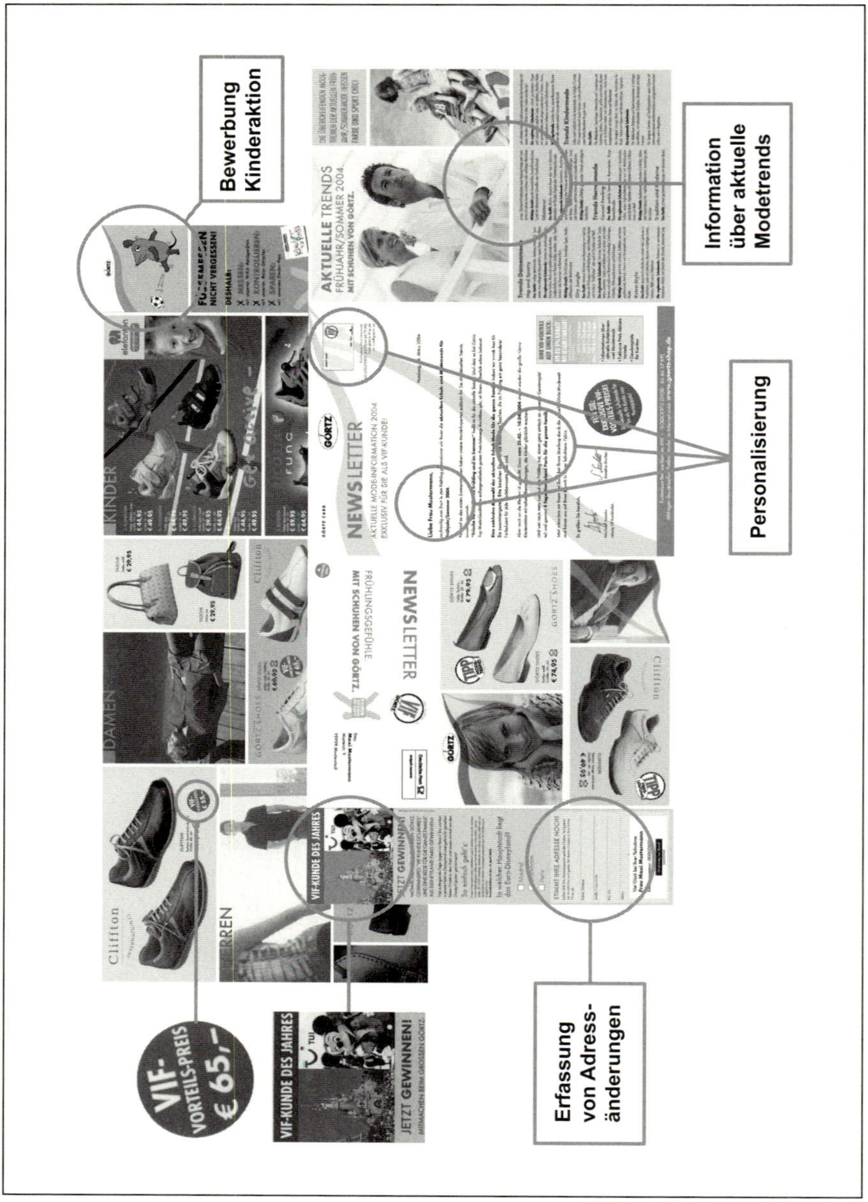

Abbildung 135: Newsletter-Modeinformation
Quelle: Jacobs, 2004, S. 19

In Ergänzung hierzu erhielten die Inhaber der *Platinum-Card* die folgenden zusätzliche Leistungen:

- exklusive Platinum-Zugaben,
- kostenfreie Lieferung nach Hause oder ins Büro,
- telefonische Terminvereinbarung für eine persönliche Beratung,
- Reparaturgutschein im Wert von 25 Euro pro Jahr,
- fünf Prozent Rabatt,
- kostenlose Platinum-Hotline.

Die Kundenbetreuung gestaltete sich wie folgt. Ein *Gutschein-Mailing* und eine *Newsletter-Modeinformation* (vgl. Abbildung 135) stellten zunächst die „Grundversorgung für alle" dar, wobei letzte bereits nach Zielgruppen und Modegrad differenziert wurde. Das hier gezeigte Beispiel wurde Anfang 2004 an 200 000 Kunden der Zielgruppe Familien mit Kindern und modischem Anspruch versandt und beinhaltete neben den Mode- und Aktionsinformationen auch die Produktwerbung, Preisvorteile und zusätzlich ein Gewinnspiel. Dabei wurde eine Responsequote von 13 Prozent erreicht.

In Abhängigkeit vom individuellen Kaufverhalten sowie der Markenaffinität wurden dann *Marken- und Produktinformationen* versandt, parallel zu *Standortmailings*, die nach Stammfiliale und Kaufverhalten differenziert wurden (vgl. Abbildung 136). Dieses Mailing mit einem Preisvorteil wurde an 10 000 Kunden einer Aktionsfiliale versandt und realisierte eine Response von 15 Prozent.

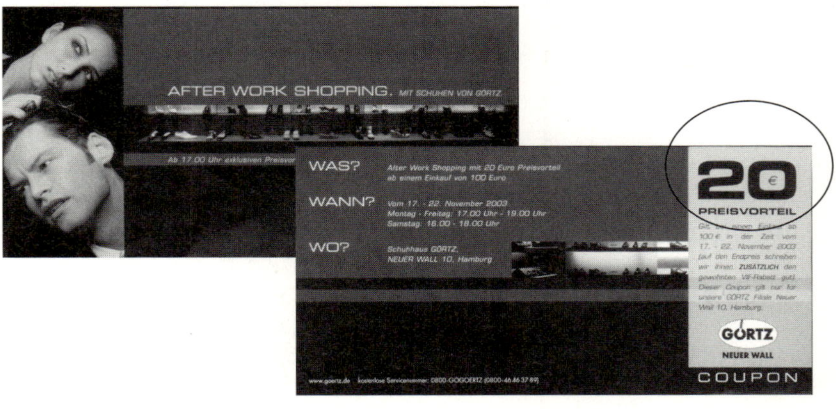

Abbildung 136: Standortmailing
Quelle: Jacobs, 2004, S. 20

Individuell wurde dann zu ausgewählten *Events* eingeladen (vgl. Abbildung 137). Neben der zielgruppenorientierten Möglichkeit, sich für eine Actors Class zu bewerben, wurde 70 000 aktiven Kartenkunden des Storebrands *Görtz 17* auch eine Produktwerbung zugeleitet. Neben einer hohen Resonanz bezüglich der Actors-Class-Bewerbung wurde zusätzlich eine Kaufresponse von drei Prozent erreicht.

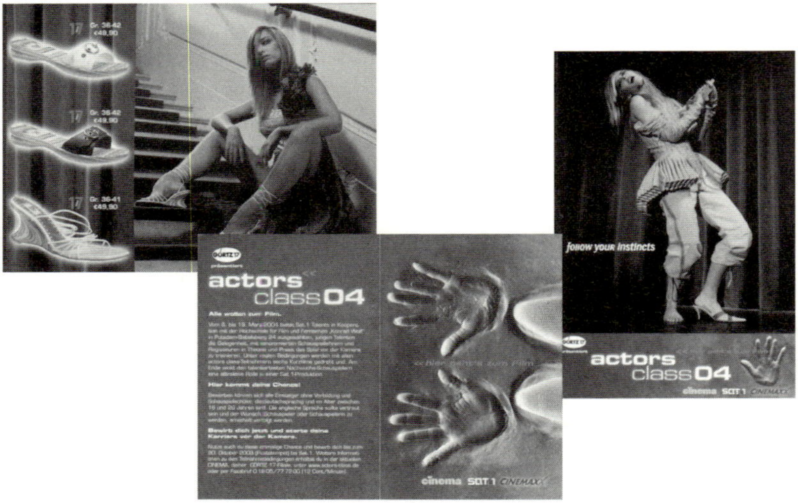

Abbildung 137: Event-Mailing
Quelle: Jacobs, 2004, S. 21

Die goertz-shop.de-Kunden wurden – medienaffin – durch einen *E-Mail-Newsletter* betreut.

Leistungen der Kunden von Görtz

Um die Mitgliedschaft im Kundenbindungsprogramm zu erhalten, müssen die Kunden lediglich einen Antrag ausfüllen. Allerdings werden die Kunden nach einer Mindestzugehörigkeit von zwei Jahren auf „inaktiv“ gesetzt, wenn diese ein unterdurchschnittliches Kaufverhalten (kein Kauf in den letzten sechs beziehungsweise zwölf Monaten) aufweisen. Dabei findet bei einem erneuten Kauf mit der Karte eine automatische „Aktivierung“ statt.

Organisation der Kundenbindung bei Görtz

Der Dreh- und Angelpunkt des Kundenbindungsprogramms war und ist die Kundendatenbank. In dieser fließen alle relevanten Informationen zur Bewertung der Kunden zusammen (vgl. Abbildung 138).

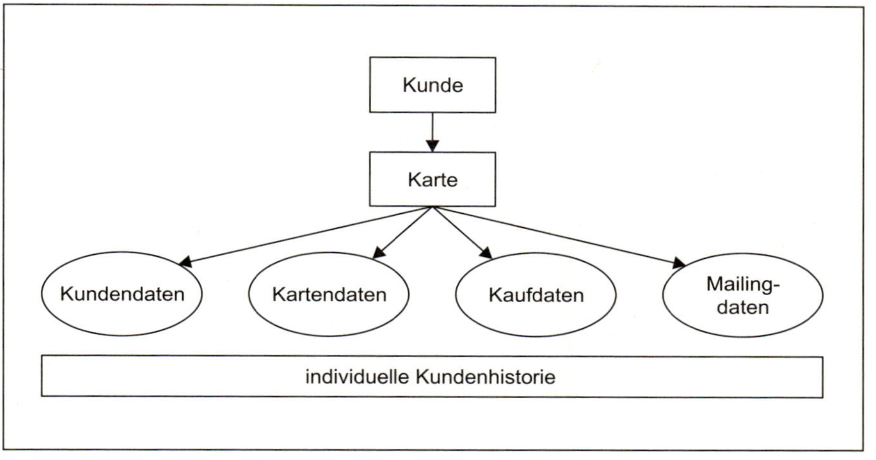

Abbildung 138: Datenströme zur Unterstützung des Kundenbindungsprogramms
Quelle: Jacobs, 2004, S. 19

Die Gesamtverantwortung für das Kundenbindungsprogramm liegt dabei im Marketingbereich, der direkt an die Geschäftsführung berichtet.

7.8.4 Integration der Kundenbindung in die CRM-Strategie von Görtz

Eine zentrale Voraussetzung für den großen Erfolg des Kundenbindungsprogramms bei *Görtz* war und ist die frühzeitige und konsequente Einbindung aller kundenbindenden Aktivitäten in eine integrierte Gesamtkommunikation des Unternehmens (vgl. Abbildung 139). Wie eine solche integrierte Kommunikationskampagne aussieht, wird anhand von Abbildung 140 deutlich. Hier bauen die Maßnahmen der klassischen und direkten Kommunikation sowie am POS aufeinander auf, und auch die Mitarbeiter sind frühzeitig in die Gesamtkonzeption eingebunden.

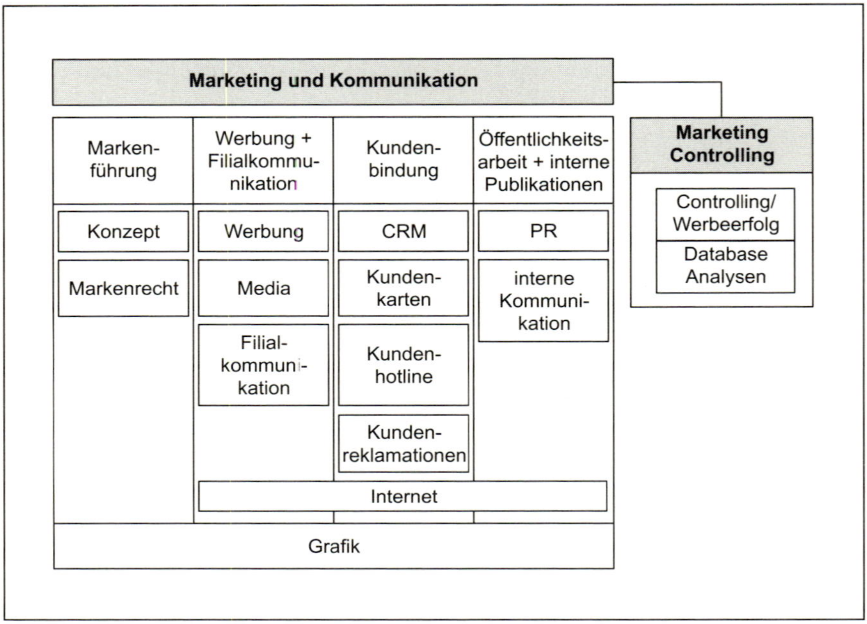

Abbildung 139: Integrierte Kommunikation
Quelle: Jacobs, 2004, S. 12

Dreh- und Angelpunkt bei *Görtz* ist ein ausgefeiltes Controlling, bei dem nichts dem Zufall überlassen wird. Wie Abbildung 141 zeigt, wird für die einzelnen Maßnahmen eine individuelle Analyse durchgeführt, um zunächst einmal die Aktion bewerten zu können.

Aber auch die Kunden werden dedailliert analysiert, wobei sich die Kundenprofil-Analysen an folgenden Kriterien orientieren:

- Geschlecht,
- Altersstruktur,
- Wohnorte,
- Scoring-Klasse,
- Zugehörigkeit zum Kundenclub,
- Entwicklung Kundenqualität.

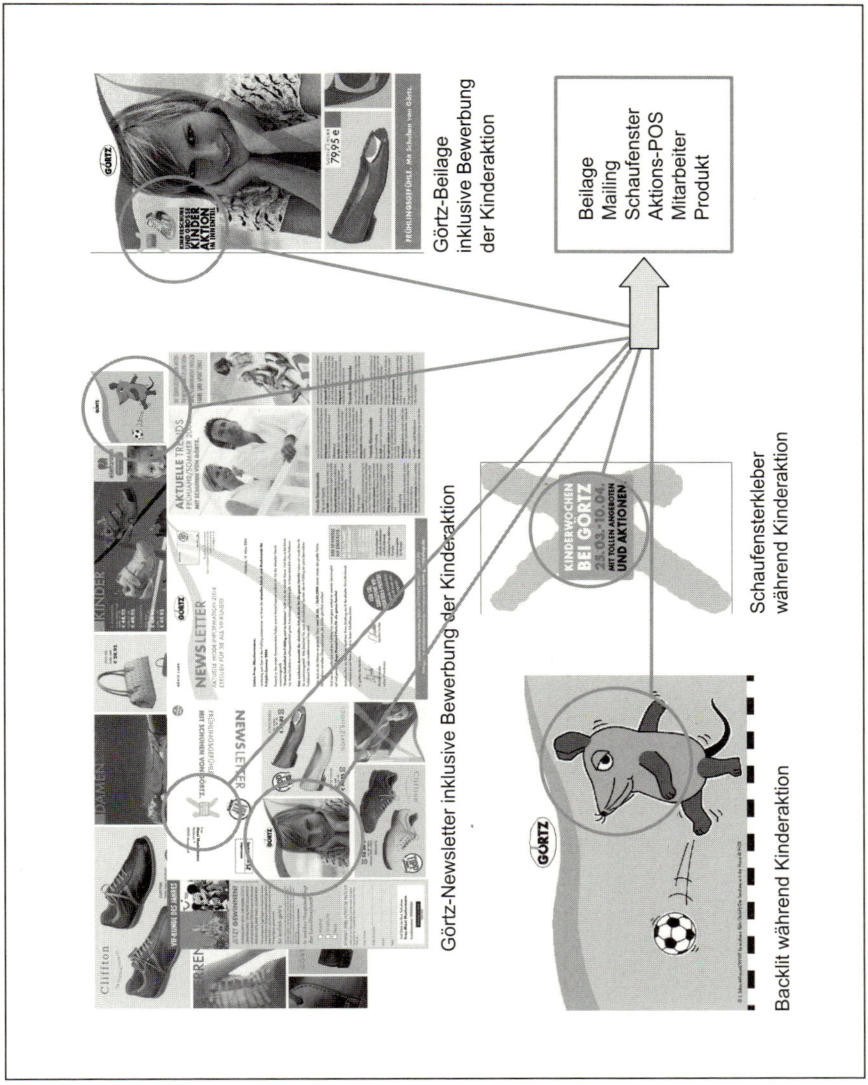

Abbildung 140: Beispiel einer integrierten Kommunikationskampagne
Quelle: Jacobs, 2004, S. 23

Evaluierung Mailingaktionen VW Görtz

Aktion	Inhalt	Teilnehmer/Anzahl Filialen	Aktionszeitraum/Anzahl Verkaufstage	Kundenanzahl/ Auflage	Response/ AQ	AQ Rest*	(Zusatz-) Umsatz	Rohertrag	Werbe-Kosten	WKZ	DB	DB ohne Werbung	DB Abw.	Fazit
Mailing-Aktionen (VW und Filiale)														
1. Newsletter	Kind + Familie: Elefanten, Ricosta	VW 1	24.03.-10.04.	200.000	13 %									
Rockport	Markenmailing	selektive Filialen	29.03.-10.04.	25.000	5 %									
I. Görtz Schuhe	Standortmailing	3 Filialen	26.04.-08.05.	7.500	7 %									
Marc O'Polo	Markenmailing	selektive Filialen	26.04.-08.05.	25.000	3,5 %									
Summe				257.500										
Gesamt														

Abbildung 141: Controlling bei Görtz
Quelle: Jacobs, 2004, S. 24

Die Top-Kunden werden dabei nochmals besonders detailliert bewertet. Die Erfolgsanalyse ist konsequent auf den *Kundenwert* ausgerichtet und wird in seiner Ermittlung bis auf die Preise pro Artikel und die Anzahl der Bon-Positionen herunter gebrochen. Und Abbildung 142 zeigt, dass für *Görtz* der *ergebniswirksame Deckungsbeitrag* das zentrale Messkriterium darstellt.

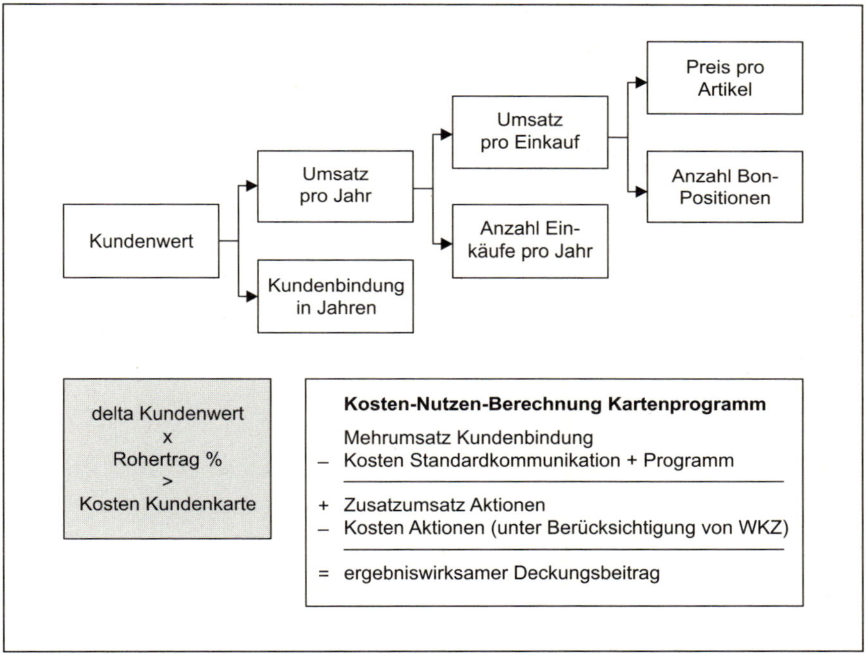

Abbildung 142: Bewertungsansatz bei Görtz
Quelle: Jacobs, 2004, S. 25

7.8.5 Weitere Entwicklung der Kundenbindung bei Görtz

Die weiterführenden Ziele für die Kundenbindung bei *Görtz* sind klar formuliert:

- Identifikation und Bindung der werthaltigen Kunden,
- Steigerung der Anzahl der werthaltigen Kunden,
- Steigerung des Umsatzes pro werthaltigen Kunden,
- Erschließung von Umsatzpotenzialen im Volumenprogramm.

Dabei sollen bei *Görtz* kurzfristig 50 Prozent des Umsatzes von Datenbank-erfassten Kunden getätigt werden. Denn Wettbewerbsbarrieren lassen sich nur durch die Steigerung von Kundenwissen und -orientierung sowie durch die Erhöhung der Kommunikationseffizienz aufbauen.

Im Hause *Görtz* hat man sich dabei die Überzeugung erarbeitet, dass die Steigerung der Kundenbindung auf Basis einer *kontinuierlich gepflegten Kundendatenbank* einen zentralen und schwer zu kopierenden Wettbewerbsvorteil darstellt. Nur durch die eindeutige *Identifikation von Frequent Shoppern* und die *Steigerung von Kaufhäufigkeit und Umsatz pro Bon* können die Umsatzpotenziale erschlossen werden.

Dies erfordert eine *informationsgestützte One-to-One-Kundenansprache*, die unter Kostenanspekten zu Lasten der klassischen Kommunikation an Bedeutung gewinnt. Dies setzt allerdings voraus, dass die einzelnen *Kommunikationsmaßnahmen in hohem Maße integriert* werden. Und alle Bindungskonzepte müssen sich dabei an der Kundenerwartung orientieren, um den „Kampf um den Platz im Portemonnaie“ zu gewinnen. Und dies gelingt nur durch hoch attraktive, spezifische Kundenbindungsprogramme.

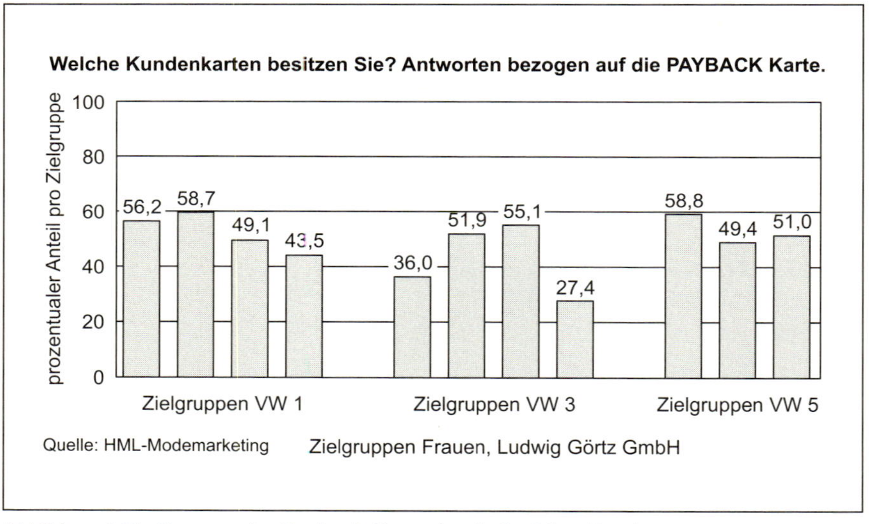

Abbildung 143: Nutzung der Payback-Karte durch die Görtz-Kunden
Quelle: Jacobs, 2004, S. 35

Vor diesem Hintergrund und angesichts der überragenden Bedeutung von *Payback* im Segment der Kundenbindungssysteme hat sich *Görtz* entschieden, die oben beschriebenen Erfahrungen seit Mai 2004 in eine Akzeptanzpartnerschaft mit *Payback* einzubringen. Als Partner von *Payback* ist der „Kampf um den Platz im Portemonnaie" bei den *Görtz*-Kunden bereits gewonnen, wie Abbildung 143 zeigt.

Und die Zusammenarbeit mit *Payback* bietet nicht nur eine Plattform für vielfältige Kommunikationsmaßnahmen, sondern hilft mit den Partnern *Galeria Kaufhof, WMF* und *Christ* auch dabei, den Cityhandel im gehobenen Segment zu stärken; beispielsweise durch Kooperationsmailings im gehobenen Segment als City-Shopping-Mail zur Weihnachtszeit.

Zusätzlich werden neue Möglichkeiten zum Ausbau des Kundenwissens sowie in der individualisierten Ansprache durch die Mitarbeit im *Payback*-Verbund erschlossen. Dabei wird allerdings auf die Herausgabe einer *Görtz-Payback-Karte* verzichtet, weil es sich bei dieser Zusammenarbeit um eine Akzeptanzpartnerschaft handelt und *Görtz* somit „nur" die Packback-Karte akzeptiert, selbst aber keine eigenen Karten ausgibt.

Und so lautet die weiterführende Vision von *Görtz*:

„Wir werden die Nr. 1 als Lifestyle-Modeanbieter im gehobenen Markt für Schuhe und Accessoires. Ein Leben lang mit Schuhen von *Görtz*."

Orientiert an dieser Vision wird im Hause *Görtz* konsequent an der weiteren Entwicklung der Kundenbindung gearbeitet. Die erzielten Erfolge ermutigen das verantwortliche Team, den eingeleiteten Weg konsequent und mit Mut zu neuen Ideen fortzusetzen.

7.9 BSW Bonus & Club – ein attraktives Kundenbindungskonzept für eine ausgewählte Zielgruppe

7.9.1 Management Summary

Die *BSW Verbraucher-Service GmbH* wurde bereits 1960 gegründet und betreibt mit *BSW Bonus & Club* eines der attraktivsten Bonusprogramme in Deutschland. Im Jahr 2003 beispielsweise schüttete das Unternehmen bei einem Gesamtumsatz seiner Mitglieder in den angeschlossenen Partnerfirmen von 520 Millionen Euro insgesamt 50 Millionen Euro Preisvorteile an seine Mitglieder aus.

Namhafte Handelskonzerne, wie *Karstadt*, *Quelle*, O_2 oder die *Citibank*, über 50 weitere bundesweite Filialisten und viele regionale Einzelhändler – insgesamt über 27 000 Partnerfirmen – *gewähren* den *BSW*-Mitgliedern in Abhängigkeit von der Branche *bis zu 20 Prozent Preisvorteile*.

Das Funktionsprinzip ist einfach: Mitglieder legen nach dem Kauf bei einem Partnerunternehmen ihre *BSW Bonus & Club*-Karte vor (vgl. Abbildung 144). Der Kauf wird elektronisch registriert. Ein Hintergrundsystem übernimmt die Verrechnung sowohl mit den Partnerfirmen als auch mit den Mitgliedern. Die erzielten Boni werden nicht – wie bei vielen Anbietern – in Form von Punkten vergeben, sondern bar auf das jeweilige Bankkonto des Mitglieds überwiesen, und zwar automatisch ohne Anforderung.

Abbildung 144: BSW Bonus & Club-Karte
Quelle: Eigene Darstellung

Mitglied im *BSW Bonus & Club* kann nicht jeder werden. Beschränkt ist dieses System auf Beamte, Angehörige des Öffentlichen Dienstes und dessen privatisierte Bereiche und auf Mitglieder von Organisationen mit öffentlichem Auftrag, wie *Malteser, Rotes Kreuz* und *Feuerwehren*. Diese *Zielgruppenbeschränkung* ist Programm und sichert den angeschlossenen Partnerfirmen den Zugang zu einer konsumkräftigen, begrenzten Käuferschicht. Derzeit sind im *BSW* 850 000 Mitglieder und durch die Ausgabe von Familienkarten rund zwei Millionen Verbraucher organisiert. Der Mitgliedsbeitrag für das Mitglied beträgt 25 Euro pro Jahr.

Da *BSW*-Mitglieder einen Beitrag bezahlen müssen, richten sie ihr Einkaufsverhalten gezielt an den gebotenen Vorteilen aus. Für die Partnerfirmen bedeutet das signifikant geringere Streuverluste. Dazu kommt ein ausgefeiltes Kommunikationsprogramm des *BSW*, das im Sinne der jeweiligen Marketingstrategie der Partnerfirma eingesetzt wird. Die Partnerfirmen können neben der Zuführung von neuen Kunden beziehungsweise der Qualifizierung von bestehenden Kundenbindungen (Kundenkarrieren) auf eine Vielzahl von Marketingdienstleistungen zurückgreifen.

Gerade die Möglichkeit der zielgenauen Ansprache ist der große Vorteil dieses Systems. Darüber hinaus bietet das *BSW* mit seinen spezialisierten Schwesterunternehmen den angeschlossenen Partnerfirmen Customer-Care-Leistungen an, beispielsweise In- und Outbound-Calls, Datenerfassung, Speicherung und Auswertung eigener Daten und Marketingaktionen. Auch können eigene Aktionen der Partnerfirmen geplant, umgesetzt und produziert werden. Dies reicht von einfachen Kundenbefragungen über Couponingaktionen bis hin zur Installation und dem Betrieb von Kundenbindungssystemen mit bundesweiter netzunabhängiger Umsatzerfassung. Auch der Verkauf von Produkten und Dienstleistungen über Telefon wird angeboten. Das *BSW* verfügt über ein eigenes ausgereiftes Couponingsystem mit vollautomatisierter Abwicklung. Die Coupons können sowohl virtuell (per Internet und SMS) wie auch als Printversion dargestellt und abgewickelt werden (vgl. Abbildung 145).

Die Partnerfirmen werden gezielt ausgesucht. Dabei spielen Branchenabdeckung, Einkaufsradien und Konsumgewohnheiten der Mitglieder eine große Rolle. Die Betreuung und die Neuakquisition von Partnerfirmen erfolgt über einen eigenen deutschlandweiten Außendienst. Die Partnerfirmen zahlen einen in der Regel umsatzabhängigen Prozentsatz an das *BSW*, der weitgehend an die Mitglieder als Bonus ausgeschüttet wird. Lizenzgebühren entstehen nicht. Für Dienstleistungen, die über die Standardkommunikation zum Mitglied hinausgehen, entstehen weitere Kosten.

Abbildung 145: BSW-Scheckheft 2004/2005
Quelle: BSW, 2004

7.9.2 Ausgangslage und Schlüsselanforderungen

Begonnen hat *BSW Bonus & Club* als Zusammenschluss einiger Beamter, die durch gemeinsamen Einkauf Preisvorteile zu realisieren suchten. Auf dieser Idee aufbauend wurde das Unternehmen konsequent zu einem modernen Marketingdienstleister für die angeschlossenen Partnerfirmen und zu einem attraktiven Bonussystem mit Clubleistungen für seine Mitglieder ausgebaut.

Die Herausforderung für die Betreiber ist es, das System für beide Seiten – Mitglieder und Partnerfirmen – attraktiv zu gestalten und durch immer neue Impulse, Marktideen und innovative Vermarktungsstrategien die Sinnhaftigkeit täglich neu zu beweisen. Auf Seiten der Mitglieder steht für die Bewertung der Attraktivität an erster Stelle das Angebot an Partnerfirmen in ihrem Einkaufsumfeld. Um dies zu gewährleisten und durch neue Partnerfirmen zu erweitern, unterhält der *BSW Bonus & Club* einen eigenen Außendienst, dessen Aufgabe es ist, in jeder Region ein attraktives Angebotsportfolio aufzubauen und bestehende Partnerschaften zu pflegen. Dabei gehen die Leistungen von *BSW Bonus & Club* über ein übliches Rabattsystem hinaus. Bundesweite Autovermittlung, ein eigenes Reisebüro und eine *BSW*-Kreditkarte mit Rabattfunktion beispielsweise erweitern den Service für das Mitglied.

BSW vereinigt eine Käufergruppe, die offen ist für gezielte Angebote und bereit ist, ihr Kaufverhalten darauf auszurichten. Dazu verfügt *BSW* über alle wesentlichen Käufer- und Kaufdaten, die insbesondere stationären Händlern so nicht zu Verfügung stehen. Ein professionelles Datenmanagement und ein abgerundetes Direktmarketinginstrumentarium machen diese Käufergruppe für Handelsunternehmen und Hersteller ansprechbar – zielgenau und mit deutlich niedrigeren Streuverlusten, und das bei über zwei Millionen Verbrauchern. Damit schaffen diese Dienstleistungen des *BSW* echten Mehrwert für die Partnerfirmen. Das Portfolio an Mehrwertleistungen für die Partnerfirmen wurde entwickelt, da es nicht mehr ausgereicht hat, einmal oder mehrmals Kunden zuzuführen, sondern es vielmehr galt, den angeschlossenen Einzelhändler über die Marketingaktivitäten hinaus aktiv zu unterstützen. Nur so lässt sich eine jahrelange attraktive Partnerschaft begründen.

7.9.3 Beschreibung des Konzepts

Aufgabenstellung und zu erreichende Ziele

Für die Mitglieder muss sich die Mitgliedschaft im *BSW* lohnen. Da das *BSW* die bare Auszahlung der Boni gewährt, heißt dies im Klartext: *Das BSW-Mitglied muss mehr als die 25 Euro Jahresgebühr durch Kaufaktivitäten erwirtschaften.* Und dies gelingt. Je länger die Mitglieder dabei sind – je mehr sie die Partnerfirmen und Dienstleistungen in Anspruch nehmen – desto lohnender ist es für das Mitglied.

Die Partnerfirmen erwarten, neben der *Kundenzuführung* und der *Pflege der Kundenbeziehung*, weitere *Mehrwertleistungen*. Dabei werden Dienstleistungen, wie Auswertungen von Aktivitäts- und Umsatzdaten, genauso erwartet wie die Organisation von Events zur Verkaufsförderung. Den eigenen Kunden wieder besser kennen zu lernen und ihn gezielt (zur richtigen Zeit mit dem richtigen Produkt) anzusprechen, steht dabei im Vordergrund.

Zielgruppe

Die *Zielgruppenbeschränkung* des *BSW* auf Beamte, Öffentlichen Dienst und deren privatisierte Bereiche und auf Organisationen mit öffentlichem Auftrag ist gewachsen und wird aus geschäftspolitischen Gründen beibehalten. Der wichtigste Grund, keine generelle Öffnung der Zielgruppe anzustreben, sind die speziellen Eigenschaften dieser Gruppe: kaufkräftig mit gesichertem Einkommen und einer höheren Zahlungsmoral. *BSW* wird bedingt durch sein Geschäftsmodell kein „Massen“-System werden. Die Beitragszahlung führt zur Erwartung vergleichsweise hoher Vorteile (Rabatte). Diese werden von den Partnerfirmen deshalb gewährt, weil die zielgenaue Zuführung der Mitglieder eine hohe Rentabilität sichert.

Die Partnerfirmen werden ebenso gezielt ausgewählt. Dabei spielen die Einkaufsgewohnheiten der Zielgruppe, die Branchenabdeckung in einem bestimmten Einkaufsradius, aber auch das Vorhandensein bestimmter Einkaufsmöglichkeiten in einem engeren Radius eine große Rolle. Um den veränderten Einkaufsgewohnheiten Rechnung zu tragen, werden neue Vertriebsformen wie Internet, SMS, elektronische Gutscheine und so weiter in die gewachsene Partnerfirmenlandschaft sinnvoll integriert.

Leistungen für die Mitglieder und die Partnerfirmen

BSW bietet seinen Mitgliedern die Möglichkeit, bei *27 000 Partnerfirmen* mit *bis zu 20 Prozent Rabatt* einzukaufen. Darüber hinaus kann das Mitglied *vielfältige Clubleistungen* in Anspruch nehmen. Die deutschlandweite Autovermittlung, ein eigenes Reisebüro und eine eigene Kreditkarte mit Bonusfunktion sind nur einige Beispiele (vgl. Abbildung 146).

Abbildung 146: BSW-Kreditkarte
Quelle: BSW, 2004

Regelmäßige Kommunikation über alle Kanäle (Print, SMS, E-Mail) informiert die Mitglieder über neue Angebote und neue Partnerfirmen. Informationsservices mit aktuellen Themen aus den Bereichen Finanzdienstleistungen, Automobil, Reisen und Technik runden das Angebot ab (vgl. Abbildung 147).

Abbildung 147: BSW-Katalog
Quelle: BSW, 2004

Für die Partnerfirmen stehen Leistungen wie Kundenzuführung und -qualifizierung und die gezielte Kaufansprache im Vordergrund. Darüber hinaus sichert die Betreuung des Außendienstes und ein Portfolio an Dienstleistungen rund um das Thema Direktmarketing weiteren Zusatznutzen.

Leistungen der Mitglieder und Partnerfirmen

Die Mitglieder leisten einen Jahresbeitrag von 25 Euro. Darüber hinaus wird eine einmalige Erstausstattungsgebühr erhoben. Damit haben die Mitglieder Anspruch auf alle Leistungen.

Die Partnerfirmen zahlen nur eine Provision auf den Umsatz mit *BSW*-Mitgliedern. Es entstehen keine Lizenzgebühren. Dieses faire System sichert die Attraktivität. Ebenso verhält es sich bei den Dienstleistungen: Es werden keine pauschalen Servicefees berechnet, sondern nur die Dienstleistung in Rechnung gestellt, die die Partnerfirma nachfragt.

Organisation

Die Organisation des gesamten Systems erfolgt beim *BSW Bonus & Club* in Bayreuth. Ein über die Jahre gewachsenes Rückraumsystem sichert eine transparente Abwicklung für alle Beteiligten. Durch eine zentrale Datenverwaltung und ein bundesweit funktionierendes Umsatzerfassungssystem, das auf bestehende Netze zurückgreift, ist eine schnelle und kostengünstige Integration in fast alle gängigen Kassen- und Warenwirtschaftssysteme möglich. Dies garantiert eine flexible Anbindung von Handelsunternehmen und Hersteller. Die Datenverwaltung erfolgt über ein eigenentwickeltes CRM-System.

Auf Mitgliedsseite wird nur eine Mitgliedskarte benötigt, durch die eine Erfassung am Point-of-Sale möglich wird. Diese Karte ist mit Hochprägung und Magnetstreifen ausgerüstet. Die Weiterentwicklung in Richtung Chipkarte und kontaktloser Abwicklung wird derzeit realisiert. Die erfassten Umsätze werden in Boni umgerechnet und fließen auf ein Konto, das per Internet und Kontoauszug einzusehen ist. Die Boni werden automatisch auf das Bankkonto der Mitglieder überwiesen.

Den Partnerfirmen gegenüber erfolgt eine monatliche Abrechnung der Mitgliederkäufe.

7.9.4 Integration des Systems in die CRM-Strategien der Partnerfirmen

Die Integration des *BSW*-Systems in die CRM-Strategien der Partnerfirmen erfolgt nahtlos. Und gerade die Möglichkeit, alle erforderlichen Dienstleistungen für ihre Kundenbindung aus einer Hand zu beziehen, stellt eine enorme Arbeitserleichterung für die Partnerfirmen dar. Diese können mit ihren eigenen Überlegungen somit auf ein funktionierendes System zurückgreifen, ohne eigene Investitionen in den Aufbau eines Kundenbindungssystem zu tätigen. Hinzu kommt der Wissenstransfer zwischen den *BSW*-Spezialisten und den angeschlossenen Unternehmen.

7.9.5 Weitere Entwicklung

Die aktuellen Entwicklungen im deutschen Consumermarkt – Kaufzurückhaltung, veränderte Kaufgewohnheiten, Überfrachtung durch Werbebotschaften, Unsicherheit der Verbraucher, Rabattschlachten des Handels – stellen das *BSW* vor neue Herausforderungen. Aufgrund der Erfahrungen, der personellen und technischen Ressourcen, von gezieltem Know-how-Transfer und strategischen Partnerschaften wird bereits jetzt beim *BSW* die Zukunft gestaltet. Dabei spielen technische Neuerungen wie kontaktlose Erfassungssysteme, die Weiterentwicklung im Bereich der Zahlungssysteme und die Integration mehrerer Funktionen in die *BSW Bonus & Club*-Karte neben der Reaktion auf die Konsumgewohnheiten der Mitglieder eine entscheidende Rolle.

Der Ausbau des Mitgliederstammes über die zwei Millionen Verbraucher hinaus stellt ein weiteres strategisches Ziel dar, um die Attraktivität gegenüber den Partnerfirmen zu erhöhen.

8. Ausblick – Trends im Kontext von Kundenclubs & More

Welche *Trends* zeichnen sich jetzt am *Kundenbindungshorizont* ab (vgl. hierzu unter anderem Howaldt/Utsch/Panella, 2003, S. 27 f.)?

Trend 1: Nur die spannendsten Programme werden sich durchsetzen

Da die Aufnahmefähigkeit der Kunden für Karten- und Club-Konzepte beschränkt ist, wird der *starke Ausleseprozess* bei den etablierten sowie auch bei neuen Kundenbindungsprogrammen bestehen bleiben. Der Kunde scheint zum momentanen Zeitpunkt nicht gewillt, in seinem Portemonnaie mehr als drei bis fünf Karten aufzunehmen, wobei mit EC-, Kredit- und Krankenversicherungskarte bereits 60 Prozent der bereitgestellten Kapazität ausgeschöpft sind.

Vor diesem Hintergrund werden sich die strengen Grenzen zwischen den einzelnen Programmen noch weiter verwischen. Bereits heute ist einerseits ein Transfer zwischen den gesammelten Boni möglich, so etwa der Meilen zwischen *Miles & More* und den *Amexco Membership Rewards*. Andererseits werden die großen Bindungsprogramme wie *Payback*, *Happy Digits* und *BSW* immer mehr Partnerunternehmen einzubinden versuchen, und gegebenenfalls auch bereits existierende Bindungssysteme unter ihre Fittiche nehmen.

Trend 2: Mehr Funktionen auf einer Karte

Wenn die Portemonnaie-Kapazität für weitere Karten ausgeschöpft ist, dann liegt nichts näher als das *Aufbringen zusätzlicher Leistungen auf die vorhandenen Karten*. So ist der Einstieg der Sparkassen-Organisation mit *S-points* in ein Kundenbindungsprogramm zu interpretieren, bei dem langfristig die EC-Karte als Basiskarte fungieren soll. Zusätzlich können natürlich bestehende Kundenkarten auch mit zusätzlicher Zahlungsfunktion ausgestattet und damit zur Kreditkarte im *Co-Branding* werden. Ein Weg, den neben der *Volkswagen Club-* und *Audi-A-Plus-*Karte auch andere Unternehmen, wie beispielsweise *Happy Digits*, *Payback* und das *BSW* konsequent beschritten haben. Die zusätzliche Einbindung der Telefonie mit einer Telefonkarte hat sich aufgrund der starken Handyverbreitung dagegen nicht weiter durchgesetzt.

Trend 3: Differenzierung und Dynamisierung der Programminhalte

Der Siegeszug des One-to-One-Marketing, der zwar verbal, aber noch sehr wenig in der kommunikativen und betreuungstechnischen Welt begonnen hat, wird Schritt für Schritt weiter vorankommen. Auch wenn neue Kundenbindungsprogramme und insbesondere auch Club-Konzepte zunächst mit einem einheitlichen Programm für alle Teilnehmer starten werden, muss hier sukzessiv eine *Betreuungsdifferenzierung* stattfinden, um dauerhaft Gehör und Aufmerksamkeit bei den Mitgliedern zu finden.

Auch wenn eine *Betreuung des „Segment of one"* erst in fernerer Zukunft ökonomisch abbildbar sein wird, sind weitere konsequente Schritte im Hinblick auf eine differenzierte Ansprache und Versorgung der in einem Club betreuten Mitglieder zu gehen. Die Grundlage hierfür stellt eine konsequent gepflegte, die Dialogsteps und die Reaktionen des Kunden kontinuierlich erfassende Datenbank dar. Erst derartige Informationen über die gewonnene Akzeptanz von Leistungen und damit über deren Nutzung in der Zielgruppe erlauben eine *kundenorientierte dynamische Betreuung – die Voraussetzung für das Erreichen von Kundenbegeisterung*.

Trend 4: Kooperation vor Konfrontation

Ähnlich, wie es sich bereits unter den Programmanbietern abzeichnet, werden sich auch die Formen der Zusammenarbeit zwischen unterschiedlichen Leistungsträgern weiter verstärken. Hier ist nicht nur an Kooperationspartner gedacht, die sich über Co-Branding und Leistungsmodule in Kundenbindungssysteme einbringen, sondern auch an Formen der Zusammenarbeit über bisherige Fronten hinweg.

Handelsbetriebene Clubs werden eine derartige Informationsfülle über ihre Kunden besitzen, dass die Hersteller kaum umhin können, diese nicht in Kooperation zu nutzen, um Streuverluste in der Kommunikation zu reduzieren. Dadurch wird sich die Handelsmacht – neben der Hoheit über die Regalfläche – durch die zusätzlich aufkommende *„Informationsmacht"* noch deutlich erhöhen.

Denn erst in Kombination einer Auswertung des tatsächlichen Kaufverhaltens, gespiegelt an den Informationen über Haushaltsgröße, Anzahl der Kinder, Kaufkraft, Wohnsituation unter anderem, erhoben über Fragebögen oder angereichert durch Daten aus dem Bereich der Mikrogeographie, können immer besser passende Angebote unterbreitet werden. Die Mix&Match-Technologie, bei der basierend auf einer Warenkorbanalyse am POS beispielsweise „passende" Coupons für den nächsten Kauf individualisiert gedruckt werden, stellt einen konkreten, heute schon absehbaren Weg zur differenzierten Kundenansprache dar (vgl. Ploss/Berger, 2003, S. 57). Und die Hoheit hierüber liegt wiederum beim Handel.

Trend 5: Weitere Emotionalisierung im Marketing

Seit Jahren werden in Deutschland eine größere Anzahl von Marken angeboten, als der durchschnittliche Bundesbürger an Wortschatz besitzt (Michael, 2003). Da sind die klassischen Markenführungsansätze, die beispielsweise Einzigartigkeit und Erlebnis der Marke über den Preis stellen, mehr denn je gefragt, aber auch mehr denn je in der Kritik. Denn gerade die Handelsmarken haben es verstanden, sich ebenfalls wie Marken aufzustellen, das aber zu weit günstigeren Preisen.

In der Folge kam es zu mehr und mehr „Me-too-Effekten", die sich zu Lasten der Herstellermarken in einem nie gekannten Verdrängungswettbewerb bis an den POS fortsetzen. Die Lösung für dieses Dilemma ist so einfach wie alt: Markeninszenierung und die daraus folgenden Marketingmaßnahmen müssen wieder stärker auf die Emotion setzen. Und hierzu gibt es viele gute Beispiele. Einige davon finden sich gerade auch in diesem Buch wieder, wie beispielsweise *Maggi* oder *Volkswagen*.

Dabei soll sich die Inszenierung der Marke nicht allein auf die Kommunikation beschränken, denn nur allein mit Werbung ist es langfristig nicht mehr getan. Vielmehr sind Konzepte gefordert, die den Kunden aktiv in das Markengeschehen einbinden und so zu einem echten USP führen. Der Club, in all seinen Ausprägungen, scheint dafür die geeignete Plattform zu sein. Und deshalb kann man gespannt sein, welche Unternehmen sich in Zukunft durch eine hohe emotionale Einbindung des Kunden nachhaltige Wettbewerbsvorteile sichern.

Trend 6: Intensivierung der Multi-Channel-Betreuung

Die heutigen technologischen Möglichkeiten auf Unternehmens- und Kundenseite schaffen neue Ansatzpunkte für eine Multi-Channel-Betreuung. Gerade Kundenclubs sollten die verschiedenen Kommunikationskanäle, die sich unterschiedlich fein individualisieren lassen, differenziert nutzen. Die Integration der auf immer mehr Möglichkeiten beruhenden Kommunikation mit dem Club-Mitglied stellt dabei neue Herausforderungen, aber eben auch neue Chancen dar. Die Sicherstellung der Konsistenz, das Ausschöpfen der Personalisierungsmöglichkeiten und die damit einhergehende Orientierung an den individuellen Bedürfnissen des Club-Mitglieds bedeuten für die Club-Kommunikation und die Customer Interaction Center eine Feinabstimmung innerhalb und zwischen den verschieden Betreuungskanälen.

Das Internet mit den Möglichkeiten des Chats, der Portaltechnologie mit dem E-Self-Service und dem Call-Button, die SMS (Short Message Service) mit der Ankündigung eines Events oder einer speziellen Verkaufsaktion gilt es zu verzahnen und in einem speziellen Club-Kampagnenmanagement intelligent mit den klassischen Direktmarketingkanälen und auch mit dem klassischen Marketingauftritt zu kombinieren.

Denn die sich hier auftuende Möglichkeit, ein Thema über verschiedene Kanäle „konzertiert" zu kommunizieren, wird die Wirkung der Kommunikation nachhaltig stärken. Echtzeitkommunikation des Kunden mit „seinem Unternehmen" wird Begeisterung und ein höheres Engagement aufbauen, und damit die so notwendige Emotionalität in der Kundenbeziehung dauerhaft verankern. In Chatforen sind diese Effekte bereits heute zu beobachten.

Die Reduzierung der Kommunikationskosten ist dabei ebenso auf der Habenseite zu verbuchen, allerdings darf dabei die zunehmende Komplexität für die Kommunikationspartner nicht unterschätzt werden. Die Möglichkeiten, Permission-Marketing bei dem Einsatz von SMS und Internet effektiv und effizient zu gestalten, kommt dem Kunden weit entgegen und kann den datenschutz- und wettbewerbsrechtlichen Kritikern den Wind aus den Segeln nehmen. Dafür muss sich jedes Unternehmen der hier zunächst übernommenen Verantwortung für den Umgang mit sensiblen Kundendaten bewusst sein.

Trend 7: Club-Einstieg reglementierter Branchen

Im Zeitalter der Deregulierung ehemals staatlich reglementierter Bereiche, wie beispielsweise der Energie-, der Pharma- und der Automobilbranche (Stichwort bei letzterer: Gruppenfreistellungsverordnung), treten diese massiv in den Wettbewerb um Kunden ein, um das in den Jahren davor Versäumte zeitnah nachzuholen. Zum einen haben diese Unternehmen ihr Marketing fachlich wie personell bereits an die geänderte Situation angepasst, zum anderen fehlen aber wirkliche Vorteilssysteme für die Kunden, die für diese einen echten Mehrwert schaffen können.

Hierfür gibt es zwischenzeitlich erste Ansätze, wie beispielsweise das Konzept von *Auto Teile Unger (ATU),* die eine Kundenkarte national distribuieren. Gleiches gilt für viele stationäre Apotheken, die in ihrem regionalen Einzugsgebiet eine Kundenkarte zur Bindung ihrer Kunden einsetzen und auch anfangen, erste Erfahrungen mit Coupon getriebenen Konzepten zu sammeln. Solche Systeme sind dabei natürlich im Wettbewerb mit anderen und müssen ihre Leistungsfähigkeit in Richtung USP erst noch erweisen. Hier bietet sich der Club in den unterschiedlichsten Ausprägungen als weiteres ideales Instrument an.

Literaturverzeichnis

Amesberger, F. P./Baner, I. (2003): Integration von Couponing in CRM-Systeme in Österreich, in: Hartmann, W./Kreutzer, R./Kuhfuß, H. (Hrsg., 2003), S. 317–329.

Baumgärtner, F. (o. J.): Das CallCenter als Instrument der Kundenbindung, www.competence-site.de.

Berry, L./Zeithaml, V. A./Parsuraman, A. (1990): Five Imperatives for Improving Service Quality, in: Sloan Management Review, Summer/1990, S. 29–38.

BfD (2002): Tätigkeitsbericht 2001 und 2002 des Bundesbeauftragten für den Datenschutz – 19. Tätigkeitsbericht.

Bruhn, M./Meffert, H. (Hrsg., 2001): Handbuch Dienstleistungsmanagement, 2. Auflage, Wiesbaden 2001.

BSW, Studien und Unterlagen, Bayreuth 2004.

Butscher, S. (1998): Handbuch Kundenbindungsprogramme & Kundenclubs, Ettlingen 1998.

Diekhof, R./Wieking, K. (2003): Einmal billig – immer billig, in: Werben & Verkaufen, 5/2003, S. 24–28.

Diller, H. (1996): Ziele und Zielerreichung von Kundenclubs – Ein Fallbeispiel aus dem Motorradfachhandel, Arbeitspapier Nr. 45, Nürnberg 1996.

EHI (2003): Coupon-Marketing – Status quo und Perspektiven, Köln 2003.

EMNID (Juli 2002), Studie, 2002.

EMNID (Juli 2003), Deutschland im Sammelfieber, 2003.

EMNID (Dezember 2003), Studie, 2003.

Förster, A./Kreuz, P. (2003): Marketing-Trends. Ideen und Konzepte für Ihren Markterfolg, Wiesbaden 2003.

Godin, S. (1999): Permission Marketing, New York 1999.

Grünewald, S. (2003): Der neue Zeitgeist der Konsumgesellschaft – Was bedeutet er für Handel und Hersteller?, Vortrag auf dem Deutschen Handelskongress, Berlin 2003.

Georgi, D. (2003): Kundenbindungsmanagement im Kundenbeziehungslebenszyklus: in: Bruhn, M./Homburg, C. (Hrsg.): Handbuch Kundenbindungsmanagement, 4. Auflage, Wiesbaden 2003, S. 235 ff.

Hammer, T. (2004): Mängel beim Umgang mit sensiblen Daten, in: SZ, 89/2004, S. 27.

Hartmann, W./Kreutzer, R./Kuhfuß, H. (Hrsg., 2003): Handbuch Couponing, Wiesbaden 2003.

Hermes, V. (2004): Aus Liebe zum Kunden, in: Direkt Marketing, 2/2004.

Holz, S. (1997): Kundenclubs als Kundenbindungsintrument. Generelle und situationsbezogene Gestaltungsempfehlungen für ein erfolgreiches Kundenclub-Marketing, Bamberg 1997.

Homburg, C./Bruhn, M. (2003): Kundenbindungsmanagement – Eine Einführung in die theoretischen und praktischen Problemstellungen, in: Bruhn, M./Homburg, C. (Hrsg.), Handbuch Kundenbindungsmanagement, 4. Auflage, Wiesbaden 2003, S. 3–37.

Homburg, C./Fassnacht, M. (2001): Kundennähe, Kundenzufriedenheit und Kundenbindung bei Dienstleistungsunternehmen, in: Bruhn, M./Meffert, H. (Hrsg.), Handbuch Dienstleistungsmanagement, 2. Auflage, Wiesbaden 2001, S. 441–463.

Homburg, C./Fassnacht, M./Werner, H. (2003): Operationalisierung von Kundenzufriedenheit und Kundenbindung, in: Bruhn, M./Homburg, C. (Hrsg.), Handbuch Kundenbindungsmanagement, 4. Auflage, Wiesbaden 2003, S. 553–575.

Homburg, C./Schäfer, H. (2002): Die Erschließung von Kundenpotenzialen durch Cross-Selling, in: Marketing – ZFP, 1/2002, S. 7–26.

Howaldt, K./Utsch, P./Panella, A. (2003): Quo vadis Kundenbindung? Vier Megatrends für Kundenbindungsprogramme, in: Direkt Marketing, 12/2003, S. 26–28.

Huldi, C./Kuhfuß, H. (2000): Ratgeber Database Marketing, Zürich 2000.

Jacob, J./Jost, T. (2003): Marketingnutzen von Kundendaten und Datenschutz – ein Widerspruch?, in: Datenschutz und Datensicherheit 27 (2003) 10.

Jacobs, M. (2004): Professionelle Kundenbindung im Schuheinzelhandel am Beispiel Görtz, Vortrag auf dem 11. B.I.D.T.-Kongress, Köln, 25. Mai 2004.

Jakobitsch, G. (2000): Database Marketing – Der Schlüssel zum Kunden, www.systor.com.

Kotler, P. (2003): Marketing Management, New Jersey 2003.

Köhler, V./Pieper, V. (2002): UWG Gesetz gegen den unlauteren Wettbewerb, Kommentar, München 2002

Kreutzer, R. (2003): Konzeption und Positionierung des Couponing im Marketing, in: Hartmann, W./Kreutzer, R./Kuhfuß, H. (Hrsg., 2003), S. 3–25.

Kreutzer, R./Magedanz, O./Krüger, M. (2003): Zielgruppen- und Responseanalyse – Couponing-Konzepte zielorientiert einsetzen, in: Hartmann, W./Kreutzer, R./Kuhfuß, H. (Hrsg., 2003), S. 279–302.

KUNDEN CLUB (2003): Club Kompakt – Das Volkswagen Club Handbuch, Braunschweig 2003.

Leber, M. (2003): Controlling von CRM, Vortrag anlässlich des Workshop Controlling von CRM, Schloss Hirschberg, 14.07.2003.

LOYALTY PARTNER (2004): Payback – Deutschlands größtes Bonusprogramm, Februar 2004.

Luigart, R. P. (2002): Strategische Erfolgsfaktoren zur Beurteilung von Kundenclubs, in: Dallmer, H. (Hrsg.), Das Handbuch Direct Marketing & More, Wiesbaden 2002, S. 1055–1065.

Meffert, H. (2000): Marketing, Grundlagen marktorientierter Unternehmensführung, Wiesbaden 2000.

Meffert, H. (2003): Kundenbindung als Element moderner Wettbewerbsstrategien, in: Bruhn, M./Homburg, C. (Hrsg.), Handbuch Kundenbindungsmanagement, 4. Auflage, Wiesbaden 2003, S. 125–145.
Merbecks, A. (1999): Wettbewerbsvorteile durch Continuous Relationship Marketing (CRM), Vortrag auf der Fachkonferenz „Jeder Kunde zählt", Berlin 04./05.11.1999.
Meyer, A./Dornach, F. (1995): Das Deutsche Kundenbarometer 1995 – Qualität und Zufriedenheit, in: Deutsche Post (Hrsg.), Jahrbuch der Kundenzufriedenheit in Deutschland, München 1995.
Michael, B. (2003): Branding – Herausforderung für den Versandhandel von morgen, Vortrag auf dem Deutschen Versandhandelskongress, Wiesbaden 2003.
Müller, J. (2002): Erfolgsfaktoren für Club-Programme am Beispiel „Der Club Bertelsmann" (2002) : in Dallmer, H. Das Handbuch Direct Marketing & More, Wiesbaden 2002, S. 1067–1084.
Nitsche, M. (2002): Warum CRM-Projekte scheitern – 13 sichere Strategien zum Misserfolg, in: Dallmer, H. (Hrsg,), Das Handbuch Direct Marketing & More, Wiesbaden 2002, S. 1137–1151.
o. V. (Februar/März 2003): Entwicklungen im Sparkassen-Sektor, in: S-Markt, Februar/März 2003, S. 16–17.
o. V. (2.10.2003): Aktuelle Fallstudie: Marktführer im SB-Warenhaus-Bereich real,- und das Bonusprogramm Payback, in: Lebensmittel Zeitung, 2.10.2003.
PAYBACK (2004): Payback – Deutschlands größtes Bonusprogramm, Februar 2004.
Ploss, D./Augustinov, A. (2001): Kosten und Nutzen steigender Kundenbindung, Loyalty Hamburg, Hamburg 2001.
Ploss, D./Berger, A. (2003): Intelligentes Couponing, Planung, Umsetzung, Erfolgskontrolle, Bonn 2003.
Reichheld, F. T. (1996): The loyalty effect. The hidden force behind growth, profits and lasting values, Boston, MA 1996.
Rittweger, A. (2002): Payback und Post Direkt, Vortrag auf den Posttagen, Bonn 30.04.2002.
Rittweger, A. (2004): Im Dialog mit den Kunden: Zufriedenheit verbindet, in: Spalink, H. (Hrsg.), Kundenparadies Deutschland. Aktuelle Spitzenleistungen und Konzepte für die Zukunft, Berlin/Heidelberg 2004.
Roland Berger Strategy Consultants (2003): Kundenbindungsprogramme in großen deutschen Unternehmen, München, 09.05.2003.
Schwarz, T. (2000): Permission Marketing macht Kunden süchtig, Hamburg 2000.
Sobisch, S./Kopatz, A. (2001): Kundenclubs. Wie man aus zufriedenen Kunden begeisterte Fans macht, Loyalty Hamburg, Hamburg 2001.
Solon Management Consulting (2003): Kundenclubs 2003 – Überlegene Kundenbindung mit Refinazierungspotenzial, München 2003.
Stauss, B. (2000): Perspektivenwandel: Vom Produkt-Lebenszyklus zum Kundenbeziehungs-Lebenszyklus, in: Thexis, 2/2000, S. 15–18.

Stauss, B./Seidel, W. (1998): Beschwerdemanagement: Fehler vermeiden – Leistung verbessern – Kunden binden, 2. Auflage, München/Wien 1998.
Stolpmann, H. (2001): Service & Support im Internet, Bonn 2001.
Thieme, J. (2003): Versandhandelsmanagement – Grundlagen, Prozesse und Erfolgsstrategien für die Praxis, Wiesbaden 2003.
ULD (2003): Kundenbindungsysteme und Datenschutz. Gutachten des Unabhängigen Landeszentrums für Datenschutz Schleswig-Holstein im Auftrag der Verbraucherzentrale Bundesverband e.V., 2003.
Veenema, H. (2003): Wie aus Kundenbeschwerden Aufträge werden, Wien 2003.
Wehrmeister, D. (2002): Welchen neuen Aufgaben müssen sich Call Center bei der Einführung von CRM stellen?, Vortrag auf der Call Center Trends 2002 in Berlin.
Wittmann, G. (2003): Clubmodelle – Ertragssteigernde Mehrwertkonzepte für das Privatkundengeschäft deutscher Banken, ibi – Institut für Bankinformatik und Bankstrategie an der Universität Regensburg, Regensburg 2003.
Wichert-Nick, D. (2003): Wie man mit Kundenclubs überlegene Kundenbindung erreicht, in: http://www.verkauf-aktuell.de, Oktober 2003, S. 14–19.
Wirtz, B. (2003): Kundenbindung durch E-Customer Relationship Management, in: Bruhn, M./Homburg, C. (Hrsg.), Handbuch Kundenbindungsmanagement, 4. Auflage, Wiesbaden 2003, S. 371–387.
Würmeling, U. (o. J.): Neue Einschränkungen im Direktmarketing, www.ddv.de/mitglieder.

Internet

www.abseits.de/viralmarketing.htm).
www.adac.de
www.americanexpress.de
www.bsw.de
www.cashday.de
www.dsf.de
www.ebay.de
www.gira-aktiv-partner.com
www.ivw.de
www.jcrew.de
www.loyalty-hamburg.de/th_ent_kunzu.htmlwww.loyalty-hamburg.de/th_ent_kunzu_kano.html
www.muellerpartei.de
www.net-lexikon.de/Community.html).
www.pressekonditionen.de
www.prosieben.de/club
www.rtl-club.de
www.quiz-em.de
www.whiskas.de

Die Autoren

Wolfgang Hartmann, Jahrgang 1959, war bis 2004 Vice President Customer Service der O2 (Germany) GmbH & Co. OHG, München. Nach dem Studium der Wirtschaftswissenschaften und der Ausübung des Offizierberufs wechselte er 1991 zu Bertelsmann. Bis 1997 konzipierte und betrieb er verschiedene ganzheitliche Direktmarketing- und CRM-Systemlösungen für namhafte Markenartikler und Unternehmen der High-Tech-Branche, bevor er 1998 zu O2 (Germany) vormals Viag Interkom, wechselte und dort den Bereich Customer Care und Operations aufbaute und verantwortete.

Dr. Ralf T. Kreutzer war bei Bertelsmann, Volkswagen und der Deutschen Post World Net insgesamt über 15 Jahre in Führungspositionen tätig, zuletzt als Alleingeschäftsführer der Deutschen Post Direkt GmbH in Bonn. Unter seiner Führung hat sich Post Direkt zu einem der führenden Unternehmen im Direktmarketing entwickelt. Dr. Kreutzer hat durch regelmäßige Publikationen und über 100 Vorträge maßgebliche Impulse zu allen Themen rund um Marketing, Direktmarketing, CRM und Database-Marketing gesetzt und ist zu diesen Fachgebieten im In- und Ausland ein gefragter Autor, Referent und Consultant.

Holger Kuhfuß ist Managing Partner der RBC Consulting AG in München und Wien. Nach dem Studium der Fächer Geschichte, Publizistik und Kunstgeschichte in Münster und Paris, das er mit dem Titel Magister abschloss, arbeitete Holger Kuhfuß zunächst als freier Fachjournalist. Im Zusatzfachstudium Direktmarketing an der Bayerischen Akademie für Werbung (BAW) in München erwarb er den Titel „Direktmarketing Fachwirt BAW“ und war in verschiedenen Direktmarketing-Agenturen im In- und Ausland als Berater mit dem Schwerpunkt Database Marketing und CRM tätig. Holger Kuhfuß ist Autor zahlreicher Fachbücher und außerdem Dozent an verschiedenen Akademien, unter anderem an der Bayerischen Akademie der Werbung in München und am SAWI in der Schweiz.

Die Autoren sind Herausgeber des „Handbuch Couponing“, das 2003 ebenfalls im Gabler Verlag erschienen ist.

Die Autoren

Wolfgang Hartmann, Jahrgang 1959, war bis 2004 Vice President Customer Service der O2 (Germany) GmbH & Co. OHG, München. Nach dem Studium der Wirtschaftswissenschaften und der Ausübung des Offizierberufs wechselte er 1991 zu Bertelsmann. Bis 1997 konzipierte und betrieb er verschiedene ganzheitliche Direktmarketing- und CRM-Systemlösungen für namhafte Markenartikler und Unternehmen der High-Tech-Branche, bevor er 1998 zu O2 (Germany) vormals Viag Interkom, wechselte und dort den Bereich Customer Care und Operations aufbaute und verantwortete.

Dr. Ralf T. Kreutzer war bei Bertelsmann, Volkswagen und der Deutschen Post World Net insgesamt über 15 Jahre in Führungspositionen tätig, zuletzt als Alleingeschäftsführer der Deutschen Post Direkt GmbH in Bonn. Unter seiner Führung hat sich Post Direkt zu einem der führenden Unternehmen im Direktmarketing entwickelt. Dr. Kreutzer hat durch regelmäßige Publikationen und über 100 Vorträge maßgebliche Impulse zu allen Themen rund um Marketing, Direktmarketing, CRM und Database-Marketing gesetzt und ist zu diesen Fachgebieten im In- und Ausland ein gefragter Autor, Referent und Consultant.

Holger Kuhfuß ist Managing Partner der RBC Consulting AG in München und Wien. Nach dem Studium der Fächer Geschichte, Publizistik und Kunstgeschichte in Münster und Paris, das er mit dem Titel Magister abschloss, arbeitete Holger Kuhfuß zunächst als freier Fachjournalist. Im Zusatzfachstudium Direktmarketing an der Bayerischen Akademie für Werbung (BAW) in München erwarb er den Titel „Direktmarketing Fachwirt BAW“ und war in verschiedenen Direktmarketing-Agenturen im In- und Ausland als Berater mit dem Schwerpunkt Database Marketing und CRM tätig. Holger Kuhfuß ist Autor zahlreicher Fachbücher und außerdem Dozent an verschiedenen Akademien, unter anderem an der Bayerischen Akademie der Werbung in München und am SAWI in der Schweiz.

Die Autoren sind Herausgeber des „Handbuch Couponing“, das 2003 ebenfalls im Gabler Verlag erschienen ist.